数控机床故障诊断与维修

主　编　董　刚　孙立民　刘丽萍
副主编　傅晓庆　牟　伟　刘金凤　马士伟
参　编　于瑛瑛　吴海艳　冯爱平　张玲芬　曹　伟
主　审　谢丽君

北京理工大学出版社
BEIJING INSTITUTE OF TECHNOLOGY PRESS

图书在版编目（CIP）数据

数控机床故障诊断与维修／董刚，孙立民，刘丽萍
主编. -- 北京：北京理工大学出版社，2021.8
ISBN 978 - 7 - 5763 - 0189 - 2

Ⅰ. ①数… Ⅱ. ①董… ②孙… ③刘… Ⅲ. ①数控机
床 - 故障诊断②数控机床 - 维修 Ⅳ. ①TG659

中国版本图书馆 CIP 数据核字（2021）第 167344 号

出版发行／北京理工大学出版社有限责任公司
社　　址／北京市海淀区中关村南大街 5 号
邮　　编／100081
电　　话／（010）68914775（总编室）
　　　　　（010）82562903（教材售后服务热线）
　　　　　（010）68944723（其他图书服务热线）
网　　址／http：//www.bitpress.com.cn
经　　销／全国各地新华书店
印　　刷／北京广达印刷有限公司
开　　本／787 毫米 × 1092 毫米　1/16
印　　张／19.5　　　　　　　　　　　　　责任编辑／多海鹏
字　　数／408 千字　　　　　　　　　　　文案编辑／辛丽莉
版　　次／2021 年 8 月第 1 版　2021 年 8 月第 1 次印刷　　责任校对／周瑞红
定　　价／85.00 元　　　　　　　　　　　责任印制／李志强

前　言

　　为了更好地适应高职高专教育，突出应用能力和实践能力培养的要求，编者经过大量的企业调研和毕业生跟踪调查，深入了解了企业和岗位对数控机床故障诊断与维修技术的需求；在听取行业企业专家意见的基础上，结合近几年的成功教学实践经验，依据"够用、实用"的原则编写了本教材。

　　在编写本教材时，我们遵循的指导思想是讲清楚工作原理、工程知识；然后运用知识解决设备故障，让学生学以致用，提高实际操作能力和技术水平。

　　在教学内容设计上，本教材注重理论与生产实际的紧密联系，且在内容取舍上力求做到少而精、少而够、少而实。本教材以数控机床故障诊断与维修实际工程为主线，重点讲述设备、连接、参数、应用、电气、机械维修，注重培养学生应用能力，强调技能培养。

　　本教材可作为高职高专机电一体化技术、机械设计与制造、数控技术、数控设备应用与维护、自动化控制等机电类专业的教学用书，也可以作为教师、企业生产技术人员的参考书。

　　本教材由烟台汽车工程职业学院董刚、孙立民和刘丽萍担任主编；傅晓庆（潍坊工商职业学院）、牟伟、刘金凤、马士伟担任副主编；参编人员有于瑛瑛、吴海艳、冯爱萍、张玲芬和曹伟。本教材在编写过程中得到兄弟院校和合作企业的大力支持和帮助，在此表示感谢。

　　本教材是我院项目化教学改革的成果，但限于编者水平，书中难免有不足之处，恳请各位读者批评指正。

编　者

目 录 >>>

项目一 数控机床维修基础

任务一 数控机床安全操作

 知识目标

1. 认识数控机床。
2. 熟悉数控机床的分类、组成与工作原理。
3. 熟悉数控机床基本操作。

 技能目标

1. 熟悉数控机床基本操作。
2. 能进行开、关机操作；可进行"急停"操作。

工作过程知识

数控机床是指采用数字控制技术（NC）按给定的运动轨迹进行自动加工的加工设备。数控机床是一种综合应用了计算控制、精密测量、精密机械等先进技术的典型机电一体化产品，是现代制造技术的基础。机床控制也是数控技术应用最早、最广泛的领域，所以它代表了目前数控技术的性能、水平和发展方向。

数控机床的种类繁多，根据用途分为镗铣类、车削类、磨削类、冲压类、电加工类、激光加工类等，其中以金属切削类机床，如数控铣床、数控车床、数控磨床、数控冲床、加工中心、车削中心等最为常见。数控机床是现代制造技术的基础，在其基础上可构成 FMC、FMS 与 CIMS 等自动化制造单元或系统。

一、数控机床的分类

按照机床主轴的方向分类，数控机床可分为卧式数控机床（主轴位于水平方向）和立式数控机床（主轴位于垂直方向）。按照加工用途分类，数控机床主要有以下几种类型。

1. 数控铣床

用于完成铣削加工或镗削加工的数控机床称为数控铣床。图 1 - 1 - 1 所示为立式数控铣床。

2. 加工中心

加工中心是指带有刀库（带有回转刀架的数控车床除外）和自动换刀装置（Automatic Tool Changer，ATC）的数控机床。通常所指的加工中心是指带有刀库和刀具自动交换装置的数控铣床。图 1 - 1 - 2 所示为 DMG 五轴立式加工中心。

图 1 - 1 - 1　立式数控铣床　　　　　　图 1 - 1 - 2　DMG 五轴立式加工中心

3. 数控车床

数控车床是用于完成车削加工的数控机床。通常情况下也将以车削加工为主并辅以铣削加工的数控车削中心归类为数控车床。图 1 - 1 - 3 所示为卧式数控车床。

4. 数控钻床

数控钻床主要用于完成钻孔、攻螺纹等加工，有时也可完成简单的铣削加工。数控钻床是一种采用点位控制系统的数控机床，即控制刀具从一点到另一点的位置，而不控制刀具的移动轨迹。图 1 - 1 - 4 所示为立式数控钻床。

图 1 - 1 - 3　卧式数控车床　　　　　　图 1 - 1 - 4　立式数控钻床

5. 数控电火花成形机床

数控电火花成形机床（即电脉冲机床）是一种特种加工机床，它利用两个不同极性的电极在绝缘液体中产生的电腐蚀来对工件进行加工，以达到一定形状、尺寸和表面粗糙度要求，对于形状复杂及难加工材料模具的加工有其特殊的优势。数控电火花成形机床如图 1 - 1 - 5 所示。

6. 数控线切割机床

数控线切割机床的工作原理与数控电火花成形机床相同，但其电极是电极丝（钼丝、铜丝等）和工件，如图 1 – 1 – 6 所示。

图 1 – 1 – 5　数控电火花成形机床

图 1 – 1 – 6　数控线切割机床

7. FMS 与 CIMS

若在加工中心、FMC、车削中心等基本加工设备的基础上，再增加上下料机器人、物流系统与工件库、刀具输送系统与刀具中心、测量检测设备、装配设备等，并将所有的设备由中央控制系统进行集中、统一控制和管理，这样的制造系统称为柔性制造系统（FMS）。FMS 不但可进行长时间的无人化加工，而且可实现多品种零件的全部加工或装配，实现车间制造过程的自动化，它是一种高度自动化的先进制造系统。

随着科学技术的发展，为了适应市场需求多变的形势，现代制造业不仅需要车间制造过程的自动化，而且还要实现从市场预测、生产决策、产品设计、产品制造直到产品销售的全面自动化，构成完整的生产制造系统，这样的系统称为计算机集成制造系统（CIMS）。

二、数控机床的组成

在介绍组成之前，先从机床外观上了解机床的各个部件，如图 1 – 1 – 7 和图 1 – 1 – 8 所示的立式数控铣床和卧式加工中心的外观及结构。

总体上数控机床由以下几部分组成。

1. 输入/输出装置

输入装置的作用是将数控加工信息读入数控系统的内存进行存储。常用的输入方式有手动输入（MDI）方式及远程通信方式等。输出装置的作用是为操作人员提供必要的信息，如各种故障信息和操作提示等。常用的输出装置有显示器和打印机等。

2. 数控系统

数控系统是数控机床实现自动加工的核心单元，它能够对数控加工信息进行数据运算处理，然后输出控制信号控制各坐标轴移动，从而使数控机床完成加工任务。数控系统通常由硬件和软件组成。目前的数控系统普遍采用通用计算机作为主要的硬件部分，而软件部分主要是指主控制系统软件，如数据运算处理控制和时序逻辑控制等。数控加工程序通过数控运

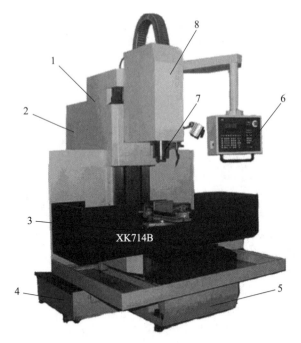

图 1-1-7 立式数控铣床外观及结构

1—立柱；2—电气柜；3—工作台；4—冷却液箱；5—床身；6—操作面板；7—主轴；8—主轴箱

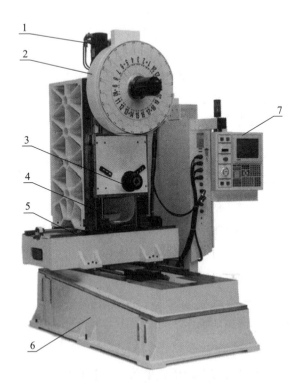

图 1-1-8 卧式加工中心外观及结构

1—伺服电动机；2—刀库及换刀装置；3—主轴；4—导轨；5—工作台；6—床身；7—数控系统

算处理后，输出控制信号控制各坐标轴移动，而时序逻辑控制主要是由可编程控制器（PLC）完成加工中各个动作的协调，使数控机床有序工作。

3. 伺服系统

伺服系统是数控系统和机床本体之间的传动环节，它主要接受来自数控系统的控制信息，并将其转换成相应坐标轴的进给运动和定位运动。伺服系统的精度和动态响应特性直接影响机床本体的生产率、加工精度和表面质量。伺服系统主要包括主轴伺服和进给伺服两大单元。伺服系统的执行元件有功率步进电动机、直流伺服电动机和交流伺服电动机。

4. 辅助控制装置

辅助控制装置是保证数控机床正常运行的重要组成部分。它主要是完成数控系统和机床之间的信号传递，从而保证数控机床的协调运动和加工的有序进行。

5. 反馈系统

反馈系统的主要任务是对数控机床的运动状态进行实时检测，并将检测结果转换成数控系统能识别的信号，以便数控系统能及时根据加工状态进行调整、补偿，保证加工质量。数控机床的反馈系统主要由速度反馈和位置反馈组成。

6. 机床本体

机床本体是数控机床的机械结构部分，是数控机床完成加工的最终执行部件。

三、数控机床的工作原理

数控机床加工之前，首先根据零件要求制定加工工艺，选择加工参数；其次编写加工程序，再将编好的加工程序通过 MDI 键盘输入数控系统；然后数控系统对加工程序处理后，向伺服装置传送指令；最后伺服装置向伺服电动机发出控制信号，主轴电动机使刀具旋转，X、Y 和 Z 向的伺服电动机控制刀具和工件按一定的轨迹相对运动，对工件进行切削加工。在整个过程中，反馈系统及时将加工状态反馈给数控系统，数控系统通过比较与处理，再次发出控制信号给伺服系统，伺服系统控制刀具与工件的相对运动，从而完成整个工件的切削加工。数控机床的工作原理如图 1-1-9 所示。

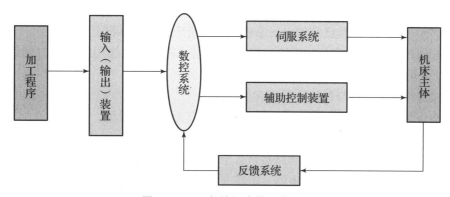

图 1-1-9 数控机床的工作原理

四、数控机床安全操作

1. 机床工作环境与供电

（1）作业区域内照明必须充足明亮，通风、排气良好。

（2）保持作业区域地面无水、油残留，干净整洁，防止滑倒或漏电事故。

（3）具有防范措施，设机床护罩、安全隔离网，以免试切时工件或者刀具高速旋转被甩出击中操作人员，发生事故。

（4）机床电源备置多级漏电保护开关和熔断器，进行漏电保护和断路保护。

（5）机床动力电源为三相四线制 380 V 交流电。若动力电源为三相五线制，变压器上的零线接到中性线上。

（6）机床床身上设置的专用接地螺钉必须牢固、可靠地接地，接地电阻应小于 4 Ω。

2. 操作人员

（1）从事数控维修实习人员必须穿合格的安全鞋和工作服，长发者必须将长发卷绕在防护帽内，以免被机器卷入。

（2）操作时应该检查所用电工工具的绝缘性能是否完好，有问题的应及时维修更换。

（3）操作时必须听从指导教师的指导，必须严格遵守各个安全操作规程。

（4）操作者必须全面掌握本工种所用机床操作使用说明书的内容，熟悉机床结构。

（5）安装维修操作时，要严格遵守停电送电规则，要做好突然送电的各项安全措施。

（6）机床装配完，需开机试机时应遵循先回零、手动、点动、自动的原则。机床运行应遵循先低速、中速、再高速的运行原则，其中低、中速运行时间不得少于 2~3 min。当确定无异常情况后，方能开始其他工作。

3. 机床通电前的检查

机床电气调整后，必须对线路进行短路、断路、对地绝缘检测，检测合格后才能上电，否则不能上电。

（1）机床周围应保持良好的照明条件。

（2）环境应整洁并有足够的空间。

（3）在操作者活动范围内，不应有任何障碍物。

（4）必须确认机床供电的电源符合机床电气铭牌的要求。

（5）必须确认保护地线已牢固、可靠地固定在机床的接地螺钉上。

（6）必须仔细检查电缆、电线绝缘层是否受损。若发现绝缘层损伤或有断线的可能，必须由专业人员（有电工资格上岗证者）妥善处理。

（7）检查线路、管路与各接头是否有损坏。

（8）检查配电盘上的接触器、继电器和连接器有无松动、脱落。

（9）检查数控系统的模块、插件、连接器有无松动、脱落。

（10）检查电气箱配电盘上的断路器是否全部合通。

（11）检查机床、工作台所有电器、电缆有无松动、脱落、损伤。

4. 急停的操作

当机床有异常时，必须立即按下紧"急停"按钮停机。

急停操作：按下"急停"按钮时，机床呈现急停报警状态，不能执行所有的自动和手动运转。

急停解除操作："急停"按钮被按下时就被锁定，向右旋转即可解除锁定。

（1）急停时机床呈现以下状态：

①正在移动的各个轴马上停止。

②正在旋转的主轴马上停止。

③冷却装置停止工作。

④Z轴稍许下降。

（2）在换刀的操作过程中按下紧"急停"按钮时，根据操作状态不同，机床呈现以下状态：

①当主轴正在定向时，主轴马上停止。

②当Z轴正在上升时，Z轴的移动马上停止，主轴的控制状态被取消。

③当Z轴正在下降时，Z轴的移动马上停止，主轴的控制状态被取消。

④当刀盘正在旋转时，刀盘的旋转马上停止。

⑤当机械手正在换刀时，机械手马上停止。

⑥急停中断换刀过程，需要手动使刀库机械手恢复初始位置，否则不能自动换刀。

 实践指导

一、机床安全操作检查

步骤1：按要求自查机床周围及操作人员状况（工作服、安全帽、安全鞋、防护镜）是否达到安全标准。

步骤2：检查并指出操作人员违反安全操作规程的行为，自觉遵守相关安全操作规程。

二、机床通电前的检查

步骤1：确认机床供电电源符合机床电气铭牌的要求。

步骤2：确认保护地线牢靠。

步骤3：检查线路、管路与各接头是否完好。

步骤4：检查配电盘上的接触器、继电器、连接器有无松动、脱落。

步骤5：检查数控系统的模块、插件、连接器有无松动、脱落。

步骤6：检查电气箱配电盘上的断路器是否全部合通。

步骤7：检查机床、工作台所有电器、电缆有无松动、脱落、损伤。

三、机床开关机的操作

1. 机床开机操作

步骤1：合上机床总电源开关至"ON"位置。

步骤2：按一下机床操作面板上的"上电"按钮。

步骤3：数秒后数控系统显示屏上出现位置显示和信息，旋开"急停"按钮，通电完成，如图1－1－10所示。

2. 机床关机操作

步骤1：机床所有运动部件停止，并且循环启动灯灭。

步骤2：按下"急停"按钮。

步骤3：按一下机床操作面板上的"断电"按钮，数控系统即刻断电，显示屏无显示。

步骤4：切断机床的总电源开关，机床断电完成，如图1－1－10所示。

图1－1－10 数控机床开机与关机

四、急停的操作

急停操作：当机床有异常时，利用机床振动、尖叫、主轴超速、伺服出现401报警，必须立即按下"急停"按钮，如图1－1－11所示。

急停解除操作："急停"按钮被按下时就被锁定，向右旋转即可解除锁定。

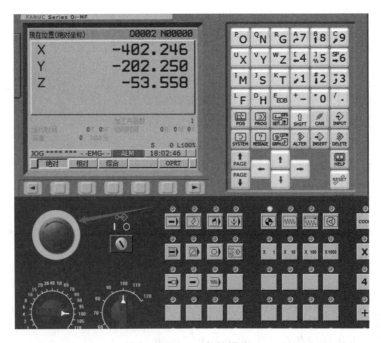

图1－1－11 急停操作

思考问题

1. 戴手套操作机床是否正确?
2. 当感觉到机床有异常时,是否应先查找原因,再按下"急停"按钮停机?

任务二 数控机床的手动与自动操作

 知识目标

1. 熟悉数控机床操作面板功能。
2. 能切换并识别自动方式(MEM)、编辑方式(EDIT)、手动数据输入(MDI)、DNC 远程控制(RMT)、手轮方式(HND)、手动控制(JOG)、回参方式(REF)。

 能力目标

1. 能操作机床操作面板和数控系统面板。
2. 能切换并识别存储器运行(MEM)、存储器编辑(EDIT)、手动数据输入(MDI)、DNC 运行(RMT)等工作方式。
3. 能够使用手动和自动工作方式操作数控机床,并执行加工程序。

工作过程知识

一、数控机床操作面板

数控机床操作面板总体由 CNC 控制面板(图 1 – 2 – 1)和机床操作面板、手轮(图 1 – 2 – 2)三个部分组成。CNC 控制面板是系统厂商预先设定的,一般不可更改,机床操作面板是机床厂依据客户需要自主设计的。

图 1 – 2 – 1 CNC 控制面板

图 1 - 2 - 2　机床操作面板、手轮

1. CNC 面板功能

CNC 面板各功能区域的布局如图 1 - 2 - 3 所示。

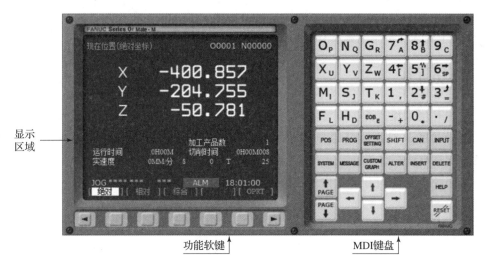

图 1 - 2 - 3　CNC 面板各功能区域的布局

①显示区：根据显示功能键的不同而显示机床不同的操作信息。

②MDI 键盘区：输入相关机床操作信息，调节显示画面以及编辑数控系统参数。

③功能软键区：切换功能窗口。

MDI 软键功能如表 1 - 2 - 1 所示。

表 1 - 2 - 1　MDI 软键功能

MDI 软键	功能
↑ PAGE PAGE ↓	"上翻页"和"下翻页"键 机床显示区域的画面向前/向后变换画面

MDI 软键	功能
	光标移动键 根据箭头指示，通过单击不同箭头（"向上""向下""向左""向右"）的键，光标向箭头指示的位置移动
	实现字符的输入，单击 SHIFT 键后再单击字符键，将输入右下角的字符。例如：单击 Oₚ 键将在屏幕的光标所处位置输入"O"字符；单击软键 SHIFT 后再单击 Oₚ 键将在光标所处位置处输入"P"字符；单击"EOB"键将输入"；"号，表示换行结束
	实现字符的输入，如单击 ∣ₘ5 键将在光标所在位置输入"5"字符，单击 ↑SHIFT 键后再单击 ∣ₘ5 键将在光标所在位置处输入"]"
POS	POS（机床各坐标） POS 是英文 position 的缩写，其中文意思为位置。 单击"POS"键，显示屏上可以显示机床的绝对坐标、相对坐标、综合坐标
PROG	PROG（程序键） PROG 是英文 program 的缩写，其中文意思为程序。 单击"PROG"键，显示屏上显示机床正在运行的程序；或者在显示屏上查看机床上的程序
OFS SET	OFFSET SETTING（机床坐标系统或者刀偏坐标系） 单击"OFFSET SETTING"键，可以修改坐标系的偏差值，刀具的补正等

续表

MDI 软键	功能
SYSTEM	SYSTEM（系统参数） 单击"SYSTEM"键，可以在显示屏上查看或修改系统的参数
MESSAGE	MESSAGE（报警信息键） 单击"MESSAGE"键，可以查看机床的报警信息
GRAPH	GRAPH（图像键） 在自动运行状态下将数控显示切换至轨迹模式
SHIFT	SHIFT（上挡键） 输入字母"D"时，如果直接单击"H/D"键，显示屏上会显示输入的是字母"H"，那么就需要先单击"SHIFT"（上挡键），再单击"H/D"键，此时显示屏上显示的就是字母"D"
CAN	CAN（取消键） 在输入数据时，数据输至缓冲区，在尚未单击"INPUT"或"IN-SERT"之前，想要取消缓冲区的数据，单击"CAN"取消
INPUT	INPUT（输入键） 将数据域中的数据输入到指定的区域。 在"录入模式"，输入数值，单击"INPUT"输入键
ALTER	ALERT（替换键） 程序中如果想要把"X10"改成"Y20"，有两种方法：一种方法是把"X10"删了，再把"Y20"输入程序中；另一种方法是用光标选中"X10"，在缓冲区输入"Y20"，然后单击"ALERT"键，就可以把"X10"替换成"Y20"
INSERT	INSERT（插入，添加） 用于对程序的编辑。 在编辑模式下，输入数据，单击"INSERT"键插入数据
DELETE	DELETE（删除键） "DELETE"键是用来删除程序中的某个代码、字符、程序段或者是整个程序
HELP	HELP（帮助键） 显示数控系统相关帮助信息

续表

MDI 软键	功能
	RESET（复位键） 单击"RESET"键，可以复位 CNC 系统。例如：取消机床的报警、主轴发生故障需要复位；加工中途需要退出自动操作循环和中途需要退出数据的输入、输出过程等

2. 机床操作面板

机床操作面板主要包括方式切换、倍率修调等，如图 1 – 2 – 4 所示。

机床控制面板：控制数控机床的工作方式，如自动加工、编辑程序、回零。

急停及倍率修调区：控制数控机床的紧急停止状况，调节主轴或进给倍率。

系统电源控制区：控制系统电源的接通与关闭。

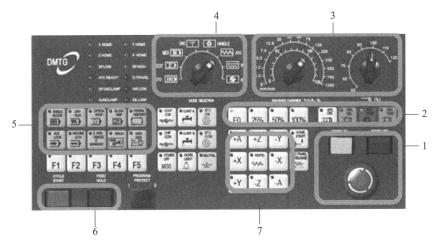

图 1 – 2 – 4 机床操作面板

1—电源控制和急停；2—快速倍率与主轴控制；3—倍率修调；4—工作方式切换；
5—辅助功能控制；6—循环启动与进给保持；7—手动方向控制

控制功能键区中的各按键功能如表 1 – 2 – 2 所示。

表 1 – 2 – 2 控制功能键区中的各按键功能

按键	名称	功能说明
	工作方式切换旋钮	切换机床工作方式

续表

按键	名称	功能说明
	单段按键	SINGLE BLOCK（单步加工） 选择"AUTO"模式，选择"SINGLE BLOCK"，单击"循环启动"键，机床执行一段程序后停止。如果想执行下一段程序，需要再次单击"循环启动"键
	跳段按键	BLOCK SKIP（跳段） 选择"AUTO"模式，单击"BLOCK SKIP"键，灯亮，自动执行程序时，会跳过程序段前加的"/"程序段
	选择停止按键	OPT STOP（选择性停止） 选择"AUTO"模式，单击"OPT STOP"键，灯亮，自动执行程序，读到"M01"指令时，程序停止，此时单击"循环启动"键，才会继续执行该程序
	程序重启动按键	RESTART（程序重启动） 选择"AUTO"模式，单击"RESTART"键，程序从头（程序开始处）开始执行
	机械锁定按键	MC LOCK（机床锁住） 此功能只用来检验程序。机床锁住之后，执行程序时，机床是不动的，只有坐标系的数值在动
	空运行按键	DRY RUN（机床空运行） 此功能用来检验刀具运行轨迹是否正确
	辅助功能锁住按键	ALX LOCK（辅助功能锁） 在自动运行程序前，单击此键，程序中的M、S、T功能被锁住
	Z轴锁住按键	在手动操作或自动运行程序前，单击此键，Z轴被锁住，不产生运动

续表

按键	名称	功能说明
	主冷却液按键	单击此键，冷却液打开；复选此键，冷却液关闭
	进给保持按键	程序运行暂停，在程序运行过程中，单击此按键运行暂停。单击"循环启动"键则恢复运行
	循环启动按键	程序运行开始；系统处于"自动运行"或"MDI"位置时单击有效，其余模式下使用无效
	X、Y、Z、A轴选择按键	手动状态下X、Y、Z、A轴选择键
	快速倍率	单击该键将进入手动快速状态
	主轴控制键	依次为主轴准停、主轴正转、主轴停止、主轴反转
	系统电源开关	系统电源开
	系统电源开关	系统电源关
	主轴倍率选择旋钮	将光标移至此旋钮上后，通过单击鼠标的左键或右键来调节主轴旋转倍率
	进给倍率旋钮	调节运行时的进给速度倍率

续表

按键	名称	功能说明
	急停按钮	单击"急停"按钮，机床移动立即停止，并且所有的输出如主轴的转动等都会关闭

二、工作方式选择

数控机床常用的工作方式有自动方式（MEM）、编辑方式（EDIT）、手动数据输入（MDI）、DNC 远程控制（RMT）、手轮方式（HND）、手动控制（JOG）、回参方式（REF）等。其中，EDIT、MEM、RMT、MDI 方式如图 1 - 2 - 5 所示，JOG、HND、REF 方式如图 1 - 2 - 6 所示。

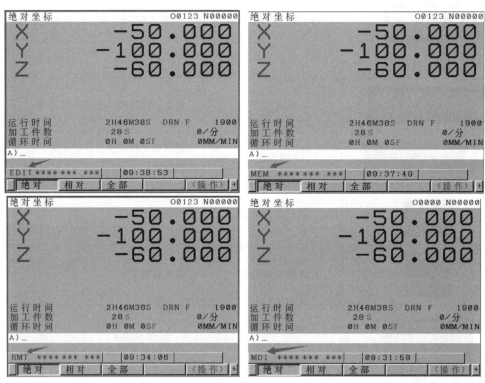

图 1 - 2 - 5 EDIT、MEM、RMT、MDI 方式

1. 编辑方式（EDIT）

这是输入、修改、删除、查询、检索工件加工程序的操作方式。在输入、修改、删除工件加工程序前，要将程序保护开关打开。在编辑方式下，程序不能运行。在编辑方式下可进行以下操作。

（1）程序的编辑（分号"EOB"、替换"ALTER"、插入"INSERT"、删除"DELETE"）。

（2）程序文件的输入/输出、参数的在线备份。

（3）扩展编辑功能。

（4）在线编程、后台编辑。

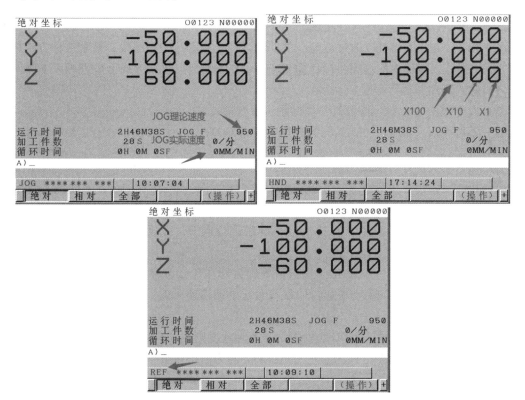

图 1 - 2 - 6 JOG、HND、REF 方式

2. 自动方式（MEM）

这是按照程序的指令控制机床连续自动加工的操作方式。

自动方式所执行的程序（即工件加工程序）在循环启动前已装入数控系统的存储器内，所以自动方式又称为存储程序操作方式。单击机床操作面板上的"循环启动"键就开始自动运行数控程序。机床依据指令实现主轴的正/反转、切削液的开关、各个轴的进给等动作，同时表示循环开启的指示灯亮起。在自动方式下可进行以下操作。

在自动运行中，若单击机床操作面板上的"进给暂停"键，自动运行暂时停止。此时若单击"循环启动"键，自动运行才又重新开始操作。此外，单击下 MDI 键盘上的"RE-SET"键时，自动运行结束，系统进入复位状态。在自动方式下可进行以下操作。

（1）执行存储器中的程序。

（2）程序编辑（后台编辑）。

（3）检索程序（程序号、顺序号）。

（4）调用外部文件（程序号 M198）。

3. DNC 远程方式（RMT）

复杂零部件加工需要使用 UG 等软件设计数控加工程序，由于程序量大，有时超过了 CNC 的存储能力，CNC 需要一种边接收传输程序边加工的方式，即 DNC 加工方式（RMT）。

DNC 远程方式是由外部接口设备输入程序至数控机床，需要边读边执行，又称为 DNC 方式。

4. 手动数据输入方式（MDI）

在"MDI"方式下，可以通过键盘，手动输入一个或者几个程序段，通常这种方式用于简单的测试操作，其输入的程序号默认为 O0000。在手动数据输入方式下可进行以下操作。

（1）输入程序并执行程序。

（2）设定数据（参数、补偿值、坐标系、宏变量）。

（3）不可在以"MDI"方式编写的程序中执行 GOTO、IF GOTO、WHILE 语句。

5. 手动方式（JOG）

在"JOG"方式下，可以手动控制工作台 X、Y 方向的移动，主轴 Z 方向的抬起和下落，手动换刀，手动切削进给，手动快速进给等操作。JOG 基准速度是由参数 1423 设定的，JOG 实际进给速度可以用 JOG 进给倍率旋钮进行调节。手动 JOG 速度受到参数 1424 钳制。

单击"快速移动"键，不管 JOG 进给倍率旋钮处在什么位置，刀具都以快速移动速度（参数 1424）移动，这称为手动快速。回参前运行手动快速无效，需开启参数 1401#RPD 方可生效。

JOG 理论速度在 CNC 屏幕 JOG F 处显示，实际速度则在"F MM/MIN"显示。

数控铣床工作台移动 X 方向为左正右负、Y 方向为前正后负、Z 方向为上正下负。

6. 手轮方式（HND）

在"HND"方式下，可以使用手轮，通过选择要移动的轴，选择移动的速度倍率，来进行"手摇进给操作"。一般是需要对工件进行对刀时，用到手轮。倍率一般有三挡，分别为 ×1（1 μm）、×10（10 μm）、×100（100 μm），三挡中 ×100 挡位需将 7113 号参数设置为 100。

手轮速度受手动快速参数 1424 钳制。

在使用手轮移动坐标轴时，要特别注意轮盘的旋向与坐标轴运动方向之间的关系，否则很容易出现撞刀事故；同时，在移动坐标轴时要注意观察显示屏上的机床实际坐标，避免超程。

7. 回参方式（REF）

"REF"方式是指回机床开机之后先回参考点的操作，X、Y、Z 轴坐标系回到机床原点，完成机床坐标数据校准，如果没有执行手动返回参考点就操作机床，不但加工尺寸不能保证，一般还伴有报警。

 实践指导 >>>

一、回参

数控设备开机后，首先要使机床回到原点，校准坐标数据。

步骤1：工作方式选择为"REF"方式（回参），如图1-2-7所示。

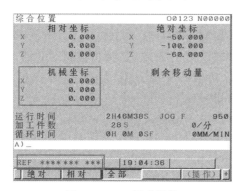

图1-2-7 回参操作

步骤2：依次选择进行参考点返回的轴 X+、Y+、Z+。

步骤3：参考点返回完成，对应轴指示灯点亮，机械坐标值显示为0，如图1-2-8所示。

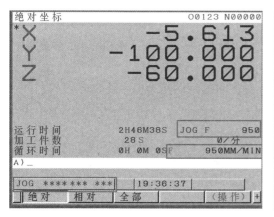
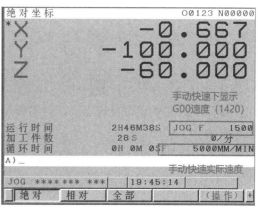

图1-2-8 JOG方式移动

二、JOG方式移动机床进给轴

步骤1：选择工作方式为"JOG"方式。

步骤2：单击要移动的坐标轴按键 X+/X-/Y+/Y-/Z+/Z-。

步骤3：通过"倍率"旋钮调整JOG速度。

步骤4："JOG"方式下，单击"手动快速" ⌇ RAPID 键后，机床运行变成手动快速，机床的速度基准不再是参数1423，而变成参数1424。单击 F0 25% 50% 100% 键，调整手动快速速度。

步骤5：需要把"手动快速"切换成"手动JOG"时，只需把工作切换到别的方式，再切换回到"JOG"方式。

三、手轮方式移动机床进给轴

步骤1：将机床工作方式切换为"手轮"方式。

步骤2：旋转手轮上的"轴选"$X/Y/Z$，选择将被移动的轴。

步骤3：旋转手轮进给"倍率"×1/×10/×100选择移动量的倍率。

步骤4：旋转手轮移动坐标轴。顺时针旋转为坐标轴正向移动，逆时针旋转为负方向移动，旋转速度快慢可以控制坐标轴的运动速度。

手轮如图1-2-9所示。

四、MDI操作

在进行数控系统调试与维护过程中，经常会通过采用"MDI"方式运行简单的程序来检验系统的调试过程及调试结果，或者在"MDI"方式下设置数控系统相关参数。

1. MDI方式执行简单程序

具体操作方法如下：

步骤1：选择"MDI" ⬛方式，再单击 ⬛键，将显示切换为程序画面。

步骤2：使用MDI键盘输入要执行的程序，如"M03S50"（"MDI"方式下，输入程序总量最多为511字符）。

步骤3：选择控制面板上的"循环启动" ⬛键，执行程序。

2. "MDI"方式下开启参数写入开关、设定参数

步骤1：选择MDI ⬛方式；

步骤2：选择 ⬛，再选择"设定"功能软键，将显示切换为参数设定画面，如图1-2-10所示。

图1-2-9 手轮

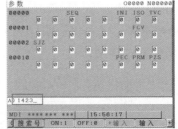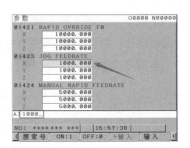

图1-2-10 参数设定画面

步骤3：将"参数写入"方式修改为1或0，可以实现允许或禁止写入系统参数；当将其改为1时，进入"SYSTEM"系统参数显示画面，可以写入系统参数，参数写入完成后，将"参数写入"方式重新修改为0，禁止写入系统参数。

步骤4："MDI"方式下，输入参数号，单击"搜索号"键，再单击"INPUT"键，输入正确的数据。

五、EDIT 模式下程序输入与编辑

选择机床控制面板上的"EDIT"功能键，进入编辑状态，单击 MDI 键盘上的"PROG"键，将显示调节为程序画面。

1. 新建程序

通过 MDI 键盘上的地址数字键输入新建程序名（如"O1234"），单击"INSERT"键即可创建新程序，程序名被输入程序窗口中。但新建的程序名称不能与系统中已有的程序名称相同，否则不能被创建。

2. 输入程序

当新建程序后，若需要继续输入程序，应依次选择"EOB""INSERT"键插入分号并换行，方可输入后续程序段，即程序名必须单独一行。

输入程序的操作步骤如下：

步骤 1：通过 MDI 键盘上的地址数字键输入程序段（如"G00 Z10.0;"），此时程序段被输入缓存区。

步骤 2：依次选择"EOB""INSERT"功能键，将缓存区中的程序段输入程序窗口中并换行。缓存区中的程序如图 1-2-11 所示。

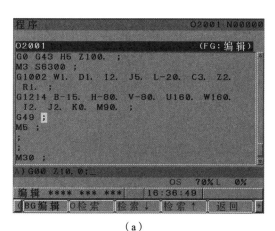
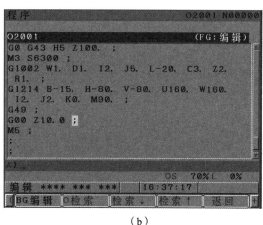

（a）　　　　　　　　　　　　　（b）

图 1-2-11　缓存区中的程序

（a）缓存区程序；（b）完成输入

3. 调用程序

1）调用系统存储器中的程序

操作步骤如下：

步骤 1：通过 MDI 键盘上的地址数字键输入需要查找的程序名至缓存区（如"O1010"）。

步骤 2：选择 MDI 键盘上的→/↓，或选择软功能键"O 搜索"，将程序调至当前程序窗口中。

2）调用 CF 存储卡中的程序

操作步骤如下：

步骤 1：插入存储卡（注意存储卡的插入方向是否正确，避免损坏插孔内的针头）。

步骤 2：修改数据通道参数（CF 作为输入设备时，需将 I/O 通道参数改为 4），如图 1 - 2 - 12 所示。

步骤 3：在"EDIT"方式下选择软功能键进入存储卡目录画面（图 1 - 2 - 12），输入要读入的文件名序号（图 1 - 2 - 12 中的程序 O0005 对应序号为 4），单击"F 设定"；再输入读入后的程序名（程序号），单击"O 设定"。

步骤 4：单击"执行"读入程序，在程序画面调出所需程序。

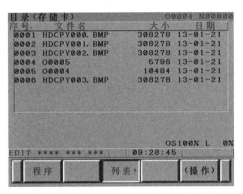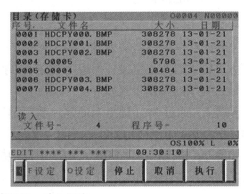

图 1 - 2 - 12　存储卡目录、读入程序

3）查找程序语句

步骤 1：查找当前程序中的某一段程序，输入需要查找的程序段顺序号（如"N90"）0，单击 MDI 键盘上的→/↓，或单击软功能键"检索↓"，光标将跳至被搜索的程序段顺序号处。

步骤 2：查找当前程序中的某个语句，输入需要查找的指令语句（如"Z - 2.0"），单击 MDI 键盘上的→/↓，或单击软功能键"检索↓"，光标将跳至被搜索的语句处。

4. 修改程序

1）插入语句

将光标移动至插入点后输入新语句，单击"INSERT"功能键将其插入程序中。

2）删除语句

将光标移动至目标语句，单击"DELETE"功能键将其删除。当需要删除缓存区内的语句时，可单击"CAN"功能键逐字删除。

3）替换语句

将光标移动至需被替换的语句处，输入新语句后单击"ALTER"功能键，原有语句被新语句替换。

5. 删除程序

输入需要删除的程序名，单击"DELETE"功能键，系统提示是否执行删除，单机"执行"软功能键，删除该程序。但若被删除的程序为当前正在加工的程序，则该程序不能被删除。

六、机床手动方式辅助装置的操作

1. 手动润滑机床

机床采用集中式润滑。每次机床上电后，润滑装置按照固定时间自动润滑，然后停止润滑。机床操作者也可以通过操作面板上的"手动润滑"按键启动润滑装置。按住此按键，润滑启动，指示灯亮；松开此按键，延时 15 s 停止润滑，指示灯灭。

2. 手动操作切削液

任何方式下，单击"冷却启动"按键，按键指示灯亮，切削液泵通电，切削液喷出。若再次单击此按键，按键指示灯灭，切削液泵断电，切削液关闭。

3. 手动操作排屑器

（1）单击"排屑器正转"按键，按键指示灯亮，排屑器正转自锁。单击系统"RESET"键，自锁解除。

（2）单击"排屑器反转"按键，按键指示灯亮，排屑器反转点动，排屑器停转。当排屑器堵塞时，先停止排屑，再让排屑器反转点动，振动、松动堵塞废屑，然后正常排屑。

> **思考问题**
>
> 1. MDI 方式下运行程序与存储器自动方式运行程序有什么区别？
> 2. 手动模式和手轮模式各应用在哪些场景？

任务三 数控机床位置画面与显示设定

 知识目标

1. 熟悉 FANUC 0i 系列数控装置位置信息，掌握刀具位置坐标的查看方法。
2. 掌握相对坐标系的预置与清零方法。
3. 掌握预置工件坐标系的方法。
4. 掌握位置信息画面的显示与参数设定。

 能力目标

1. 能完成切换不同位置显示画面的操作。
2. 能监控刀具在不同坐标系中的位置。
3. 能进行相对坐标系和工件坐标系的预置。

工作过程知识

一、坐标与坐标系

为了数控加工更精准，数控系统提供了机械坐标系、工件坐标系与相对坐标系三种坐标系。

1. 机械坐标系

机床上某一特定点，一般为 X、Y、Z 方向最大位置，作为该机床的基准点，所有位置信息都基于基准点，这个基准点被称为机床原点，又称为机床参考点。基于机床原点的坐标系称为机械坐标系，工件坐标系、相对坐标系都基于机械坐标系偏移产生。

系统上电后、加工之前、换刀之前等许多场合都需要通过手动返回参考点来校准机械坐标系。参考点存储在编码器中，编码器数据需要 5 V 电池保持，电池没电后，参考点就会丢失，需要重新设置零点，且需要更换电池。机械坐标系下的位置信息称为机械坐标。

2. 工件坐标系

为加工一个工件所使用的坐标系称为工件坐标系。工件坐标系事先设定在 CNC 数控系统中，在所设定的工件坐标系中编制程序并加工工件。工件坐标系中的位置信息称为绝对坐标。

3. 相对坐标系

在操作数控机床时，为了方便测量、计算等，可以 CNC 中已设定的坐标值为基准，建立一个新的坐标系，称为相对坐标系。相对坐标系中的位置信息称为相对坐标。

二、CNC 位置画面的显示与设定

CNC 位置显示画面，可以显示刀具在工件坐标系、相对坐标系、机械坐标系中的当前位置与剩余移动量。选择"绝对"，显示绝对坐标位置；选择"相对"，显示相对坐标位置；选择"全部"，表示选择综合位置显示画面，同时显示刀具在工件坐标系、相对坐标系、机械坐标系中的当前位置与剩余移动量，如图 1 - 3 - 1 所示。

上述画面也可显示机床操作时间、加工零件数和循环时间等信息，还可显示伺服轴的负载表及主轴的负载表与速度表，如图 1 - 3 - 2 所示。

位置信息是否显示由参数 3115#NDA 设定，当 NDA 为 1 时，不显示对应坐标信息，如图 1 - 3 - 3 所示。

进给实际速度和主轴速度是否显示由参数 3105#DPF 和 3105#DPS 确定，当 DPF 和 DPS 为 1 时显示信息，为 0 时不显示，如图 1 - 3 - 4 所示。

进给理论速度是否显示由参数 3108#JSP 确定，当 JSP 为 0，不显示，当 JSP 为 1 时，显示，如图 1 - 3 - 5 所示。

机床实际进给速度、操作时间及加工零件数的显示由参数 8134#NCT 确定，当 NCT 为 1，不显示，当 NCT 为 0 时显示，如图 1 - 3 - 6 所示。

画面设定参数

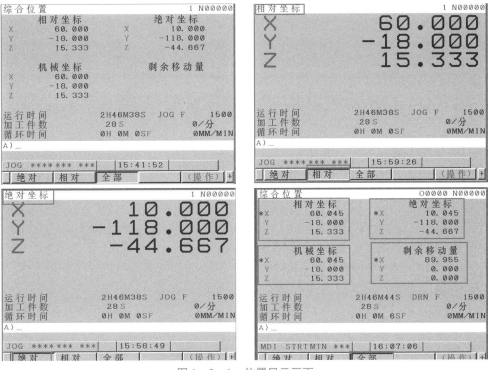

图 1 - 3 - 1　位置显示画面

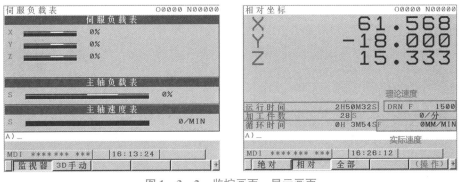

图 1 - 3 - 2　监控画面、显示画面

图 1 - 3 - 3　坐标信息显示设定

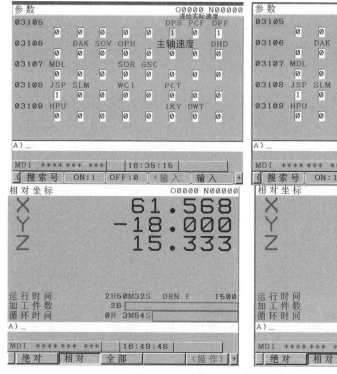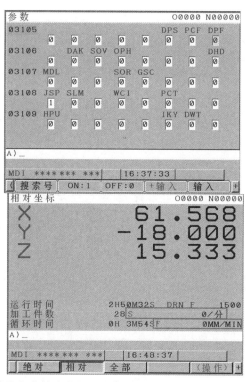

图 1 - 3 - 4　实际进给速度和主轴速度显示设定

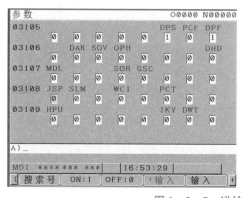

图 1 - 3 - 5　进给理论速度显示设定

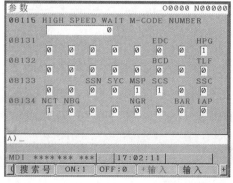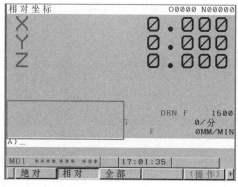

图 1 - 3 - 6　机床信息显示设定

伺服轴的负载表及主轴的负载表与速度表由参数 3111#OPM 确定，当 OPM 为 0 时，不显示，当 OPM 为 1 时，显示，如图 1-3-7 所示。

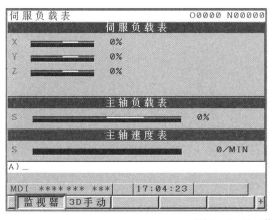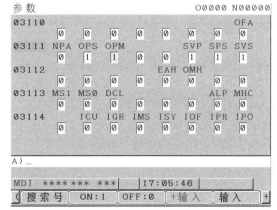

图 1-3-7 监控信息显示设定

三、相对坐标的清零和预置

在相对坐标系内，刀具的当前位置可预置为 0 或指定值。通过相对坐标的清零操作可以建立一个相对坐标系，此时刀具当前位置为相对坐标系的原点。同样，通过相对坐标的预置操作也可以建立一个相对坐标系，此时刀具位置预置为键入的相对坐标的坐标值。

四、工件坐标系的预置

工件坐标系的预置功能，是将由于手动干预而位移的工件坐标系预置为新的工件坐标系。它是从位移前的机床原点到偏置工件原点的偏置值。工件坐标系预置在参数 8136#1 设定为 0 时可以使用。

工件坐标系预置有两种方法：一是使用程序指令；二是分别在绝对位置画面与综合位置画面上使用 MDI 键盘操作。

使用程序指令预置坐标系时，区分铣床和车床。铣床使用 "G92.1 IPO;"；车床（C 代码体系 A）使用 "G50.3 IPO;"，而车床（C 代码体系 B、C）使用 "G92.1 IPO;"。其中，IP 为指定想要预置工件坐标系的轴地址，未指定的轴不会被预置。例如：铣床工件坐标系预置所有轴时，使用 "G92.1 X0 Y0 Z0;"。

实践指导

一、各轴（X、Y、Z）位置坐标查看

1. 各轴（X、Y、Z）绝对坐标位置查看

步骤 1：单击功能键 "POS"。

步骤 2：单击软键 "绝对"。

2. 各轴（X、Y、Z）相对坐标位置查看

步骤 1：单击功能键 "POS"。

步骤2：单击软键"相对"。

3. 各轴（*X*、*Y*、*Z*）综合坐标位置查看

步骤1：单击功能键"POS"

步骤2：单击软键"全部"。

二、相对坐标的预置与清零

1. 所有轴相对坐标清零

1）清零所有轴

步骤1：单击功能键"POS"。

步骤2：单击软键"相对"，显示相对坐标画面。

步骤3：单击软键"操作"→"起源"。

步骤4：单击软键"所有轴"，所有轴的相对坐标被复位至0，如图1-3-8所示。

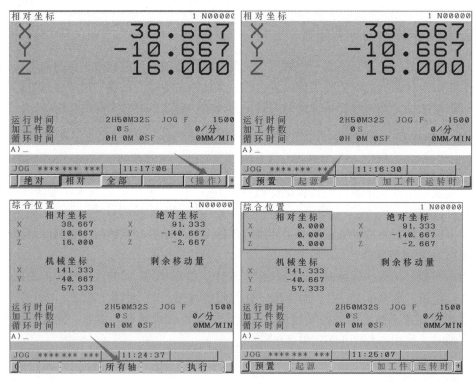

图1-3-8 所有轴相对坐标清零

2）指定轴坐标清零

步骤1：单击功能键"POS"。

步骤2：单击软键"相对"，显示相对坐标画面。

步骤3：单击软键"操作"→"起源"。

步骤4：从MDI键盘上输入要复位轴的轴名称*X*/*Y*/*Z*，轴名称闪烁显示。

步骤5：单击软键"执行"，指定坐标*X*/*Y*/*Z*被复位至0，如图1-3-9所示。

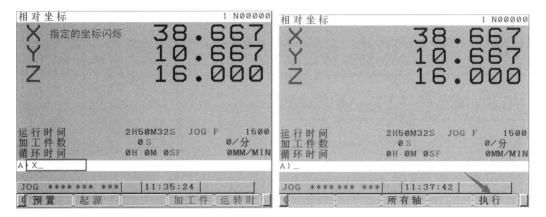

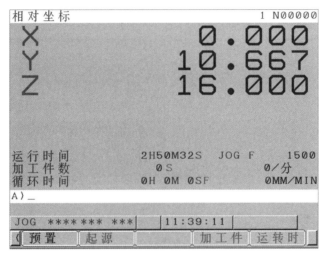

图 1 - 3 - 9　指定轴坐标清零

2. 指定轴相对坐标的预置

步骤 1：单击功能键"POS"。

步骤 2：单击软键"相对"，显示相对坐标画面。

步骤 3：单击软键"操作"。

步骤 4：从 MDI 键盘上输入要预置轴的轴名称 $X/Y/Z$，轴名称闪烁显示。

步骤 5：从 MDI 键盘上输入要预置的坐标值，单击软键"预置"，刀具位置预置为输入了相对坐标的坐标值，如图 1 - 3 - 10 所示。

三、工件坐标系的预置

1. 手动预置指定轴（图 1 - 3 - 11）

步骤 1：单击 MDI 键盘功能键"OFFSET"。

步骤 2：单击软键"工件坐标"，显示 G54 参数画面。

步骤 3：从 MDI 键盘上输入要预置的轴名称 $X/Y/Z$ 和 0。

步骤 4：单击软键"测量"。

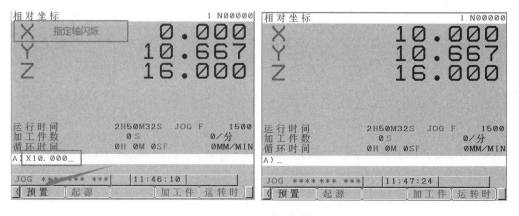

图 1 - 3 - 10 相对坐标的预置

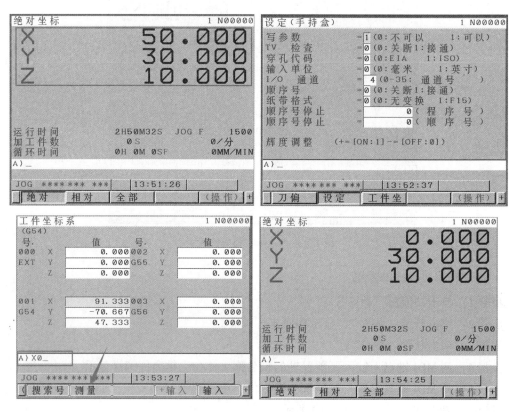

图 1 - 3 - 11 手动预置指定轴

2. 程序预置工件坐标系（数控铣系统）

步骤 1：选择 "MDI" 工作方式。

步骤 2：单击 "PROG" → "程序"，进入程序画面。

步骤 3：在程序编辑画面输入程序段 "G92.1 X0 Y0 Z0；"。

步骤 4：将光标移动到程序的开头，单击机床操作面板上的 "循环启动" 键执行程序，各轴当前位置被预置为工件坐标系，如图 1 - 3 - 12 所示。

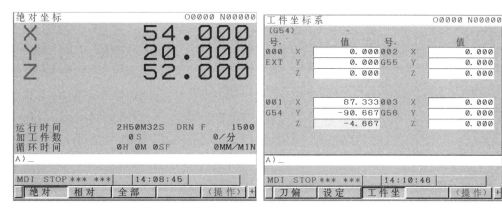

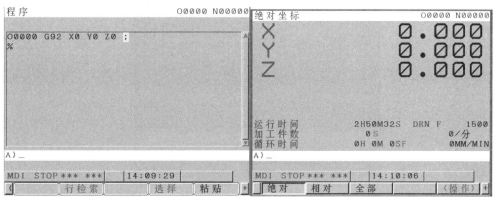

图1-3-12 程序预置工件坐标系

四、工件数和运行时间设置

1. 工件数清零

步骤1：选择"MDI"工作方式。

步骤2：单击"POS"→"绝对坐标"键，进入绝对坐标画面。

步骤3：单击"加工件数"→"执行"键，清零工件数，如图1-3-13所示。

2. 运行时间清零

步骤1：选择"MDI"工作方式。

步骤2：单击"POS"→"绝对坐标"键，进入绝对坐标画面。

步骤3：单击"运转时间"→"执行"键，清零运行时间，如图1-3-14所示。

五、位置画面信息显示设定

步骤1：位置坐标信息显示设定，即确认参数3115#NDA。当NDA为0时，显示位置坐标信息；当NDA为1时，不显示对应坐标信息。

步骤2：进给实际速度和主轴速度显示设定，即确认参数3105#DPF和3105#DPS是否为1。当DPF和DPS为1时，显示信息；当DPF和DPS为0时，不显示信息。

步骤3：进给理论速度显示设定，即确认参数3108#JSP是否为1。当JSP为0时，不显

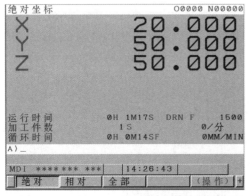
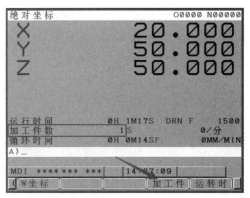

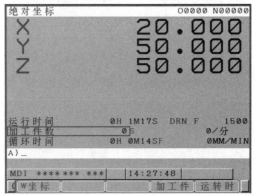

图 1 - 3 - 13　工件数清零

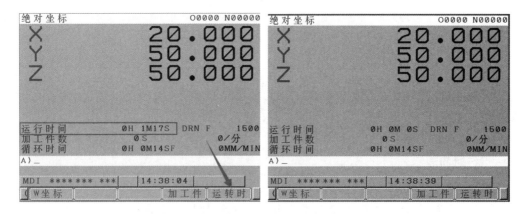

图 1 - 3 - 14　运行时间清零

示信息；当 JSP 为 1 时，显示信息。

步骤 4：机床实际进给速度、操作时间及加工零件数显示设定，即确认参数 8134#NCT。当 NCT 为 1 时，不显示信息；当 NCT 为 0 时，显示信息。

步骤 5：伺服轴的负载表及主轴的负载表与速度表显示设定，即确认参数 3111#OPM 是否为 1。当 OPM 为 0 时，不显示信息；当 OPM 为 1 时，显示信息。

位置画面信息显示设定如图 1 - 3 - 15 所示。

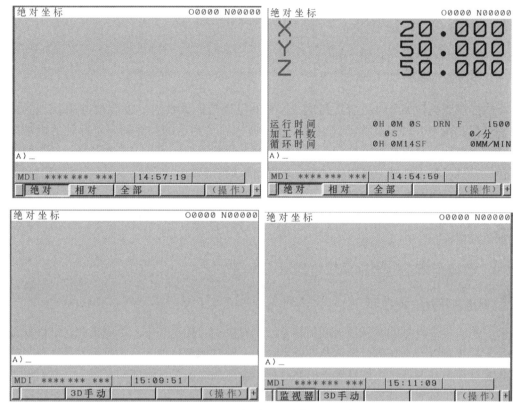

图 1 - 3 - 15 位置画面信息显示设定

 思考问题

1. 如何使用程序指令预置车床的工件坐标系？
2. 在什么情况下使用相对坐标预置与清零？

任务四 对刀与工件坐标系的设定操作

 知识目标

1. 了解各种不同的对刀方法。
2. 掌握对刀仪的使用方法。

能力目标

1. 能查阅机床操作说明书。
2. 能操作机床对刀。

工作过程知识 >>>

一、数控机床的加工原理

在数控机床进行加工时，刀具到达的位置的机械坐标值必须传递给 CNC 系统，然后由 CNC 系统发出信号并使刀具移动到这个位置。通常刀具到达的位置的各坐标轴的机械坐标值，是工件坐标系原点在机床坐标系中各坐标轴上的机械坐标值 + 刀具在各坐标轴上的偏置补偿值 + 刀具在各坐标轴上磨损补偿值 + 程序指令的刀具在工件坐标系中各坐标轴上的指令值。上述运算是由数控系统的内部源程序来实现的，但是在加工前，操作人员必须把工件坐标系原点在机械坐标系中的位置坐标设置数控系统，同时通过对刀确定各把刀具在各坐标轴上的偏置补偿值。

二、数控车床工件坐标系设定与对刀方法

1. 利用刀补数据对刀

将刀架上每把刀具的刀尖与工件坐标系的原点重合。如果实际上不能重合，可以通过计算确定它们重合时刀具在机械坐标系中各坐标轴上的机械坐标值，作为各把刀具在各坐标轴上的偏置补偿值。例如：工件坐标系的原点在卡盘前端面与工件轴线的交点上，对刀时，刀尖不能与工件坐标系的原点重合。此时，在手动或增量方式下，轻车工件前端外圆柱面长 5 mm，保持 X 向不动，沿 + Z 向退刀，然后停止主轴旋转，测量轻车过的外圆柱面直径（一般采用直径编程方法）。因为刀尖向工件中心移动时沿 X 向的负方向移动，所以 X 向的机械坐标值减小。因此，用当前位置时的 X 向机械坐标值减去测量到的工件直径的值，结果就是这把刀 X 向的偏置补偿值。

对于 FANUC 系统，需要操作者计算完后，输入相应的刀具补偿号，具体操作：单击 "OFFSET" 键 → "补正" 软键 → "形状" 软键，然后移动光标至该把刀具相应补偿号后，输入 X 向和 Z 向偏置值，如图 1 – 4 – 1 所示。

偏置 / 形状			O0000 N00000
号.	X轴	Z轴	半径　　　T
G 001	0.000	0.000	0.0000
G 002	0.000	0.000	0.0000
G 003	0.000	0.000	0.0000
G 004	0.000	0.000	0.0000
G 005	0.000	0.000	0.0000
G 006	0.000	0.000	0.0000
G 007	0.000	0.000	0.0000
G 008	0.000	0.000	0.0000
相对坐标			
U	0.000		
W	0.000		
A) _			
		S	0T00000000
MDI　*** *** ***	13:01:39		
《　磨损	形状		（操作）》

图 1 – 4 – 1　数控车床刀补画面

上述方法操作简单，且可靠性好。通过刀具偏置值与机械坐标系紧密地联系在一起，代表了加工原理中工件坐标系原点在机械坐标系中位置的机械坐标值＋各把刀具的补偿值。只要不断电，不改变刀偏值，工件坐标系就会存在且不会改变，即使断电重新启动回参考点之后，工件坐标系还在原来位置。使用此方法，在程序开始时，使用指令 T0101 就可以成功建立 T01 号刀具的工件坐标系。各把刀确定各自工件坐标系原点，是靠调用刀具补偿号来实现的。编程时，在刀具运动之前，应有带有该把刀刀具补偿的换刀指令的执行。例如：输入指令 T0101，在开始加工前或中途换刀，应将刀架移到一个合适的位置，避免刀架转位时与其他零部件发生碰撞。

2. 程序设定对刀

只有在程序开头用"G50XαZβ;"（α、β 为两个数值）来设定工件坐标系 Xα，Zβ 的位置才能加工。对刀时先对基准刀，使基准刀的刀尖移到一个空间固定点，把此时刀具的所在位置设定为相对坐标系的零点。然后，把其他刀具的刀尖移到该固定空间点，此时显示的相对坐标值为该把刀相对基准刀在 X 向、Z 向的补偿值。再将该值输入该把刀的补偿号中。例如：若该空间固定点在卡盘前端面与工件轴线的交点，基准刀与其他刀具的刀尖不能移动到该固定空间点，首先应推算基准刀刀尖移动到空间固定点时刀具在机械坐标系中各坐标轴上的位置坐标，这个坐标值即基准坐标值。然后推算其他刀具的刀尖运动到该固定空间点时，刀具在机械坐标系中各坐标轴上的坐标值。再用其他刀具运动到固定空间点时各坐标轴上的机械坐标值减去基准刀具运动到固定空间点时刀具在坐标轴上的机械坐标值，即得该把刀相对基准刀在各坐标轴方向上的补偿值，将其送入该把刀的补偿号下即可，而基准刀的补偿值为零。

采用这种方法，如果关机或断电后重新启动，建立的工件坐标系将丢失，重新开机后必须再对刀建立工件坐标系。在重复加工中，在一个工件加工完后，应让基准刀回到 XαZβ 位置处，这样下一次加工时就不需要再对刀。

3. 设定 G54～G59 坐标系

采用 CRT/MDI 参数设定方式，运用 G54～G59 可以设定 6 个坐标系，这种工件坐标系的原点相对机床参考点是不变的，与刀具无关。使用这种方法设置工件坐标系时，需将基准刀的刀尖移动到与工件坐标系的原点重合（如果不能重合，推算出理论重合时的刀具在各坐标轴的机械坐标值），然后将刀具在各坐标轴上的机械坐标值记录下来，加工前将其送入 G54～G59 程序中使用的那个坐标系设定指令下的寄存器中。对于基准刀，X、Z 向补偿值为 0，其他刀具相对基准刀具的补偿值的获得原理与上面第二种方法中的相同。用这种方法设置的工件坐标系，对加工前刀具所处的位置没有要求，对加工完后刀具所处的位置也没有要求。机床断电重新开机，返回机床参考点后，原来建立的工件坐标系仍然有效。这种方法适用于批量生产，且工件在机床上有固定装夹位置的加工。

三、数控铣床（加工中心）工件坐标系的设定与对刀方法

1. G92 设定工件坐标系

在程序开头用"G92XαYβZγ;"来设定工件坐标系，（α、β、γ）为基准刀在设定的工件坐标系中的位置坐标。因此，加工开始前，必须把基准刀的刀位点（程序控制刀具运动

的点）移到工件坐标系中（α、β、γ）处，而基准刀具的补偿值为0。加工前，要确定其他刀具相对基准刀具的长度补偿值，其方法为把基准刀移动到与工件上表面接触，设置此位置为相对坐标系的原点，然后也把其他刀具移动到与工件上表面接触，此时 Z 轴的相对坐标值就是其他刀具相对标准刀具的长度补偿值，把此值送到每把刀具的长度补偿号中即可。对于半径补偿，具体刀具在具体加工时运用相应的补偿值即可。用 G92 设置的工件坐标系在断电后丢失，重新启动后，必须重新对刀。重复加工中，刀具的起点与终点应相同，以避免下次加工乱刀。

2. 设定 G54～G59 建立工件坐标系

采用 MDI 参数设定方式，运用 G54～G59 可以设置 6 个工件坐标系。使用这种方法时，必须通过人工计算，确定工件坐标系原点在机床机械坐标系中的位置坐标值，但由于数控机床显示屏上的显示为刀具中心在机床机械坐标系中的坐标，故推算时要考虑刀具刀位点移向工件坐标系原点时刀具沿机床各坐标轴的方向和距离。送入 G54～G59 程序中使用的，如 G54 下的 Z 轴数据，可以使用一把基准刀，让基准刀的刀尖移到工件坐标系 Z 坐标轴的原点，一般在工件表面，并把此位置设置为相对坐标系原点，把此时 Z 机械坐标值送入 G54 下 Z 轴数据中，然后换装上其他刀具，也移动到工件坐标系 Z 轴的原点上，此时显示的相对坐标系中的 Z 值为该把刀的长度补偿值，将其送入对应的补偿号中即可，如图 1-4-2 所示。

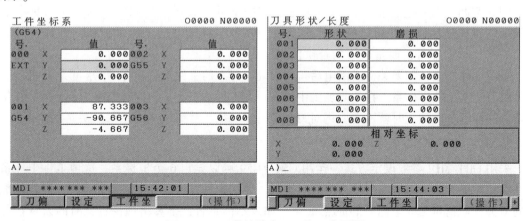

图 1-4-2 数控铣床 G54 和刀补画面

 实践指导 >>>

一、X 轴对刀

步骤1：用刀柄装夹偏心式寻边器，再将刀柄装到主轴上，如图 1-4-3 所示。

步骤2：用 MDI 方式启动主轴，转速一般为 300～500 r/min，不要超过 1 000 r/min，以防高速导致寻边器损坏。

步骤3：在手轮方式下启动主轴正转，在 X 方向手动控制机床的坐标移动，使偏心式寻边器接近工件左侧，即 X-侧被测表面并缓慢与其接触，如图 1-4-4 所示。

图 1 - 4 - 3 安装寻边器

图 1 - 4 - 4 移动寻边器至工件 X – 一侧

步骤 4：进一步仔细调整位置，直到偏心式寻边器上下两部分同轴，同时相对坐标 X 轴置零，如图 1 - 4 - 5 所示。

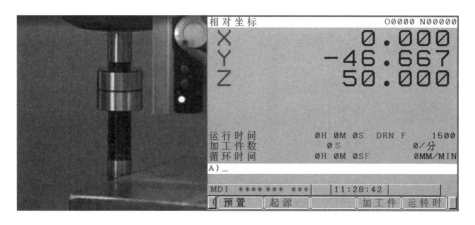

图 1 - 4 - 5 调整寻边器上下同轴，相对坐标 X 置零

步骤5：提起主轴，移动寻边器至 X 轴另一侧测量面，即 X + 侧，直至偏心式寻边器上下两部分同轴，记录此时 X 轴相对坐标，如图 1 - 4 - 6 所示。

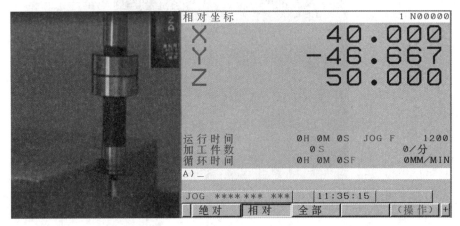

图 1 - 4 - 6　寻边器 X + 侧，调整寻边器上下同轴

步骤6：提起主轴，计算两次 X 坐标的平均值为 20.000，手动方式下移动至 X20.000 处，在 G54 坐标系输入 X0，单击"测量"键，系统自动将此处 X 机械位置输入至 G54 X 轴数据中。编写程序"G54 G01 X0 F1000;"，校验 X 轴是否回到工件坐标系 X 方向原点，X 轴对刀完成，如图 1 - 4 - 7 所示。

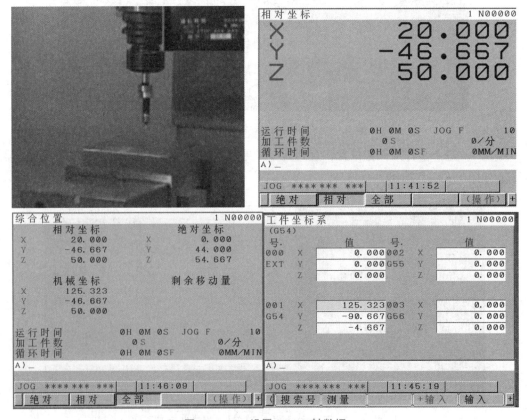

图 1 - 4 - 7　设置 G54 X 轴数据

二、Y 轴对刀

步骤 1：将偏心式寻边器用刀柄装到主轴上。

步骤 2：用 "MDI" 方式启动主轴，转速一般为 300 ~ 500 r/min，不要超过 1 000 r/min，以防转速过高导致寻边器损坏。

步骤 3：在手轮方式下启动主轴正转，在 Y + 侧方向手动控制机床的坐标移动，使偏心式寻边器接近工件前侧被测表面并缓慢与其接触。

步骤 4：进一步仔细调整位置，直到偏心式寻边器上下两部分同轴，同时相对坐标 Y - 侧轴置零，如图 1 - 4 - 8 所示。

步骤 5：提起主轴，移动寻边器至 Y 轴测量面，直至偏心式寻边器上下两部分同轴，记录此时 Y 轴相对坐标。

步骤 6：提起主轴，计算两次 Y 坐标的均值，手动方式下移动至平均值处，在 G54 坐标系输入 Y0，单击 "测量" 键，系统自动将

图 1 - 4 - 8　调整寻边器 Y 轴同心

此处 Y 轴输入至 G54 Y 轴数据中。编写程序 "G54 G01 Y0 F1000;"，校验 Y 轴是否回到工件坐标系 Y 轴原点，Y 轴对刀完成。

三、Z 轴对刀

步骤 1：将装有刀具的刀柄装到主轴上，如图 1 - 4 - 9 所示。

步骤 2：移动工作台主轴下落，让刀具断面靠近工件上表面，把 ϕ10 mm 标准件的圆棒放置在刀具和工件之间。

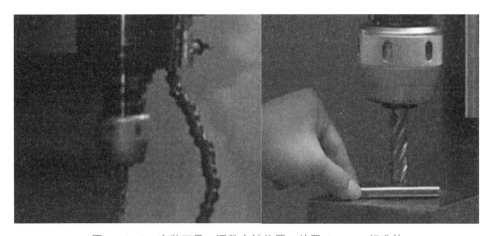

图 1 - 4 - 9　安装刀具，调整主轴位置，放置 ϕ10 mm 标准件

步骤 3：上下调整主轴，让标准件刚好能够划过刀具表面，此时刀尖到工件表面的距离刚好是 10 mm，如图 1 - 4 - 10 所示。

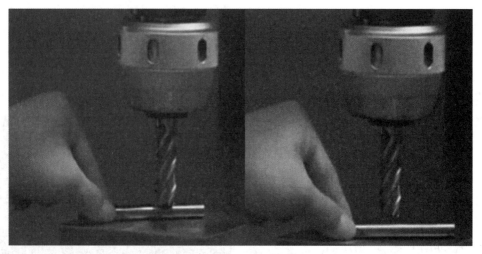

图 1 – 4 – 10　标准件刚好能够划过刀具表面

　　步骤 4：此例中刀尖距离工件 10 mm，所以在 G54 坐标系中输入 Z10，单击"测量"键，系统自动将此处 Z 轴减 10 输入至 G54 Z 轴数据中。Z 轴对刀完成，如图 1 – 4 – 11 所示。

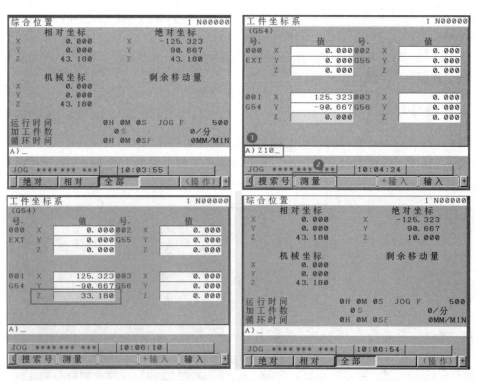

图 1 – 4 – 11　设置 G54 中 Z 轴数据

 思考问题 》》

1. Z 向对刀应使用什么工具？

2. 对刀过程中应使用手动方式还是手轮方式？为什么？

任务五 数控铣零件加工程序的编制和运行

学习目标

1. 掌握基本编程指令。
2. 掌握刀具半径补偿指令。
3. 掌握刀具长度补偿指令。
4. 掌握辅助编程指令。
5. 掌握程序的编辑方法。

能力目标

1. 能使用数控程序的基本指令和编写简单铣削程序。
2. 能操作数控机床，完成加工程序的手动输入和自动运行。

工作过程知识

一、基本编程指令

1. 模态指令和非模态指令

G 代码有模态和非模态之分。非模态 G 代码只在当前程序段有效，如暂停指令 G04；模态 G 代码是指这些 G 代码一经指定，就一直有效，直到程序中出现同组的另一个 G 代码，如快速定位指令 G00、直线插补指令 G01、圆弧插补指令 G02/G03 等。

2. 常用 G 代码编程指令

1）绝对坐标和增量坐标指定刀具移动有两种方法——绝对坐标和增量坐标

绝对坐标编程是对刀具移动的终点位置的坐标值进行编程的方法，而增量坐标编程是对刀具的移动量进行编程的方法。对于数控铣床，绝对坐标编程用 G90 表示，其可使程序中坐标尺寸值为绝对坐标值，即刀具位置的坐标值是相对程序原点计算得到的。增量坐标编程用 G91 表示，增量坐标编程可使程序中坐标尺寸值为相对坐标值，即刀具的坐标值是运动轨迹终点相对起始点计算得到的。以图 1-5-1 为例，刀具从起点 A 移动到终点 B，用 G90 编程时的程序段为 "G90X40.0Y100.0;"，其中，X40.0Y100.0 为终点 B 相对程序原点的绝对坐标值。用 G91 编程时程序段应写成 "G91 X-40.0 Y60.0;"，其中，X-40.0 Y60.0 为终点 B 相对起点 A 的相对坐标值，计算方法为 $X_p - X = 40.0 - 80.0 = -40.0$，$Y_p - Y = 100.0 - 40.0 = 60.0$。

2）快速定位指令 G00

快速定位指令的格式：G00　IP_;

IP_：绝对坐标方式下为刀具移动终点坐标值，增量坐标方式下为刀具的移动量。

快速定位有两种轨迹，可根据参数 1401#1（LRP）进行设定，通常 LRP 设置为 1。

（1）LRP 设置为 0 时，非直线插补定位。刀具在快速移动下沿各轴独立地移动定位。

（2）LRP 设置为 1 时，直线插补定位。刀具沿着一直线移动到指定的点，刀具在最短的定位时间内定位，定位速度不超过各轴的快速移动速度。

指令说明：

（1）快速定位指令不能用于切削加工。

（2）快速定位各轴移动速度通过参数 1420 设定，不受程序给定进给速度 F 值的影响，可以通过倍率调整为 100%、50%、25%、F0。（F0：可在固定的速度下对各个轴用参数 1421 进行设定）

对于数控铣床，该指令格式为 "G90/G91 G00 IP_;"，IP 可以用 X、Y、Z 的任意组合表示。如图 1-5-1 所示，刀具从起始点 A 快速移动到目标点 B，程序段可写成 "G90 G00 X40.0 Y100.0;"（绝对坐标编程），或者 "G91 G00 X70.0 Y50.0;"（增量坐标编程）。

3）直线插补指令 G01（直线插补可以使刀具沿着直线移动）

直线插补指令格式：G01 IP_F_;

G01 是模态指令，指令中 F 指定刀具沿直线移动到指定的位置速度。指定新值前，F 指定的进给速度一直有效，它不需要对每个程序段进行指定。

IP_：绝对坐标方式下为刀具移动终点坐标值；增量坐标方式下为刀具的移动量。

F_：刀具的进给速度，若 F 没有指定任何速度，系统会发出 F 速度为零的报警。

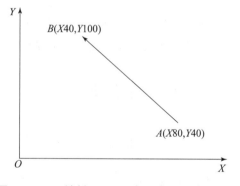

图 1-5-1　铣削 XY 平面内 A 点到 B 点的运动

对于数控铣床，该指令格式为 "G90/G91 G01 IP_F_;"，其中 IP 的意义与 G00 一致，可以用 X、Y、Z 的任意组合表示。F 指定刀具在进给方向上的进给速度。

如图 1-5-1 所示，刀具从起始点 A 沿直线插补到目标点 B，程序段可写成 "G91 G01 X-40.0 Y60.0 F300;"（绝对坐标编程），或者 "G91 X-40.0 Y60.0 F300;"（增量坐标编程）。

4）圆弧插补指令

G02 顺时针圆弧插补：沿着刀具进给路径，圆弧段为顺时针，如图 1-5-2 所示。

G03 逆时针圆弧插补：沿着刀具进给路径，圆弧段为逆时针，如图 1-5-2 所示。

1）圆弧半径编程

（1）指令格式：G02/G03 X_Y_Z_R_F;

G02/G03 + 圆弧终点坐标 + R 圆弧半径。［圆弧小于或等于半圆用 +R；大于半圆（180°）小于整圆（360°）用 -R。］

（2）刀具移到圆弧初始点。

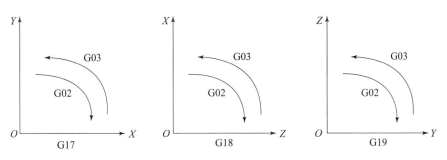

图 1-5-2　不同平面内圆弧顺、逆方向的判断

（3）圆弧半径 R 编程不能用于整圆加工。

2）整圆加工（I、J、K 编程）

（1）指令格式：G02 \ G03 X_Y_Z_ I_J_K_F_；

（2）X/Y/Z 表示末端点，I、J、K 分别表示 X/Y/Z 方向相对圆心的距离（从起点到中心点的矢量距离），如图 1-5-3 所示。正负判断方法：刀具停留在轴的负方向，往正方向进给，也就是与坐标轴同向，那么就取正值，反之为负。

（3）整圆编程时，无须设置末端点数据。

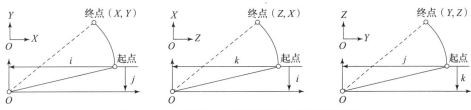

图 1-5-3　圆弧中心距圆弧起点的增量值表示

铣削加工时，需要根据圆弧插补所在平面，选择使用圆弧编程指令。如图 1-5-4 所示 XY 平面内圆弧，指令格式如下：

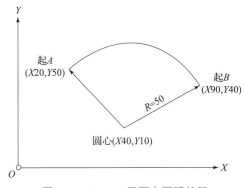

图 1-5-4　XY 平面内圆弧编程

G17 $\left(\dfrac{G02}{G03}\right)$ X__Y__R__F__；

G17 $\left(\dfrac{G02}{G03}\right)$ X_Y_I__J__F__；

编程程序段可写作以下 4 种形式：

①G17 G91 G02 X70.0 Y″−10.0 R50.0 F500；

②G17 G90 G02 X90.0 Y40.0 R50.0 F500；

③G17 G91 G02 X70.0 Y″−10.0 I30.0 J″−40.0 F500；

④G17 G90 G02 X90.0 Y40.0 I30.0 J″−40.0 F500；

二、数控铣床刀具半径补偿

数控程序是根据零件加工轮廓进行编制的。由于刀具有一定的半径，所以刀位点运行的路径不等于所需加工零件的实际轮廓，而是需要偏移工件轮廓一个刀具半径值，这种偏移称作刀具半径补偿。

在数控铣床编程时，通常是把刀具看成是一个点在移动，但实际加工过程中，铣刀是具有一定直径的。为了保证工件加工合格，需要在工件轮廓上加上或减去铣刀的半径值，这样将导致编程人员的工作量增大，工作效率降低。同时，随着刀具磨损也会使刀具半径减小，编程人员必须对刀具磨损量重新进行计算并且编写新的加工程序。如果使用刀具半径补偿，编程人员只需在程序中输入刀具补偿号，就可以根据图纸直接编程。加工时，数控系统会根据刀具补偿值自动计算刀具移动轨迹，从而加工出合格的零件。

1. 刀具半径补偿指令格式

刀具半径左补偿用 G41 指令（简称左刀补）。

刀具半径右补偿用 G42 指令（简称右刀补）。

取消刀具半径补偿用 G40 指令。

1）指令格式

刀具补偿指令格式如下：

$$\begin{cases} G41; \\ G42\ G00/G01\ X\_Y\_D; \\ G40; \end{cases}$$

其中：X，Y 为终点坐标值；D 为刀具补偿号。

2）左、右刀补的判别方法

左、右刀补的判别方法如图 1−5−5 所示。以零件作为参考点，沿着铣刀移动的方向，通过铣刀与零件轮廓的相对位置来判断刀补。铣刀在零件轮廓左侧为左刀补，反之为右刀补。

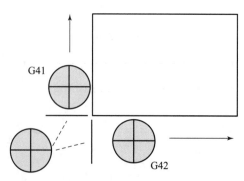

图 1−5−5　左、右刀补的判别方法

2. 刀具半径补偿功能

1）刀具半径补偿过程

刀具半径补偿过程如图 1-5-6 所示。

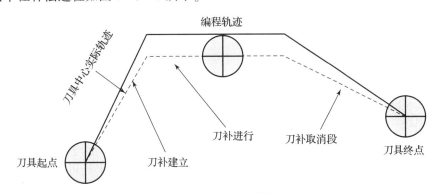

图 1-5-6　刀具半径补偿过程

刀具半径补偿过程主要包括以下 3 个方面：

（1）建立刀补。从刀具起点，刀具中心轨迹移动到与编程轨迹相距一个刀具半径值的过程。刀补建立段的长度 L 要大于铣刀半径 r，否则会出现过切现象。刀补值输入刀具半径，如 $\phi 10$ 刀具，输入半径 5，刀具实际路径向外扩 5，如图 1-5-7 所示。刀补数据越大，刀具路径向外扩张越大；刀补数据越小，刀具路径越向内收缩。

刀偏				O0000 N00000
号.	形 状（H）	磨 损（H）	形 状（D）	磨 损（D）
001	0.000	0.000	5.000	0.000
002	0.000	0.000	10.000	0.000
003	0.000	0.000	0.000	0.000
004	0.000	0.000	6.000	0.000
005	0.000	0.000	12.000	0.000
006	0.000	0.000	3.000	0.000
007	0.000	0.000	0.000	0.000
008	0.000	0.000	0.000	0.000

相 对 坐 标			
X	0.000	Z	0.000
Y	0.000		

A）＿

MDI ＊＊＊＊ ＊＊＊ ＊＊＊ 　 11:13:49

（ 搜索号 　 C 输入 　 ＋输入 　 输入 ）＋

图 1-5-7　刀具半径输入画面

（2）刀补进行。刀具中心轨迹与编程轨迹始终相差一个刀具补偿值，直到刀补取消指令生效。

（3）取消刀补。G40 指令必须在刀具离开加工表面后执行，避免已加工表面被二次铣削。

2）使用刀具半径补偿功能的注意事项

（1）使用刀具补偿之前必须把补偿值输入刀补存储器中。

（2）补偿指令与取消指令必须成对使用，如果使用刀具补偿而不取消，那么对其他程序刀具补偿功能也是有效的。

（3）G41/G42/G40 指令必须和 G01/G00 指令共用，并且不能出现在加工程序段，只能出现在辅助程序段。

（4）旋转、缩放、镜像等功能指令不允许出现在 G41/G42 与 G40 之间的程序中。

（5）加工内部轮廓时，过渡处的尺寸不能小于刀具半径，否则会出现过切现象，系统将报警并停止加工。

（6）G41/G42 与 G40 的进行必须在刀具远离工件的地方，只有切入点和进刀方式协调好，才能保证刀具补偿功能的有效。

3. 刀具半径补偿功能的应用

1）适应刀具的变化

由于刀具长时间使用，尺寸会因为磨损而变小，这样加工出来的零件尺寸可能不会符合公差要求。同样，如果更换新的刀具，零件尺寸也会发生改变，故可以通过改变刀具的补偿量来适应零件的加工要求，具体如图 1-5-8 所示。

在图 1-5-8 中，铣刀半径为 r，磨损量为 Δ，那么磨损后的半径可以表示为 $r-\Delta$。由于存在刀具磨损，实际加工时如果刀具补偿值依然设置为 r，那么实际尺寸 > 零件尺寸，加工零件肯定不符合标准。

为了解决上述问题，实际加工时需要把刀具补偿值变为 $r-\Delta$，这样不需要改变程序，就能达到加工要求，从而提高加工的精度。

2）工件的粗加工和精加工

通常，刀具的补偿值与半径值并不一定相等。实际中，针对同一个程序，如果想在使用同一刀具或不同刀具的情况下对零件都可以进行粗加工和精加工，那么就需要在刀补偏置存储器中输入不同的补偿值。使用同一刀具进行加工补偿如图 1-5-9 所示。

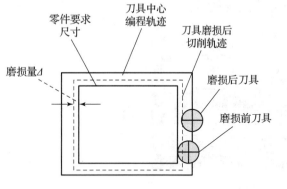

图 1-5-8　补偿刀具半径磨损

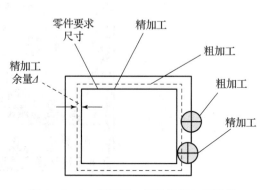

图 1-5-9　使用同一刀具进行加工补偿

在图 1-5-9 中，虚线为粗加工轮廓，粗实线为精加工轮廓，即零件实际尺寸。在这里，零件粗加工时，可以把刀具的补偿值设为 $r+\Delta$；零件精加工时，再把补偿值设为 r，从而运行程序，实现零件的精确加工。

使用不同刀具进行粗、精加工时，在粗加工中刀具半径补偿量要大于刀具实际半径，换另一把刀进行精加工时，需要把刀具补偿值改成实际刀具半径值。

3）零件的加工修正

利用刀具补偿值可以对加工零件进行修正，控制零件的尺寸精度。

加工外轮廓尺寸时，经过测量如果大了 1 mm，那么设置刀具补偿值就要小 0.5 mm，刀具路径内收 1 mm。加工内轮廓尺寸时，经过测量如果小了 1 mm，那么设置刀具补偿值就要大 0.5 mm，刀具路径扩展 1 mm。

4）同一公称尺寸的凹、凸型面的加工

通过对刀具补偿值的设置，可完成同一公称尺寸的凹、凸型面的加工。

当刀具补偿值为负值时，G42 指令相当于 G41 指令，内外轮廓可用同一程序来加工，具体如图 1-5-10 所示。

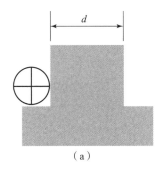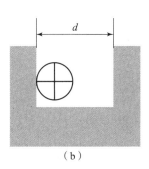

图 1-5-10 同一公称尺寸的凹、凸型面

在图 1-5-10（a）中，公称直径为 d，刀具补偿指令用 G42，将刀具补偿值设为 D，刀具将沿轮廓的外侧铣削；在图 1-5-10（b）中，还用同一程序，将刀具补偿值设为 -D，G42 指令就相当于 G41 指令，这时刀具将沿轮廓的内侧铣削。在模具加工中，常用这种编程和加工方法。

3. 刀具半径补偿举例

用同一程序段对零件进行粗、精加工：

①当对零件进行粗加工时，可设置刀具偏置值为刀具半径 + 精加工余量。

②当对零件进行精加工时，可设置刀具偏置值为刀具半径。

举例如下：

加工如图 1-5-11 所示零件，用 ϕ25 立铣刀采用不同的刀具半径补偿实现凸台的粗精加工，粗加工给精加工留 3 mm 余量。

程序如下：

O1841;(主程序)

G17 G54 G90 G40 G49 G21;

M03 S1200;

G00 X65 Y0 Z50;

Z2;

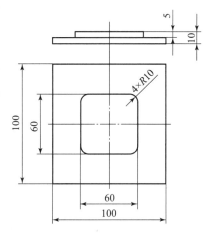

图 1-5-11 刀具半径补偿应用

G01 Z-5 F150;

G41 G00 X30 D01;

(建立刀具半径右补偿使刀具沿轮廓外侧切削刀具补偿值 D01 = 刀具半径 + 精加工余量 = 15.5)M98 P0001(粗加工)

G40 X65;

```
G41 G00 X30 D02;(D02 = 刀具半径 = 12.5)
M98 P0001;(精加工)
G40 X65;
G00 Z50;
M05;
M30;
O0001;(子程序)
G01 Y - 20;
G02 X20 Y - 30 R10;
G01 X - 20;
G02 X - 30 Y - 20 R10;
G01 Y20;
G02 X - 20 Y30 R10;
G01 X20;
G02 X30 Y20 R10;
G01 Y0;
M99;
```

三、数控铣床刀具长度补偿

数控机床通过控制刀架在坐标系中的运动实现数控加工，加工中常用到多把刀加工，刀具长度尺寸完全不同。即便是尺寸相同的两把刀具安装在同一台数控机床的刀架上，其刀尖相对刀架中心的位置也不可能完全相同，因此刀架在相同的运动轨迹下，由于刀具不同而产生的实际切削轨迹也不同，这就需要每把刀具都要进行对刀操作以建立自己的刀具补偿。为了减少对刀操作，往往取一把刀作为基准刀具，其他刀具相对基准刀具的长度差值称为刀具的长度补偿。刀具长度补偿的实质是将刀具相对工件的坐标由刀具安装的定位点移到刀尖位置。长度补偿只和 Z 坐标有关。

1. 刀具长度补偿的指令

刀具长度正补偿：G43 G00/G01 Z_H_;
刀具长度负补偿：G44 G00/G01 Z_H_;
取消刀具长度补偿：G49 G00/G01 Z_;

2. G43 与 G44 指令的判断方法

如图 1 - 5 - 12 所示，在刀库中同时安装 3 把刀，Z 向需分别对刀，这样操作较麻烦。如果采用刀具长度补偿，可以使操作更简便。例如：以 3 把刀中最短的中号刀的 Z 向对刀，2 号刀、3 号刀都比 1 号刀长，要想与 1 号刀的刀底平齐，2 号刀、3 号刀就要向上移动，移动距离为与 1 号刀长度之差，Z 轴上移为正方向。因此，2 号刀、3 号刀采用的就是刀具长度正补偿，在 HXX 中设定正补偿值；反之，如以 3 把刀中最长的 2 号刀的 Z 向对刀，则 1 号刀、3 号刀就是刀具长度负补偿，在 HXX 中设定负补偿值；如选用 3 号刀 Z 向对刀，则 1 号刀为负补偿，2 号刀为正补偿。

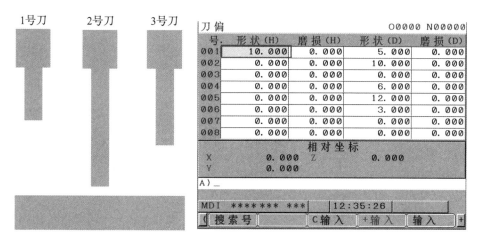

图 1 – 5 – 12 刀具长度补偿与输入画面

3. 刀具长度补偿的应用实例

多把刀具可用于同一坐标系编程，如加工如图 1 – 5 – 13 所示的零件，要求用 $\phi20$（刀具号为 T03）立铣刀铣外形，用 $\phi16$（刀具号为 T05）键槽铣刀铣槽，已知 $\phi20$ 立铣刀比 $\phi16$ 立铣刀长 10 mm。在编程时建立以工件中心为坐标原点的工件坐标系，对刀时可以只对 $\phi20$ 立铣刀，当调用 $\phi16$ 键槽铣刀时只需建立刀具长度补偿即可。

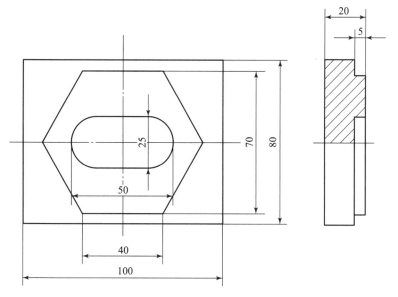

图 1 – 5 – 13 刀具长度补偿应用

程序如下：

O1843;

G17 G54 G90 G21 G40 G49;

G28 Z0 T03 M06;(主轴换上 T03 号 $\phi20$ 立铣刀)M03 S1500;

...(铣六边形凸台程序略)

...

G28 Z0 T05 M06;(主轴换上 T05 号 φ16 立铣刀)G00 X0 Y0 Z50;

G43 Z0 H05;(建立刀具长度负补偿 05 刀具补偿值为 –10)

...(铣槽程序略)

...

G40 G00 Z50;(取消刀具长度补偿)

M05;

M30;

四、辅助编程指令

1. M 功能代码

M 功能代码是控制机床或系统开关功能的一种指令，主要用于完成机床加工操作时的辅助动作和状态控制，如主轴的正、反转，切削液的开、关，程序结束、子程序的调用和返回等，见表 1-5-1。

表 1-5-1　M 代码功能

代码	功能	意义
M00	程序停止	中断程序运行的指令。使用该指令，在程序段内被指令的动作结束，并且在此之前的模态信息全部被保存。用于循环启动，自动运行可以再开始
M01	选择停止	若操作者事先单击选择停止开关，则会产生与程序停止同样的效果。不单击这个开关，此指令不起作用
M02	程序结束	表示结束加工程序，程序不返回程序的开头
M30	程序结束	该指令置于加工程序的末尾，表示程序执行结束，加工运行完毕，在控制装置和机床复位时使用，程序返回程序的开头
M98	调用子程序	用 M98 和后面的 P（程序号）指令调用子程序
M99	子程序结束	用 M99 表示子程序结束。执行了 M99 后，就返回主程序中
M198	调用外部子程序	当调用外部 I/O 设备上的子程序时，使用此指令（参数：No. 20）

2. F 功能代码

F 功能又称进给功能，用于指定刀具的切削进给速度，由地址码 F 和后面的数字组成，常与 G 指令配合使用指定不同的进给速度。例如：在数控铣床编程时使用"G94F200;"表示进给速度为 200 mm/min；使用"G95F0.5;"表示进给速度为 0.5 mm/min。

F 功能是模态指令，在程序中必须在启动第一个插补运动指令（如 G01）时同时启动，若下一程序段进给速度无变化则不必重写。

3. S 功能代码

S 功能又称主轴功能，用来指定主轴转速，由地址码 S 和后面的若干位数字组成，单位为 r/min，如"S1000；"表示主轴转速为 1 000 r/min。

S 代码还可与 G96 配合使用，实现恒线速度控制，如"G96S150"表示刀具以恒线速度 150 m/min 切削。使用 G97 可以取消恒线速度切削功能。

4. T 功能代码

T 功能又称刀具功能，用来指定加工中所使用的刀具。刀具功能由地址码 T 和后面的若干位数字组成，数字的含义与机床的类型有关，如数控车床用 T××××表示时，前两位数字表示刀具号，后两位数字表示刀补号，而在数控铣床上一般用 T×× 表示，且只表示刀号。

 实践指导

一、整圆编程

编写整圆程序，圆弧如图 1-5-14 所示，A 点坐标为（X-50，Y0），B 点坐标为（X50，Y0），半径为 50.0。

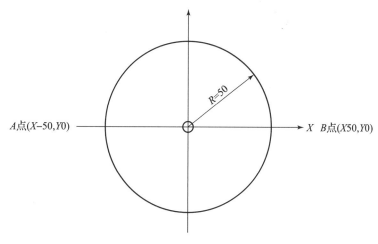

图 1-5-14 整圆编程

A 起点刀具顺时针走整圆程序：

程序 1：G01 X-50 Y0 F100；//刀具移动至 A 点

程序 2：G02 I50 F100；   //整圆编程中起始点和末端点为一个点,末端点数据省略,I 为起始点距离圆心的矢量值(圆心在起点右侧取正值,左侧取负值)

A 起点刀具逆时针走整圆程序：

程序 1：G01 X-50 Y0 F100；

程序 2：G03 I50 F100；

B 起点刀具顺时针走整圆程序：

程序 1：G01 X50 Y0 F100；

程序 2：G02 I-50 F100；   //I-50 为起始点距离圆心的矢量值

B 起点刀具逆时针走整圆程序：

程序 1：G01 X50 Y0 F100；

程序 2:G03 I -50 F100;

二、刀补画面设置

在 FANUC 刀偏设定画面中,可以设定刀具长度及半径补偿量,对于设备操作人员与调试人员来说,刀偏设定画面使用比较频繁。正常情况下,进入系统刀偏设定画面后,刀偏画面会同时显示刀具长度及刀具半径设定对话框,但在 0iF type5 系统中,刀偏设定画面只显示刀具长度补偿画面,显示两列,如果显示刀具半径补偿,需要按键切换至半径补偿画面,操作较为烦琐,如图 1 - 5 - 15 所示。

步骤 1:将参数 24303#3(HD8)设定为 1,如图 1 - 5 - 16 所示。

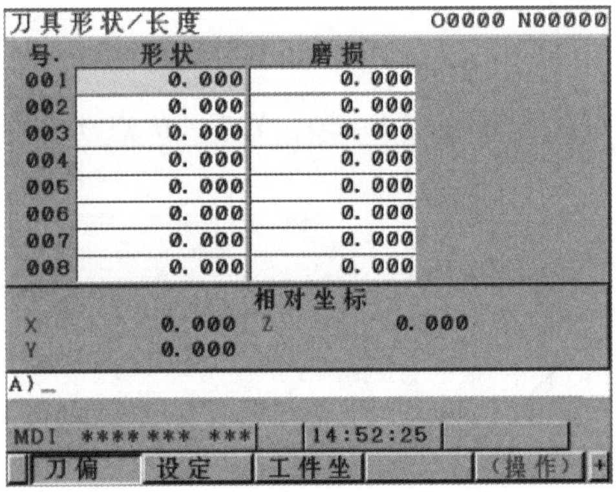

图 1 - 5 - 15　只有长度补偿数据的刀补画面　　　　图 1 - 5 - 16　参数 24303#3(HD8)设置

步骤 2:系统提示需要关机重启,重启设备后,再次进入刀偏画面,刀偏画面即可同时显示刀具长度及半径补偿,如图 1 - 5 - 17 所示。

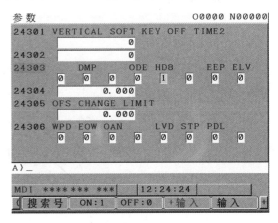

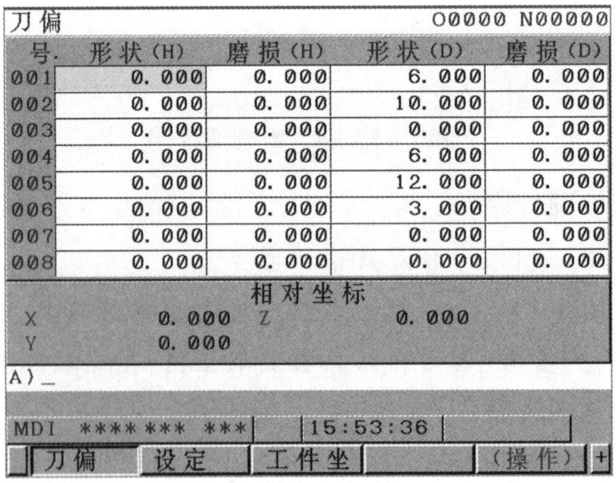

图 1 - 5 - 17　正常刀补画面

思考问题 »

1. G02 和 G03 指令的使用有什么区别?

2. 刀具 ϕ20,要求留有 0.4 mm 的精加工余量,刀补 D 设置为多少?

任务六　系统信息和诊断画面的查看

学习目标

1. 熟悉系统信息显示画面。
2. 了解系统报警查看方式和系统报警类型。
3. 能够查看报警信息和诊断画面。

能力目标

1. 能查看数控系统信息和诊断画面以及报警履历画面。
2. 能通过查看信息显示画面和报警履历画面获取报警信息。
3. 能够区分出现的报警信息类型。

工作过程知识

一、报警信息分类

在机床正常的运转过程中会出现报警，报警分为系统内部报警和机床外部报警。系统内部报警包含 OT 报警、SV 报警等，共可分为 13 类。表 1 – 6 – 1 所示为系统内部报警分类。

表 1 – 6 – 1　系统内部报警分类

报警类型	报警说明	报警类型	报警说明
PS 报警	与程序操作相关的报警	I/O 报警	与存储器文件相关的报警
BG 报警	与后台编辑相关的报警	PW 报警	请求切断电源的报警
SR 报警	与通信相关的报警	SP 报警	与主轴相关的报警
SW 报警	参数写入状态下的报警	OH 报警	过热报警
SV 报警	伺服报警	IE 报警	与误动作防止功能相关的报警
OT 报警	与超程相关的报警	DS 报警	其他报警
ER 报警	PMC 错误报警	—	—

系统外部报警是机床电气报警，是通过 PMC 程序检测出机床电路中的电器部件出现异常动作而发出的外部报警信息和外部操作警告信息。机床电气报警分类见表 1 – 6 – 2。

表 1 - 6 - 2　机床电气报警分类

报警号码	数控系统屏幕显示内容
EX1000 ~ 1999	报警信息 CNC 转到报警状态
No. 2000 ~ 2099	操作信息
No. 2199 ~ 2999	操作信息（只显示信息数据，不显示信息号）

二、报警信息画面

1. 外部 1000 ~ 1999 号报警

当机床出现系统内部报警和机床电气报警（EX1000 ~ 1999）时，数控系统的画面将跳转到报警画面，如图 1 - 6 - 1 所示。EX1000 ~ 1999，在系统报警画面显示信息号和信息数据，CNC 系统转为报警状态，显示在 ALARM 中，中断当前操作。自动方式时，自动停，手动方式时不停，如机床超程、空气压力低，等等。

2. 外部 2000 ~ 2999 号报警

当机床出现机床电气报警（No. 2000 ~ 2999）时，数控系统的画面将跳转到操作信息画面机床电气报警（No. 2000 ~ 2099）的信息画面上显示操作信息号和操作信息，如机床润滑报警、AIR LOW，等等。图 1 - 6 - 2 所示为 No. 2005 AIR LOW 报警画面。

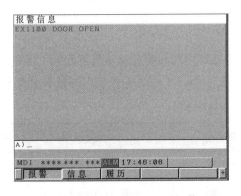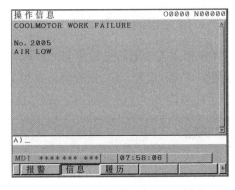

图 1 - 6 - 1　EX1000 ~ 1999 号报警画面　　　　图 1 - 6 - 2　No. 2005 AIR LOW 报警画面

机床电气报警（No. 2100 ~ 2999）的信息画面上显示操作信息，不显示信息号，此时机床可以正常运行，如冷却电机异常、吹气阀异常等。

3. 操作履历画面

单击数控系统 MDI 键盘上的功能键"MESSAGE"后，系统画面中除了有报警和信息画面外，还有报警履历画面。报警履历画面显示系统内部报警和机床电气报警（EX1000 ~ 1999），有 50 个最新发生的报警内容被存储起来，并将报警发生时间、报警类别、报警号、报警信息等显示在画面中，如图 1 - 6 - 3 所示。机床设备维护人员通过查看报警履历画面来了解机床最新发生的报警内容。

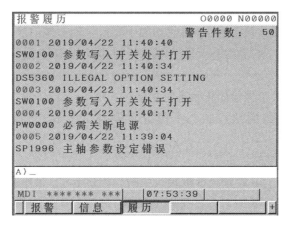

图 1 - 6 - 3 操作履历画面

三、诊断画面

机床设备维护人员可以通过诊断画面来查看数控系统的状态和特性数据，也可以通过诊断画面的显示内容来分析故障原因，其中诊断号内容只能查看，但无法修改，如图 1 - 6 - 4 所示。

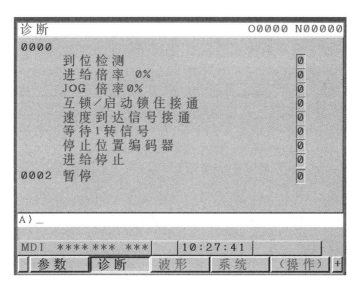

图 1 - 6 - 4 诊断画面

诊断画面显示的内容可以在 FANUC 维修说明书中查看。例如：0～8 号诊断，显示数控系统发出移动指令，但坐标轴不能移动的原因，具体如下：

（1）诊断 0 展示 CNC 的内部状态 1，其中任何一位如果为 1，即此种原因导致的进给轴不能移动，如图 1 - 6 - 4 所示。

①到位检测，正常状态为 0，定位检测中为 1。

②进给倍率 0%，正常状态为 0，进给速度倍率为 0% 时为 1。

③JOG 倍率 0%，正常状态为 0，JOG 进给速度倍率为 0% 时为 1。

④互锁/启动锁住接通，正常状态为 0，互锁/启动锁住接通启用时为 1。

⑤速度到达信号，正常状态为 0，速度到达信号变 ON 过程时为 1。

⑥等待 1 转信号，正常状态为 0，螺纹切削中等待主轴 1 转信号过程时为 1。

⑦停止位置编码器，正常状态为 0，主轴每转进给中等待位置编码器的旋转过程时为 1。

⑧进给停止，系统处于进给停止状态时为 1。

（2）诊断 2 展示暂停的执行状态。执行暂停时，显示 1。该位为 1 时，进给轴不移动。

诊断 8 展示 CNC 的内部状态 2：

①数据读入中（表），系统前台数据输入中时，该位为 1，进给轴不移动。

②数据读入中（里），系统后台数据输入中时，该位为 1，进给轴不移动。

四、数控系统状态显示

数控系统状态显示如图 1-6-5 所示，各部分含义如下：

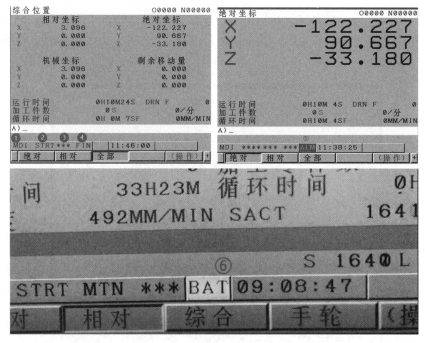

图 1-6-5　数控系统状态显示

1. 当前的工作方式

MDI：手动数据输入、MDI 运行。

MEM：自动运行（存储器运行）。

RMT：自动运行（DNC 运行）。

EDIT：存储器编辑。

HND：手动手轮进给。

JOG：JOG 进给。

REF：手动参考点返回。

2. 自动运行状态

****：复位状态（接通电源或终止程序的执行，自动运行完全结束的状态）。

STOP：自动运行停止状态（结束一个程序段的执行后，停止自动运行的状态）。

HOLD：自动运行暂停状态（中断一个程序段的执行后，停止自动运行的状态）。

STRT：自动运行启动状态（实际执行自动运行的状态）。

MSTR：手动数值指令启动状态（正在执行手动数值指令的状态）或者刀具回退和返回启动状态（正在执行返回动作以及定位动作的状态）。

3. 轴移动中状态、暂停状态

MTN：轴在移动中的状态。

DWL：处在暂停状态。

***：非上述状态。

4. 正在执行辅助功能的状态

FIN：正在执行辅助功能的状态（等待来自 PMC 的完成信号）。

****：处在其他状态。

5. 紧急停止状态或复位状态

EMG：处在紧急停止状态（反相闪烁显示）。

RESET：正在接收复位信号的状态。

6. 报警状态

ALM：已发出报警的状态（反相闪烁显示）。

BAT：锂电池（CNC 后备电池）的电压下降（反相闪烁显示）。

APC：绝对脉冲编码器后备电池的电压下降（反相闪烁显示）。

FAN：FAN 转速下降（反相闪烁显示）。确认风扇监视画面，对检测出转速下降的风扇电动机实施更换。

LKG：检测出绝缘劣化（反相闪烁显示）。确认绝缘劣化监视器画面，进行绝缘劣化轴的检查。

PMC：PMC 报警发生中的状态（反相闪烁显示）。

实践指导

一、报警和诊断画面查看

数控机床出现数控系统报警和外部电气报警信息时，分别查看报警画面、信息画面、报警履历画面和诊断画面，记录数控系统报警和外部电气报警信息。

步骤 1：数控机床上电，单击功能键"MESSAGE"→"报警"，查看和记录报警内容，如图 1-6-6 所示。

步骤 2：单击功能键"MESSACE"→"信息"，查看和记录信息内容，如图 1-6-7 所示。

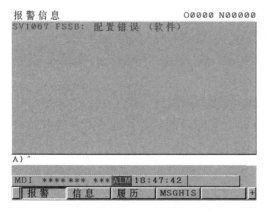

图 1 - 6 - 6　报警画面　　　　　　　　　　　图 1 - 6 - 7　信息画面

步骤 3：单击功能键"MESSAGE"→"履历"，查看报警履历画面内容，如图 1 - 6 - 8 所示。

步骤 4：单击功能键"SYSTEM"→"诊断"，查看诊断画面内容，如图 1 - 6 - 9 所示。

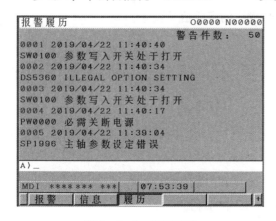

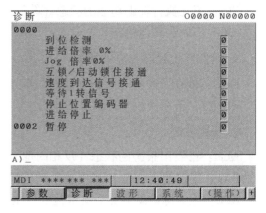

图 1 - 6 - 8　履历画面　　　　　　　　　　　图 1 - 6 - 9　诊断画面

二、进给轴自动方式不能移动

步骤 1："MDI"方式下运行"G90 G01 X50 F50；"程序，发现实际进给速度为零，进给轴不能移动，如图 1 - 6 - 10 所示。

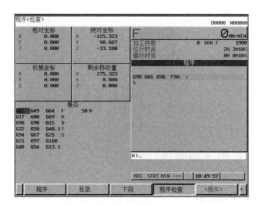

图 1 - 6 - 10　程序运行画面

步骤2：单击"SYSTEM"→"诊断"→查看诊断0，如图1-6-11和图1-6-12所示。

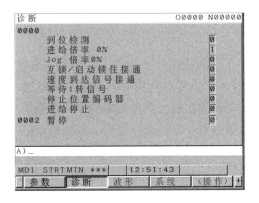

图1-6-11 诊断0画面1

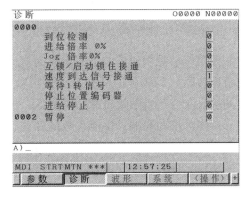

图1-6-12 诊断0画面2

步骤3：判断原因如图1-6-11所示，进给轴不能移动是因为进给倍率为0。如果诊断画面如图1-6-12所示，进给轴不能移动是由速度到达信号未接通导致的。

 思考问题

1. 数控系统的报警、信息和报警履历画面的区别是什么？
2. 如何查看数控系统的诊断画面？诊断号内容对设备维修有什么帮助？

任务七　数控机床维修基础

 知识目标

1. 了解数控机床故障基本概念与原因。
2. 知道数控机床故障分类。
3. 掌握数控机床故障检查的方法。
4. 了解数控机床维修所需的常用工具。
5. 掌握数控机床故障分析的方法。

技能目标

1. 能收集、整理数控机床维修技术资料。
2. 明确和清楚维修安全事项。
3. 能进行数控机床维修的基本检查。
4. 会选择数控机床故障分析的方法。

工作过程知识

一、数控机床故障基本概念与原因

数控机床故障用通俗的话来讲就是机床不好用了，即机床"生病"了，不能正常工作。数控机床故障（Fault）的标准定义是指数控机床丧失了达到自身应有功能的某种状态，它包含两层含义：一是数控机床功能降低，但没有完全丧失功能，产生故障的原因可能是自然寿命、工作环境的影响、性能参数的变化、误操作等因素；二是故障加剧，数控机床已不能保证其基本功能，这称为失效（Failure）。在数控机床中，有些个别部件的失效不至于影响整机的功能，而关键部件失效会导致整机丧失功能。

据统计资料分析，数控机床的故障率随时间的推移有明显变化，其故障率曲线如图 1 - 7 - 1 所示，这个典型的故障曲线与浴盆相似，故又称为浴盆曲线或数控机床故障率曲线。

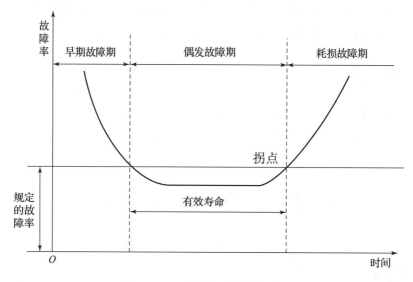

图 1 - 7 - 1 数控机床故障率曲线

从曲线上可以看出，数控机床的故障率表现为三个阶段。数控机床的故障率在失效期和老化期比较高，但在稳定期可靠性比较低。失效期一般在设备投入使用的前 14 个月左右，因此数控机床的保修期一般都定为 1 年，在保修期内虽然故障率较高，但机床厂家给予免费保修，可以降低用户的损失。所以，数控机床的使用者在保修期内应该尽量使设备满负荷工作。而过了保修期后，数控机床基本进入稳定期，稳定期一般在 6 ~ 8 年，机床可以可靠地工作。待到老化期时，故障率增高，机床利用率降低，这时应该考虑是否改造数控系统、对机床进行大修或者更新机床，否则机床的有效使用率将会大大降低。

引起故障的原因大致有以下几种：

1）机械磨损

由于机床是加工机械零件的，所以机械磨损是必不可免的，对于使用者来讲，为了降低机械磨损程度，延长使用寿命，首先要保证机床的润滑质量。通常数控机床都是采用自动润滑的，润滑压力和润滑油油位都是有监测的。但润滑油油路是否堵塞，各机械部件是否润滑到位，还要定期进行检查。其次要定期检查机械部件是否松动，如果发现松动要及时进行紧固。另外要保证机床各部件的清洁，定期进行清洁工作，及时清除铁屑等杂物。

2）电气元件损坏

电气元件损坏通常有电源电压过高、过载、自然老化几种情况。所以要保证机床供电电源的稳定，不要让机床重载运行。为了减缓电气元件的老化进程，一是要保持电气元件的清洁，定期进行必要的清洗，电气柜要保持关闭并密封良好；二是要保证电气柜冷却系统工作正常，电气清洁更换过滤网。

3）液压元件故障

液压元件包括液压泵、液压阀、液压缸、压力和流量检测元件等。为了减少液压元件的故障，要保证液压油的纯净度，不能使用过脏的液压油；还要保证液压密封的良好，及时更换损坏的密封；另外还要保证液压油的温度不要过高，以防止液压油变质，减缓密封的损坏。

4）人为故障

这类故障是操作失误造成的，为了避免这类故障的发生，要加强对操作人员的培训工作，维修人员在维修机床时不要轻易操作机床。

二、数控机床故障分类

由于数控机床采用计算机技术、自动化技术、自动检测技术等先进技术，而且机、电、液、气一体化，结构复杂，所以数控机床的故障多种多样，各不相同。下面先从不同角度对数控机床的故障进行分类。

1. 软故障和硬件故障

由于数控机床采用了计算机技术，使用软件配合硬件控制系统和机床的运行，所以数控机床的故障又可以分为软故障和硬件故障两大类。

1）软故障

软故障是系统软件、加工程序出现问题，或者机床数据丢失、系统死机，另外误操作也会引起软故障，下面给大家分类进行介绍。

（1）加工程序编制错误

这类故障通常数控系统都会有报警显示，遇到这类故障应根据报警显示的内容，检查并核对加工程序，发现问题并修改程序后，即可排除故障。

（2）加工补偿数据设置错误

现在的数控机床在编制加工程序时，使用了很多参数，如 D 参数、刀具补偿参数、零点补偿参数等。若这些参数没有设置或者设置不好，也会引起机床故障。这类故障只要找到设置错了的参数，修改后即可排除故障。

（3）操作失误

操作失误引起的软故障不是硬件损坏引起的，而是因为操作、调整、处理不当引起的。这类故障多发生在机床投入使用初期或者新换机床操作人时，由于对机床不太熟悉出现操作失误的情况，如自动换刀时，拍下"急停"按钮，导致机械手不能复位等故障。

（4）机床参数设置错误

机床参数设置不正确，或者由于多种原因（如后备电池没电、电磁干扰、人为错误修改）使一些机床数据发生变化，或者机床使用一段时间后一些数据需要更改但没有及时更改，从而引发了软件故障。这类故障排除比较容易，只要认真检查、修改有问题的数据或者参数，即可排除故障。修改机床数据时要注意，一定要搞清机床数据的含义以及与其相关的其他机床数据的含义之后才能修改，否则可能会引起不必要的麻烦。

2）硬件故障

硬件故障指数控机床的硬件发生损坏，必须更换已损坏的器件才能排除故障。

硬件故障除了 CPU 主板、存储器板、测量板、显示驱动板、显示器、电源模块以及输入/输出模块故障外，还包括各种检测开关、执行机构、强电控制元件故障等。当出现硬件故障时，有时可能会出现软件报警或者硬件报警，这时可以根据报警信息查找故障原因。如果没有报警，就要根据故障现象以及所用数控系统的工作原理来检查。使用互换法可以提高故障诊断的效率和准确性。

2. 控制系统故障和机床侧故障

按照故障发生的部位可以把故障分为控制系统故障和机床侧故障。

1）控制系统故障

控制系统故障是指数控装置、伺服系统或者主轴控制系统的故障。控制系统故障指由于数控系统、伺服系统、PLC 等控制系统的软、硬件出现问题而引起的机床故障。由于现在的控制系统的可靠性越来越高，所以这类故障越来越少，但是这类故障诊断难度比较大，维修这类故障必须掌握各个系统的工作原理，然后才能根据故障现象进行检查。

2）机床侧故障

机床侧故障是指在机床上出现的非控制系统的故障，包括机械问题、检测开关问题、强电问题、液压问题等。机床侧故障还可分为主机故障和辅助装置故障。机床侧故障是数控机床的常见故障，对这类故障的诊断、维修要熟练掌握 PLC 系统的应用和系统诊断功能。

3. 电气故障和机械故障

数控机床的故障根据性质可分为电气故障和机械故障。数控机床由于控制技术越来越先进和复杂，机械部分变得越来越简单，所以数控机床的大部分故障都是电气故障。

1）电气故障

数控机床的故障大部分是电气故障，包括数控装置、PLC 控制器、显示装置以及伺服单元、输入/输出装置的弱电故障和继电器、接触器、开关、熔断器、电源变压器、电磁铁、接近开关、限位开关、压力流量开关等强电元件及其所组成电路的强电故障。

2）机械故障

现在的数控机床由于采用了先进的数控技术，机械部分变得相对简单一些，但由于自动化程度的提高，数控机床的机械辅助装置越来越多。所以数控机床的机械故障率比普通机床还是高得多。通常机械故障是指一些机械部件经过长时间运行，磨损后精度变差、劣化或者失灵。

4. 系统性故障和随机故障

根据故障出现的必然性和偶然性可将数控机床的故障分为系统性故障和随机故障。

1）系统性故障

系统性故障是指只要满足一定的条件，机床或者数控系统就必然出现的故障。例如：电网电压过高或过低，系统就会产生电压过高报警或电压过低报警；工件冷却、主轴冷却系统压力不够，就会产生冷却压力不足报警；数控系统后备电池电压低就会产生电池报警；切削量安排得不合适，就会产生过载报警。

2）随机故障

随机故障是指偶然条件下出现的故障。要想人为地再现同样的故障是不容易的，有时很长时间也没再遇到一次，因此这类故障诊断起来是很困难的。一般来说，这类故障往往与机械结构的局部松动、错位，数控系统中部分元件工作特性的漂移、机床电气元件可靠性下降有关。因此，诊断排除这类故障要经过反复试验，然后进行综合判断、检查，最终找到故障的根本原因。

5. 有报警显示故障和无报警显示的故障

数控机床的故障根据有无报警显示分为有报警显示故障和无报警显示故障。

1）有报警显示故障

现代的数控系统自诊断功能非常强，大部分故障系统都能检测出来，并且在系统屏幕上显示报警信息或者在硬件模块上用发光二极管显示故障。有很多故障根据报警信息就可以发现故障原因，但也有一些故障的报警信息只是说明故障的一种状态或结果，并没有指出故障原因，这时就要根据故障报警信息、故障现象和机床工作原理来诊断故障原因。

2）无报警显示故障

数控机床还有一些故障没有报警显示，只是机床某个动作不执行。这类故障有时诊断起来比较困难，要仔细观察故障信息，分析机床工作原理和动作程序。

6. 破坏性故障和非破坏性故障

根据故障发生时有无破坏性将数控机床故障分为破坏性故障和非破坏性故障。

1）破坏性故障

数控机床的破坏性故障会对机床或者操作者造成侵害，导致机床损坏或人身伤害，如飞车、超程、短路烧保险丝、部件碰撞等。有些破坏性故障是人为操作不当引起的，如机床通电后不回参考点就手动快进，不注意滑台位置，就容易撞车；另外在调试加工程序时，有时程序中的坐标轴数值设置过大，在运行时容易超行程或者导致刀具与工件相撞。破坏性故障发生后，维修人员在检查机床故障时，不允许简单再现故障，如果能够采取一些防范措施，保证不会再出现破坏性的结果时，可以再现故障，如果不能保证不再发生破坏性的事故，不可再现故障。在诊断这类故障时，要根据现场操作人员的介绍，经过仔细分析、检查来确定故障原因。这类故障的排除技术难度较大且有一定风险，所以维修人员应该慎重对待这类故障。

2）非破坏性故障

数控机床的大多数故障属于非破坏性故障，维修人员应该重视这类故障。诊断这类故障可以通过再现故障，仔细观察故障现象，通过对故障现象和机床工作原理的分析，从而确定故障点并排除故障。

当数控机床出现故障报警时，维修人员不要急于动手处理，首先要调查事故现场情况，了解清楚后再进行检修，这是维修人员取得第一手资料的一个重要手段。一方面要对操作人员调查，详细询问出现故障的全过程，查看故障记录单，了解故障的现象，曾采取过什么措施等。另一方面要对故障现场进行仔细检查，查看是否有软件或者硬件报警，然后进行分析诊断。概括来说，出现故障时，维修人员需要了解下列检查内容，并做相应的记录。

三、数控机床故障检查

1. 故障现象检查

（1）了解故障现象，了解是在进行什么操作时出现的故障，确认操作是否正确，是否有误操作。

（2）了解数控机床出现故障时，机床处于什么工作方式，是手动方式还是自动方式等。

（3）查看系统状态显示，显示器有无报警，如果有报警，需查看报警内容。

（4）检查系统硬件是否有报警灯闪亮。

2. 机床状态检查

（1）检查机床的工作条件是否符合要求，气动、液压的压力是否满足要求。

（2）检查机床是否已经正确安装与调整。

（3）检查机械零件是否有变形与损坏现象。

（4）检查自动换刀的位置是否正确，动作是否已经调整好。

（5）检查坐标轴的参考点、反向间隙补偿等是否已经进行调整与补偿。

（6）检查加工所使用的刀具是否符合要求，切削参数选择是否合理、正确，刀具补偿量等参数的设定是否正确。

（7）检查 CNC 的基本设定参数，如工件坐标系、坐标旋转、比例缩放、镜像轴、编程尺寸单位选择等是否设定正确。

3. 机床操作检查

（1）检查机床是否处于正常加工状态，工作台、夹具等装置是否位于正常工作位置。

（2）检查操作面板上的按钮、开关位置是否正确。

（3）检查机床各操作面板上数控系统上的"急停"按钮是否处于急停状态。

（4）检查电气柜内的熔断器是否有熔断，自动开关、断路器是否有跳闸，机床是否处于锁住状态？倍率开关是否设定为0。

（5）检查机床操作面板上的方式选择开关位置是否正确，"进给保持"按钮是否被按下。

（6）检查在机床自动运行时是否改变或调整过操作方式，是否人为改了手动操作。

4. 故障时机床外界状态

（1）了解环境温度情况，系统周围温度是否超出允许范围，系统制冷装置工作的状况。

（2）了解机床附件是否有振动源。

（3）了解机床附近是否有干扰源。

（4）查看切削液、润滑油是否飞溅到了系统控制柜，控制柜是否进水，受到水的浸渍。

（5）电源单元的熔断器是否熔断，了解机床供电的电源是否正常。

5. 机床连接检查

（1）检查输入电源是否有缺相现象，电压范围是否符合要求。

（2）检查机床电源进线是否可靠接地，接地线的规格是否符合要求，系统接地线是否连接可靠。

（3）检查电缆是否有破损，电缆拐弯处是否有破裂、损伤现象，电源线与信号线布置是否合理？电缆连接是否正确、可靠。

（4）检查信号屏蔽线的接地是否正确，端子板上接线是否牢固、可靠。

（5）检查电器、电磁铁以及电动机等电磁部件是否装有噪声抑制器。

6. 故障发生的时刻和频次

（1）了解故障发生的具体时间。

（2）了解故障发生的频次，是经常发生还是偶然发生。

（3）了解故障发生的时刻，是在什么状态下发生的。

四、数控机床故障分析方法

故障分析是进行数控机床维修的重要环节，通过故障分析，一方面可以基本确定故障的部位与产生原因，为排除故障提供正确的方向，少走弯路；同时还可以检验维修人员素质，促进维修人员提高分析问题、解决问题的能力。

通常而言，数控机床的故障分析、诊断主要有以下几种方法。

1. 常规分析法

常规分析法是对数控机床的机、电、液等部分进行常规检查，以此来判断故障发生原因与部位的一种简单方法。常规分析一般只能判定外部条件和器件外观损坏等简单故障，其作用与维修的基本检查类似。在数控机床上，常规分析法通常包括以下内容：

（1）检查电源（电压、频率、相序、容量等）是否符合要求。

（2）检查 CNC、伺服驱动、主轴驱动、电动机、输入/输出信号的连接是否正确、可靠。

（3）检查 CNC、伺服驱动等装置内的电路板是否安装牢固，接插部位是否有松动。

（4）检查 CNC 伺服驱动、主轴驱动等部分的设定端、电位器的设定、调整是否正确。

（5）检查液压、气动、润滑部件的油压、气压等是否符合机床要求。

（6）检查电气元件、机械部件是否有明显的损坏等。

2. 动作分析法

动作分析法是通过观察、监视机床实际动作，判定不良部位，并由此来追溯故障根源的一种方法。一般来说，数控机床采用液压、气动控制的部位，如自动换刀装置、交换工作台装置、夹具与传输装置等均可以通过动作分析来判定故障原因。

在 CNC、驱动器等装置主电源关闭的情况下，通过对启动、液压电磁阀的手动操作，使其进行机械运动，检查动作的正确性、可靠性，这是动作分析常用的方法之一。利用外部发信体、万用表、指示灯，检查接近开关、行程开关的发信状态与利用手动旋转与移动，检查编码器、光栅的输出信号等都是常用的动作分析方法。

3. 状态分析法

状态分析法是通过监测执行部件的工作状态，判定故障原因的一种方法，这种方法在数控机床维修过程中使用最广。

在现代数控系统中，伺服进给系统、主轴驱动系统、电源模块等部件的主要参数都可以通过各种方法进行动态、静态检测。例如：可以利用伺服、主轴的检测参数检查输入/输出电压、输入/输出电流、给定/实际转速与位置、实际负载大小等。此外，利用 PLC 的诊断功能，还可以检查机床全部 I/O 信号、CNC 与 PLC 的内部信号、PLC 内部继电器、定时器等部件的工作状态，在先进的 CNC 显示屏上还可以通过 PLC 的动态梯形图显示、示波器功能、单循环扫描、信号的强制 ON/OFF 等方法进行分析与检查。

利用状态分析法，可以在不使用外部仪器、设备的情况下，根据内部状态，迅速找到故障原因。这一方法在数控机床维修过程中使用最广，维修人员必须熟练掌握。

4. 程序分析法

程序分析法是通过某些特殊的操作或编制专门的测试程序段，确认故障原因的一种方法，这一方法一般用于自动运行故障的分析与判断。例如：可以通过手动单步执行加工程序、自动换刀程序、自动交换工作台程序、辅助机能程序等进行自动运行的动作与功能检查。

通过程序分析法可以判定自动加工程序的出错部位与出错指令，确定故障是加工程序编制的原因还是机床、CNC 方面的原因。

5. CNC 系统诊断法

（1）开机自诊断是指 CNC 通电时由内部操作系统自动执行的诊断程序，其作用类似计算机的开机诊断。

开机自诊断可以对 CNC 的关键部件，如 CPU、存储器、I/O 单元、MDI/LCD 单元、安装模块、总线连接等进行自动硬件安装与软件测试检查，确定其安装、连接状态；部分 CNC 还能对某些重要的芯片，如 RAM、ROM，专用 LSI 等进行状态诊断。

CNC 的自诊断在开机时进行，只有当全部项目都被确认无误后，才能进入正常运行状态。诊断的时间取决于 CNC，一般只需数秒钟，但有的需要几分钟。

（2）在线监控分为 CNC 内部监控与外部监控两种形式。

CNC 内部监控是通过 CNC 内部的监控程序，对各部分的工作状态进行自动诊断、检查和监视的一种方法。在线监控包括 CNC 与 CNC 连接的伺服驱动器、伺服电动机、主轴驱动器、主轴电动机、I/O 单元、连接总线、外部检测装置接口、通信接口等。在线监控在系统工作过程中始终生效。

CNC 的内部监控一般包括信号显示、状态显示和报警显示三个方面的内容。

信号显示可以显示 CNC 和 PLC、CNC 和机床之间的全部接口信号的状态，指示 I/O 信号的通断情况，帮助分析故障。维修时，必须了解 CNC 和 PLC、CNC 和机床之间各信号所代表的意义，以及信号产生、撤销应具备的各种条件，才能进行相应检查。CNC 生产厂家所提供的"功能说明书""连接说明书"以及机床生产厂家提供的"机床电气原理图"是进行以上状态检查的技术指南。

一般来说，状态显示功能可以显示三个方面的内容：①显示造成加工程序不执行的诊断信息，如 CNC 是否处于"到位检查"中；是否处于"机床锁住"状态；是否处于"等待速度到达"信号接通状态；在主轴每转进给编程时，是否等待"位置编码器"的测量信号；

在螺纹切削时，是否处于等待"主轴1转信号"；进给速度倍率是否设定为0%等。②显示系统状态，如是否处于"急停"状态或"外部复位"信号接通状态等。③显示位置跟随误差、伺服驱动器状态、编码器、光栅等位置测量元件信息等。

CNC的故障信息一般以"报警显示"的形式在LCD上显示。报警信息一般以"报警号"加文本的形式显示，具体内容以及排除方法在数控系统生产厂家提供的"维修说明书"上可以查阅。

外部设备监控是指利用安装有专用调试软件的计算机、PLC编程器等设备，对数控机床的各部分状态进行自动诊断、检查和监视的一种方法，如进行PLC程序的动态检测，伺服、主轴驱动器的动态测试、动态波形显示等。

为了事半功倍地解决问题，合理运用故障分析方法，下面介绍一些数控机床故障诊断分析原则。

（1）先外部后内部：数控机床是机械、液压、电气一体化的机床，故其故障的发生必然要从机械、液压、电气这三者综合反映出来。数控机床的故障维修要求维修人员应掌握先外部后内部的原则，即当数控机床发生故障后，维修人员应先采用望、闻、听、问、摸等方法，由外向内逐一进行检查。例如：数控机床行程开关、按钮开关、液压气动元件以及印制线路板插头座、边缘接插件与外部或相互之间的连接部分、电控柜插座或端子排这些机电设备之间的连接部分，因其接触不良造成信号传递失灵，是产生数控机床故障的重要因素。此外，由于工业环境的温度、湿度变化较大，油污或粉尘对元件及线路板的污染，机械的振动等，对信号传送通道的接插件都将产生严重影响。在维修中随意地启封、拆卸，不适当的大拆大卸，往往会扩大故障，使机床大伤元气，丧失精度，降低性能。

（2）先机械后电气：由于数控机床是一种自动化程度高、技术复杂的先进机械加工设备。一般来讲，机械故障较易察觉，而数控系统故障的诊断则难度要大些。先机械后电气就是在数控机床的维修中首先检查机械部分是否正常，行程开关是否灵活，气动、液压部分是否正常等。从维修实践中得知，数控机床的故障中有很大部分是机械动作失灵引起的。所以，在故障维修时首先注意排除机械性的故障，往往可以达到事半功倍的效果。

（3）先静后动：维修人员本身要做到先静后动，不可盲目动手，应先询问机床操作人员故障发生的过程及状态，阅读机床说明书、图样资料后，方可动手查找和处理故障。其次，对有故障的机床也要本着先静后动的原则，先在机床断电的静止状态，通过观察测试、分析，确认为非恶性循环性故障，或非破坏性故障后，方可给机床通电，在运行工况下，进行动态的观察、检查和测试，查找故障。然而对恶性的破坏性故障，必须先排除危险后方可通电，在运行工况下进行动态诊断。

（4）先公用后专用：公用性的问题往往影响全局，而专用性的问题只影响局部。若机床的几个进给轴都不能运动，这时应先检查和排除各轴公用的NC、PLC、电源、液压等公用部分的故障，然后再设法排除某轴的局部问题。若电网或主电源故障是全局性的，一般应首先检查电源部分，看看熔断器是否正常，直流电压输出是否正常。总之，只有先解决主要矛盾，局部的、次要的矛盾才有可能迎刃而解。

（5）先简单后复杂：当多种故障互相交织掩盖、一时无从下手时，应先解决容易的问题，后解决难度较大的问题。在解决简单故障的过程中，难度大的问题也可能变得容易，或者在排除简易故障时受到启发，对复杂故障的认识更为清晰，从而也有了解决办法。

（6）先一般后特殊：在排除某一故障时，要先考虑最常见的可能原因，然后分析很少发生的特殊原因。例如：数控机床不回参考点故障，常常是由于参考点减速开关损坏或者参考点减速开关碰块位置窜动所造成的。一旦出现这一故障，应先检查参考点减速开关或者碰块位置，在排除这一常见的可能性之后，再检查脉冲编码器、位置控制等环节。

 实践指导

技术资料、工具、备件是数控维修需要具备的基本条件。技术资料是机床维修的技术指南，借助技术资料可大大提高维修效率与准确性；维修工具是数控机床维修的必备条件，数控机床通常属于精密设备，它对维修工具的要求高于普通机床；数控机床维修备件一般以常用的电子、电气元件为主，维修时通常应根据实际情况尽可能准备。

一、技术资料

为了使用好、维护好、维修好数控机床，必须有足够的资料。常用的资料要求如下：

（1）全套的电气图纸、机械图纸、气动液压图纸及工装卡具图纸。

（2）尽可能全的说明书，包括机床说明书、数控系统操作说明书、编程说明书、维修说明书、机床数据、参数说明书、伺服系统说明书、PLC系统说明书等。

（3）应有PLC用户程序清单，最好为梯形图方式，以及PLC输入/输出的定义表及索引，定时器、计数器、保持继电器的定义及索引。

（4）应要求机床制造厂家提供机床的使用、维护、维修手册。

（5）应要求机床制造厂家提供易损件清单，电子类和气动、液压备件需提供型号、品牌；机械类外购备件应提供型号、生产厂家及图纸，自制件应有零件图及组装图。

（6）应有数据备份，包括机床数据、设定数据、PLC程序、报警文本、加工主程序及子程序、R参数、刀具补偿参数、零点补偿参数等，这些备份不但要求文字备份还要求电子备份，以便在机床数据丢失时用编程器或计算机尽快下载到数控系统中。

二、维修工具

维修数控机床时一些检测仪器、仪表是必不可少的，下面介绍一些常用的、必备的仪器、仪表。

1. 万用表

数控机床的维修涉及弱电和强电领域，最好配备指针式万用表和数字式万用表各一块。指针式万用表除了用于测量强电回路，还用于判断二极管、三极管、可控硅、电容器等元件的好坏，测量集成电路引脚的静态电阻值等。指针式万用表的最大好处为反应速度快，可以很方便地用于监视电压和电流的瞬间变化及电容的充放电过程。数字式万用表可以准确测量电压、电流、电阻值，还可以测量三极管的放大倍数和电容值；它的短路测量蜂鸣器，可方便测量电路通断；也可以利用其精确的显示，测量电机三相绕组阻值的差异，从而判断电机的好坏。

2. 示波器

数控系统修理通常使用频带为 10 ~ 100 MHz 的双通道示波器，它不仅可以测量信号电平、脉冲上下沿、脉宽、周期、频率等参数，还可以进行两信号的相位和电平幅度的比较，常用来观察主开关电源的振荡波形，直流电源的波动，测速发电机输出的波形，伺服系统的超调、振荡波形，编码器和光栅尺的脉冲等。

3. PLC 编程器

很多数控系统的 PLC 必须使用专用的机外编程器才能对其进行编程、调试、监控和动态状态监视，如西门子 810T/M 系统可以使用 PG685、PG710、PG750 等专用编程器，也可以使用西门子专用编程软件利用通用计算机作为编程器。使用编程器可以对 PLC 程序进行编辑和修改，可以跟踪梯形图的变化，以及在线监视定时器、计数器的数值变化。在运行状态下修改定时器和计数器的设置值，可强制内部输出，对定时器和计数器进行置位和复位等。西门子的编程器都可以显示 PLC 梯形图。

4. 逻辑测试笔和脉冲信号笔

逻辑测试笔可测量电路是处于高电平还是低电平，或是不高不低的浮空电平，判断脉冲的极性是正脉冲还是负脉冲，输出的脉冲是连续的还是单个脉冲，还可以大概估计脉冲的占空比和频率范围。脉冲信号笔可发出单脉冲和连续脉冲，也可以发出正脉冲和负脉冲，它和逻辑测试笔配合起来使用，就能对电路的输入和输出的逻辑关系进行测试。

5. 集成电路测试仪

集成电路测试仪可以离线快速测试集成电路的好坏，在数控系统进行芯片级维修时集成电路测试仪是必要的仪器。

6. 集成电路在线测试仪

集成电路在线测试仪是一种使用计算机技术的新型集成电路在线测试仪器。它的主要特点是能够对焊接在电路板上的集成电路进行功能、状态和外特性测试，确认其功能是否失效。它所针对的是每个器件的型号以及该型号器件应具备全部逻辑功能，而不管这个器件应用在何种电路中，因此它可以检查各种电路板，而且无须图纸资料或了解其工作原理，为缺乏图纸而使维修工作无从下手的数控机床维修人员提供一种有效的手段，目前在国内应用日益广泛。

7. 短路跟踪仪

短路是电气维修中经常遇到的问题，而使用万用表寻找短路点往往费时又费力。若遇到电路中某个元器件击穿，由于在两条连线之间可能并接有多个元件，用万用表测量出哪一个元器件短路是比较困难的。此外，对于变压器绕组局部轻微短路的故障，用一般万用表测量也是无能为力的，而采用短路跟踪仪可以快速找出电路中的任何短路点。

8. 逻辑分析仪

逻辑分析仪是专门用于测量和显示多路数字信号的测试仪器。它与测量连续波形的通用示波器不同，逻辑分析仪显示各被测试点的逻辑电平、二进制编码或存储器的内容。维修时，逻辑分析仪可检查数字电路的逻辑关系是否正常，时序电路各点信号的时序关系是否正确，信号传输中是否有竞争、毛刺和干扰。通过测试软件的支持，对电路板输入给定的数据进行监测，同时跟踪测试它的输出信息，显示和记录瞬间产生的错误信号，找到故障所在。

三、维修备件

数控机床维修备件一般以常用的电子、电气元件为主。由于数控机床所使用的电子、电气元件众多，其机械、液压、气动部件的型号、规格各异，维修时通常应根据实际需要，临时进行采购。然而，如果维修人员能准备一些常用的易损电子、电气元件，可给维修带来很大的方便，便于迅速解决问题。以下器件在有条件时，可以考虑事先予以准备。

1. 常用的熔断器

熔断器是一种保护电器，其损坏的概率很高。在 FANUC 等公司生产的数控系统上，数控装置、I/O 单元与模块、驱动器的控制板上都安装有专用的熔断器。不同型号的 FANUC 系统所使用的熔断器规格基本统一，为了提高维修效率，维修人员应尽可能事先准备此类熔断器。

2. 常用的连接器

连接器是电气设备的连接部件，长时间使用容易引起接触不良、固定不可靠、导线连接不良等故障。各公司生产的数控系统均需要使用大量的连接器，对于同一厂家生产的产品，数控系统各部件使用的连接器规格基本统一，为了提高维修效率，维修人员应尽可能事先准备此类连接器。

3. 常用的电气元件

准备常用 FANUC 伺服驱动器、伺服电动机和编码器，以备更换元件判断是否故障使用。

四、数控机床维修中要注意的事项

数控机床的维修工作会涉及各种危险，维修时必须遵守与机床有关的安全防范措施。必须由专业的维修人员来进行数控机床的故障维修，在检查机床操作之前要熟悉机床厂家和系统的说明书。另外，在诊断、维修数控机床故障时，要避免故障扩大化，以及维修后一定要确保不留隐患。下面介绍一些维修时要注意的问题。

1. 维修时的安全注意事项

（1）在拆开防护罩的情况下开动机床时，衣服可能会卷到主轴或其他部件中，在检查操作时应站在离机床远一点的地方，以确保衣物不会被卷到主轴或其他部件中。在检查机床运转时，要先进行不装工件的空运转操作。进行实物加工时，如果机床误动作，可能会引起工件掉落或刀尖破碎飞出，还可能造成切屑飞溅，伤及人身，因此要站在安全的地方进行检查操作。

（2）打开电气柜门检查维修时，需注意电柜中高电压部分，切勿触碰高压部分。

（3）在采用自动方式加工工件时，首先要采用单程序段运行，进给速度倍率要调低，或采用机床锁定功能，并且应在不装刀具和工件的情况下运行自动循环加工程序，以确认机床动作是否正确。否则机床动作不正常，可能引起工件和机床本身的损伤或伤及操作者。

（4）在机床运行之前要认真检查所输入的数据，防止数据输入错误，自动运行操作中由于子程序或数据错误，可能引起机床动作失控，从而造成事故。

（5）给定的进给速度应该适合预定的操作，一般来说对于每一台机床有一个允许的最大进给速度，不同的操作，所适用的最佳进给速度不同，应参考机床说明书确定最合适的进给速度，否则会加速机床磨损，甚至造成事故。

（6）当采用刀具补偿时，要检查补偿方向和补偿量，如果输入的数据不正确，机床可能会动作异常，从而可能引起对工件、机床本身的损害或伤及人员。

（7）在更换控制元件或者模块时，要关闭系统电源和机床总电源。

（8）至少要在关闭电源 20 min 后才可以更换伺服驱动单元。关闭电源后，伺服驱动和主轴驱动的电压会保留一段时间，因为即使驱动模块关闭电源后也有被电击的危险，至少要在关闭电源 20 min 后，残余的电压才能消失。

2. 更换元件时的注意事项

（1）从系统上拆下控制模块时，应注意记录其安装位置，连接的电缆号，对于固定安装的控制模块，还应按前后取下相应的压接部件及螺钉做记录。拆卸下的压接部件及螺钉应放在专门的盒子里，以免丢失，重新安装时，要将盒内的所有器件都安装上，否则安装是有缺陷的，有可能制造新的隐患。

（2）测量线路间的电阻阻值时，应切断电源。测量阻值时应使用红、黑表笔互换测量两次，如果两个数值不同，都要做好记录。

（3）模块的线路板大多附有阻焊膜，因此测量时应找到相应的焊点作为测量点，不要铲除阻焊膜，有的线路板全部涂有绝缘层，此时可以在焊点处刮开绝缘层，以便进行测量。

（4）不应随意切断印刷线路。因为数控系统的线路板大多采用双面或多层金属孔化板，印刷线路细而密，一旦切断不易重新焊接，且切线时容易切断相邻的线路，而且有的点在切断某一根线时，并不能使其线路脱离，需要同时切断几根线才行。

（5）不应随意拆换元器件，防止由于误判，将拆下的元器件人为损坏。

（6）拆卸线路板上的元器件时应使用吸锡器或吸锡绳，切忌硬取。同一焊盘不应加热时间过长和重复拆卸，以免损坏焊盘。

（7）电烙铁应放在顺手的前方，远离维修的线路板。烙铁头应做适当的修整，以适应集成电路的焊接，并避免焊接时碰伤其他元器件。

（8）线路板更换新的元器件，其引脚应先做适当处理，焊接中不应使用酸性焊油。

（9）记录线路板上的开关、跳线的位置，不应随便改变。在进行两板以上的对照检查时，或换元器件时注意标记各板的元件，以免错乱，导致好板损坏。

（10）要搞清线路板的电源配置和种类，根据检查需要，可分别供电或全部供电。应注意高压，有的线路板直接接入高压，或板内有高压发生器，需适当绝缘，操作时应特别注意，以免触电。

思考问题

1. 数控机床故障的来源有哪些？
2. 数控机床故障总体上可以分成几类？
3. 数控机床故障分析方法有哪几种？

项目二　FANUC数控系统硬件连接故障诊断与更换

任务一　CNC 硬件检查与维护

1. 了解国内常用 FANUC 数控系统。
2. 掌握 CNC 系统网络连接要求。
3. 掌握 CNC 背部接口名称、位置。
4. 掌握 CNC 系统熔断器、电池的检查和更换方法。

1. 能检查 CNC 系统规格。
2. 能检查 CNC 系统的连接接口。

一、FANUC 产品简介

FANUC 公司是全球较大、较知名的计算机数字控制系统（Computer Numerical Control, CNC）生产厂家，其产品以高可靠性著称，且一直致力于技术上的领先与创新。

1. 目前国内市场常见的 FANUC 数控系统

1）FANUC 0C/0D 系列

用于 4 数控轴及以下的普及型数控机床，是北京 FANUC 公司的早期产品（20 世纪 90 年代），已停产，但在国内有一定的保有量；硬件结构采用双列直插芯片（专用超大规模集成电路芯片），CPU 采用 Intel‐486 系列，多 CPU 结构处理技术，实现高速连续切削；全数字伺服驱动，实现伺服控制的数字化。

2）FANUC 0i – A/B/C/D 系列

此系列产品是北京 FANUC 公司于 2000 年后推出的新一代产品，其硬件采用表面贴装技术（SMT），采用模块化结构，采用 α 及 αi 系列或 β 及 βi 系列全数字伺服驱动；应用 FANUC 串行伺服总线（FSSB），用光缆实现高速数据传输；具有高精度矢量控制（HRV）功能，更好实现高速、高精度轮廓加工；集成度更高，性价比好，是目前国内大量采用的主流产品。

3）FANUC – 21/21i 系列

此系列产品与 FANUC 0i – C/D 系列基本上是同类系统，但体积进一步缩小，实现了超小型化和超薄型化；由 FANUC 公司在日本生产，主要面向日本及欧美市场销售。

4）FANUC – 16/16i 系列

此系列产品属于 FANUC 公司中档系列产品，适合 5 轴以上卧式加工中心、龙门镗铣床、龙门加工中心等。

5）FANUC – 18/18i 系列、FANUC – 15/15i 系列

此系列产品是 FANUC 公司全功能系列产品，主要体现在软件丰富、可扩充联动轴数，适用于大型机床、复合机床的多轴控制和多系统控制。

6）FANUC – 30i/31i/32i 系列

此系列产品是 FANUC 公司新一代数控系统，采用 HRV4 高精度矢量控制功能；能实现纳米级加工，可用于医疗器械、大规模集成电路芯片的模具加工。

7）FANUC Power – Mate 系列

此系列产品用于控制 2 轴的小型车床，取代步进电动机的伺服控制；也可与其他数控系统通过 I/O Link 连接，用于上下料、刀库等非插补轴控制。

8）FANUC Open CNC（FANUC 00/210/160/150/320）系列

此系列产品是开放式数控系统，可在 FANUC 公司产品之外，灵活挂接非 FANUC 公司产品，便于机床制造厂开发工艺软件和操作界面。

2. FANUC 系统的标签

系统标签位于 CNC 左上角，标志着系统型号，如图 2 – 1 – 1 中 "FANUC Series 0i Mate – MD"，其中 FANUC 为日本发那科公司，"Series" 代表系列，"0i" 代表 0i，Mtae 代表简化版本，M 代表铣床（T 代表车床，G 代表磨床，P 用于冲床），D 代表等级（比 D 等级低的有 A、B、C 级，比 D 等级高的有 F 级），如图 2 – 1 – 2 所示。

为简化 FANUC CNC 产品系列称谓，取 "FANUC" 首字母和 "Series" 首字母 S，组成 FS，如 FS – 0i，意味着 FANUC 0i 系列 CNC。

目前 FS – 0i 由于其具备较高的性价比和高可靠性，市场占有率较高，同时该系列产品也在不断改进与完善中，产品有 FS – 0iA、FS – 0iB、FS – 0iC、FS – 0iD、FS – 0iF 等系列。目前 FS – 0iD/F 在国内外拥有大量的用户，为此，本书主要讲述 FANUC 0iD/F 的故障诊断与维修方法。

3. FS – 0i 数控系统特点

（1）FANUC 数控系统在设计中大量采用模块化结构。这种结构易于拆装，各个控制板高度集成，使可靠性有很大提高，而且便于维修、更换。

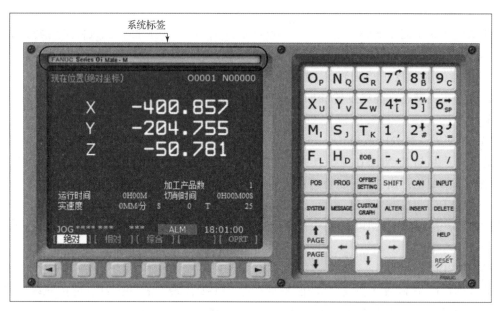

图 2 – 1 – 1　FANUC 0i 标签

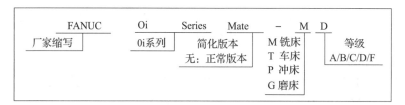

图 2 – 1 – 2　FANUC 0i 标签含义

（2）具有很强的抵抗恶劣环境影响的能力。其工作环境温度为 0 ~ 45 ℃，相对湿度为 75% 。

（3）有较完善的保护措施。FANUC 对自身的系统采用比较好的保护电路。

（4）FANUC 系统所配置的系统软件具有比较齐全的基本功能和选项功能。对于一般的机床来说，基本功能完全能满足使用要求。

（5）提供大量丰富的 PMC 信号和 PMC 功能指令。这些丰富的信号和编程指令便于用户编制机床侧 PMC 控制程序，而且增加了编程的灵活性。

（6）具有很强的 DNC 功能。系统提供 RS232 口和网口，使通用计算机 PC 和机床之间的数据传输能方便、可靠地进行，从而实现高速的 DNC 操作。

（7）提供丰富的维修报警和诊断功能。FANUC 维修手册为用户提供了大量的报警信息，并且以不同的类别进行分类。

二、FS – 0i 系统网络

与早期的 FS – 0 系列 CNC 比较，FANUC CNC 最显著的特点是采用了网络控制技术，以 FSSB 高速串行伺服总线连接替代了传统的伺服连接电缆；CNC 以 I/O Link 网络连接替代了传统的 I/O 单元连接电缆；以工业以太网连接替代了传统的通信连接电缆。因此，CNC 的连接简单、扩展性好、可靠性高、性价比高。

FS－0i 系统网络结构如图 2－1－3 所示，各网络的组成部件和功能简述如下。

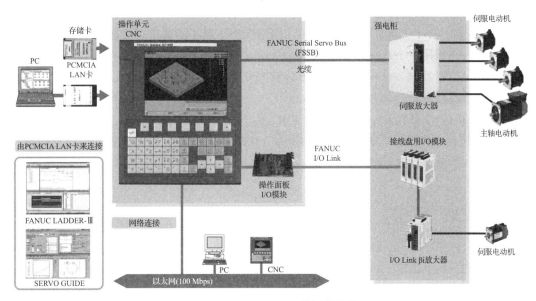

图 2－1－3　FS－0i 系统网络结构

1. FSSB 网络

FSSB 是 FANUC 高速串行伺服总线（FANUC Serial Servo Bus）的简称，它是一种伺服系统控制网络（Servo System Control Network），隶属于现场总线系统。FSSB 用于数控装置（如 CNC、PLC 的轴控模块等）与伺服驱动器的连接，可以高速传输数据。借助 FSSB，CNC 可直接对驱动器的参数、运行过程、工作状态等进行设定、调整、控制与监视。

FSSB 网络采用串行连接，网络通信介质为光缆，通信速率通常在 10 Mbit/s 左右。伺服驱动器（从站）等需要直接与现场伺服电动机连接的装置也可远离 CNC（主站）安装，两者间只需要连接通信光缆，与 I/O Link 网络相比，FSSB 的传输速率更高，连接更简单。

在 FANUC CNC 系统中，CNC 为 FSSB 网络的主站，与 FSSB 总线连接的 αi、βi 系列伺服驱动器，外置式测量检测单元等均为 FSSB 网络从站，传输介质为 FSSB 光缆，如图 2－1－4 所示。

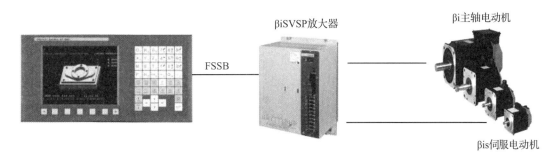

图 2－1－4　FANUC FSSB 网络

2. I/O Link 网络

I/O Link 是 I/O 连接总线的简称。I/O 连接总线是一种用于连接设备内部的控制器（如 PLC 等）与 I/O 模块（如传感器、执行器等）的网络，属于现场总线系统。

I/O Link 多用于控制器与开关量输入/输出（DI/DO）的连接，控制器可对 I/O 模块进行状态检测和输出控制。I/O Link 网络通信介质一般为 2 芯或 4 芯电缆，通信速率通常在 2.5 Mbit/s 左右，I/O 刷新时间为 1～2 ms，网络构建一般不需要进行特殊的设置。采用 I/O Link 网络后，直接用于 I/O 模块物理连接的从站（I/O 模块或 I/O 单元），可远离主站（控制器）安装，控制器与 I/O 模块间只需要连接通信电缆，因而可节省大量的连接线，简化系统的连接，提高可靠性。

在 FANUC CNC 系统中，CNC 内置 PMC 是 I/O Link 网络的主站，其余 I/O 单元如 FANUC 标准机床操作面板、操作面板 I/O 模块、0iC–I/O 模块、分布式 I/O 模块及利用 I/O Link 总线控制的 βi 驱动器等均是 I/O Link 网络的从站，传输介质为 4 芯 I/O Link 电缆，如图 2–1–5 所示。

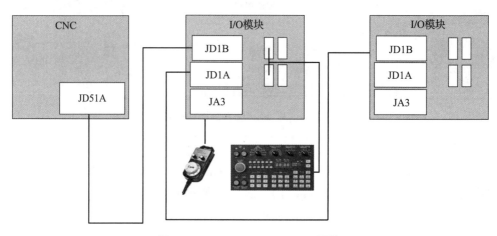

图 2–1–5　FANUC I/O Link 网络

3. 工业以太网

工业以太网（Industrial Ethernet）是一种用于工业环境的开放式工厂信息管理局域网（LAN），用于管理计算机（主站）和现场控制器（从站，CNC 与 PLC 等）间的网络通信，可实现生产现场数据的收集、整理，对现场设备进行统一管理、调度与控制。

工业以太网是工厂自动化网络的最高层，通信速率可达 100 Mbit/s 以上。采用工业以太网后，管理者可以在办公环境下控制现场控制器的运行，并能方便地与远程网（WAN）、公共数据通信网络（Public Data Network）、国际互联网（Internet）等广域网连接，实现远距离信息交换。

FANUC CNC 可采用传输速率为 10 Mbit/s 的 10Base–T 或 100 Mbit/s 的 100Base–T 工业以太网通信标准，但需要增加 CNC 选择功能与接口，FS–0i Mate 系列 CNC 不能选择这一功能。

三、FS–0i 结构与接口

1. FS–0i 系统结构

0i 系列 CNC 控制器由主 CPU、存储器、数字伺服轴控制卡、主板、显示卡、内置 PMC、LCD 显示器、MDI 键盘等构成，0i–C/D 主控制系统已经把显示卡集成在主板上。

1）主 CPU

主 CPU 负责整个系统的运算、中断控制等。

2）存储器

存储器包括 FLASH ROM、SRAM、DRAM。FLASH ROM 存放着 FANUC 公司的系统软件和机床应用软件，主要包括插补控制软件、数字伺服软件、PMC 控制软件、PMC 应用软件（梯形图）、网络通信控制软件、图形显示软件、加工程序等。

SRAM 存放着机床制造商及用户数据，主要包括系统参数、用户宏程序、PMC 参数、刀具补偿及工件坐标系补偿数据、螺距误差补偿数据。

DRAM 作为工作存储器，在控制系统中起缓存作用。

3）数字伺服轴控制卡

伺服控制中的全数字运算以及脉宽调制功能采用应用软件来完成，并打包装入 CNC 系统内（FLASH ROM），支撑伺服软件运行的硬件环境由 DSP 以及周边电路组成，这就是常说的数字伺服轴控制卡（简称轴卡）。

4）主板

主板包括 CPU 外围电路、I/O Link、数字主轴电路、模拟主轴电路、RS232C 数据输入/输出电路、MDI 接口电路、高速输入信号、闪存卡接口电路等。图 2-1-6 所示为 FANUC 系统主板和背部接口。

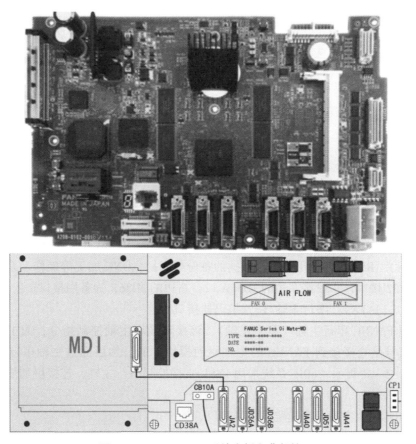

图 2-1-6　FANUC 系统主板和背部接口

2. FANUC – 0i 系统背板接口

FANUC – 0i 系统通过背板接口连接 FSSB 总线、I/O Link 总线、模拟主轴等，接口类型有以下几种。

（1）CD38A：网口。

（2）COP10A：伺服接口。

FANUC 专用高速串行伺服总线 FSSB 的连接端口，不可连接其他公司的伺服控制单元。COP10A 是轴卡伺服数据接口，位置在主板上方。CNC 系统处理的插补、伺服坐标进给、伺服进给速度、伺服反馈等实时高速信号都是通过 FSSB 光缆来传输，它的传输速度快，抗干扰能力强。

该串行信号线由 CNC 系统的 COP10A 接口连至第一个轴伺服驱动器的 COP10B 接口，再由第一个轴伺服驱动器的 COP10A 接口连接至下一个轴伺服驱动器的 COP10B 接口，依次往下，最后一个伺服驱动器的 COP10A 接口是空着的。FSSB 光缆连接各伺服驱动器的顺序，也就是定义第一、第二等轴是由参数 1023 决定的，如图 2 – 1 –7 所示。

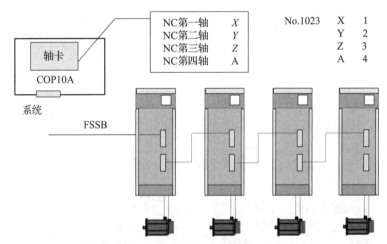

图 2 – 1 – 7　FANUC FSSB 接口

（3）JA2：连接 MDI 操作键盘接口。

（4）JD36A、JD36B：串口。

主板上可以配置两个串口，分别是 RS232C – 1（对应 JD36A 接口）和 RS232C – 2（对应 JD36B 接口）。RS232 接口用于机床数据的备份与恢复、DNC 加工等操作。系统连接电脑时使用的 RS232 接口，一般接左边的 JD36A 口，右边的 JD36B 为备用接口。

（5）JA41（JA7A）：串行主轴/位置编码器接口。

如果采用 FANUC 串行主轴（数字主轴），该接口输出主轴控制指令，而主轴电动机编码器的反馈信号是直接接到 FANUC 的主轴驱动模块上的，然后通过主轴串行总线传送给CNC，如图 2 – 1 –8 所示。(0iF 系统采用 FSSB 直接控制串行主轴，连接更加简化，控制精度更高)

（6）JA40：模拟主轴或高速跳过信号接口。

JA40 端口可以连接非 FANUC 的模拟主轴单元，如在一些精度要求不太高的场合，为了降低数控系统的成本，可以采用其他公司的主轴控制单元和匹配的主轴驱动器。设置完成相

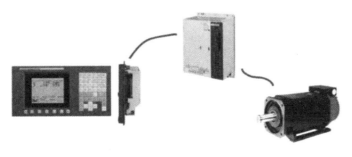

图 2-1-8 FANUC FSSB 总线接口

关模拟主轴参数后，JA40 端口向变频器传递模拟电压信号（一般为 10～10 V），变频器控制主轴电动机运转，电动机或主轴上的位置反馈信号接回到 JA41 端口上，反馈速度信号，如图 2-1-9 所示。

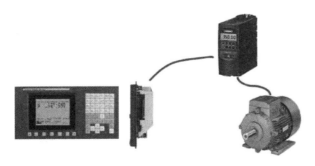

图 2-1-9 FANUC 模拟主轴接口

设置相关参数后，JA40 作为高速跳转信号接口，测头把跳转信号输入 CNC，完成工件在线测量操作。

（7）JD51A：I/O Link 接口。

FANUC 的 CNC 与 I/O 模块采用标准的 I/O Link 串行接口连接，处理开关量，属于机床的辅助功能范畴。I/O 模块连接机床传感器或执行器信号，I/O Link 将各类 I/O 模块与 PMC 以串行通信方式连接起来，如图 2-10 所示。

图 2-1-10 FANUC I/O Link 接口

（8）CP1：电源接口。

CNC 工作电源采用直流（DC）24 V，通过 CP1 接口供电。

实践指导

一、FS-0i系统规格检查

当系统发生故障要报修或采购相关备件时，需要向数控系统厂商提供系统订货号和序列号。根据系统订货号和序列号，数控系统厂商就能查到系统的硬件配置和软件配置。系统订货号和序列号一般通过系统基本单元硬件进行查看，可以直接查看数控装置后面的铭牌，如图2-1-11所示。铭牌上显示有系统型号、订货号、生产日期、序列号等信息，如图2-1-12所示。

FS-0i系统规格检查点如下：

检查点1：系统型号；

检查点2：订货号；

检查点3：序列号。

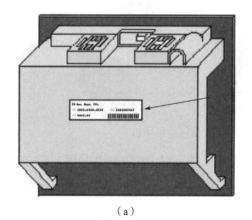

（a）　　　　　　　　　　　　　　　（b）

图2-1-11　FANUC系统姓名规格位置

（a）一体式；（b）分体式

FANUC SERIES 0i-TD	--- 系统型号
TYPE　A02B-0319-B502	--- 订货号
DATA　2019-08	--- 生产日期
No.　E08805635	--- 序列号
FANUC LTD MADE IN JAPAN	

图2-1-12　FANUC系统规格

二、FS-0i CNC连接检查

常用的水平布置FS-0i系统如图2-1-6所示，接口的名称、位置和连接功能基本不变。在数控机床维修准备、维修完成CNC点亮前，为了预防连接故障，要重点进行以下检查。

检查点1：检查CNC的电源输入。CNC的电源为直流DC 24 V，一般用开关电源供给，电压为DC 24 V±10%。在部分CNC上，电源输入有两个连接端，应使用有输入（IN）标记的CP1A与外部电源进行连接。

检查点2：检查电池连接。CNC的后备电池在CNC出厂时已连接完成，但维修时应检查连接器是否有脱开或松动。

检查点3：检查风扇连接。风扇在CNC出厂时已连接完成，但开机前应检查连接器是否有脱开或松动。

检查点4：检查FSSB总线连接。检查光缆是否可靠连接到COP10A上。部分系统具有两个FSSB总线光缆接口，一般使用左侧COP10A‑1连接至驱动器的光缆接口上。

检查点5：检查CNC与软功能键控制板的连接。软功能键控制板在CNC出厂时已连接完成，检查连接器是否有脱开或松动。

检查点6：检查RS232C的连接。RS232C有两个输出通道，通常情况下CNC参数设定的是通道1有效，外部接口单元应连接至左侧的接口JD36A上，检查连接器是否有脱开或松动。

检查点7：检查主轴连接。使用模拟主轴时，确认主轴模拟量输出的极性，JA40的7脚（±10 V输出）与变频器模拟量输入要求相符；主轴编码器需要连接到CNC的JA41上。使用串行主轴的机床，确认JA41需要连接主轴伺服驱动JA7B。注意：FS‑0iF系统串行主轴控制不通过JA41，而是直接通过光缆发出主轴指令，所以在检查0iF系统与主轴连接时，需确认JA41不能接有连接器。

三、熔断器和系统电池检查与更换

熔断器是CNC的易损部件，当CNC电源不能点亮时，确认DC 24 V供电正常，要检查CNC熔断器。

1. 熔断器检查与更换

步骤1：找到熔断器位置（图2‑1‑13）并轻轻拔出。CNC的熔断器如图2‑1‑14所示，其被安装在图2‑1‑13所示的CNC背面、电源输入连接器CP1的下方。

步骤2：确认熔断器的状态。通过观察窗检查，或利用万用表测量后确认，FS‑0iD的CNC输入熔断器规格为5 A。

步骤3：确认输入电源电压正常，更换熔断器。检查CNC的输入电源回路是否有电压过高、短路或断路故障，无故障的情况下更换熔断器，避免再次烧坏熔断器。

2. 电池更换

FANUC系统的加工程序、CNC参数、偏置数据等均保存在由后备电池支持的CMOS中。当控制器电池电压降低时，系统在LCD画面上闪烁"BAT"信息的同时，也会发出电池电压低信号F1.2到PMC中，通过F1.2触发A地址，并在PMC信息中编辑相关报警信息后，即可实现控制器电池电压低信息提示，如图2‑1‑15所示。

步骤1：确认系统报"BAT"警报，电池电压低信号F1.2为1。

步骤2：确认电池所在位置，后备电池的安装与更换如图2‑1‑16所示。接通CNC系统的电源大约30 s后，断开电源。拉出CNC单元背面右下方的电池单元。安装上准备好的新电池单元并确认闪锁已经卡住。

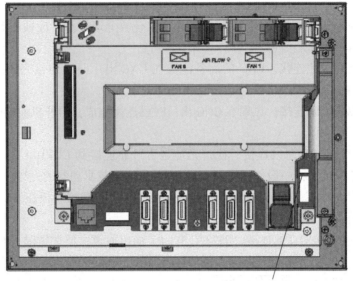

FUSE(透明)
DC 24 V输入用

图 2 - 1 - 13　FANUC CNC 熔断器位置

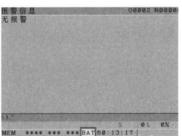

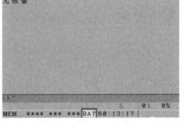

图 2 - 1 - 14　FANUC
CNC 熔断器

图 2 - 1 - 15　FANUC CNC 电池电压低报警和 F1. 2 画面

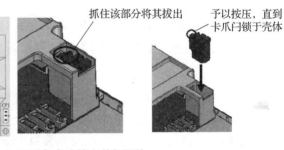

抓住该部分将其拔出

予以按压，直到
卡爪闩锁于壳体

MDI

电池

图 2 - 1 - 16　FANUC CNC 后备电池的安装与更换

 思考问题

1. FANUC 0i 系统产品有哪些品类？

2. FANUC 0i 连接检查需要注意哪些事项?

任务二　αi 驱动器检查与更换

 知识目标

1. 掌握 αi 伺服驱动器电源控制回路硬件连接。
2. 熟悉 αi 驱动器与电动机的连接。
3. 了解 αi 伺服报警故障排查与诊断。

 能力目标

1. 能连接、检查 αi 系列驱动器模块。
2. 能连接、检查 αi 伺服电动机和编码器。
3. 能更换驱动器熔断器和风机。

 工作过程知识

一、αi 驱动系统总体结构

驱动器又称为放大器,αi 系列为 FANUC 常用的高性能驱动器,配套 FANUC i 系列 CNC 使用。αi 系列驱动器的外形如图 2 - 2 - 1 所示。

图 2 - 2 - 1　αi 系列驱动器的外形

驱动器由电源模块（Power Supply Module，简称 PSM）、伺服模块（Servo Amplifier Module，SVM）、主轴模块（Spindle Amplifier Module，简称 SPM）组成。驱动器的附件可根据需要选择伺服变压器、滤波电抗器等。

FANUC αi 型驱动器规格见表 2－2－1。

表 2－2－1　FANUC αi 型驱动器规格

系列		输入电压	长×宽尺寸	容量
αi PS Series 电源模块		200 V 400 V	380 mm×60 mm 380 mm×90 mm 380 mm×150 mm 380 mm×300 mm	额定输出最大值为 100 kW
αi SP Series 主轴模块		200 V 400 V		驱动器与电动机存在对应关系，根据选择的电动机进行配置即可
αi SV Series 伺服模块	1 轴	200 V		
	2 轴	400 V		
	3 轴	200 V		

1. 电源模块（PSM）

电源模块（PSM）通过直流母线连接并供给主轴与伺服模块 300 V 或者 400 V 直流电，为驱动电动机提供主电源，并且给其他模块提供控制电源。

PSM 的规格根据使用的伺服电动机和主轴电动机选择，电源模块标签型号为 PSM－Xi，其中 PSM＝Power Supply Module；Xi＝连续额定输出功率值，单位 kW，如 PSM－7.5i，代表输出 7.5 kW 的电源模块。如果电源模块标签型号为 PSM－XHVi，HV 代表高电压，电压为 AC 400 V；没有 HV 代表低压型，电压为 AC 200 V。

2. 主轴模块（SPM）

αi 系列主轴模块为单轴结构，伺服模块需要紧靠电源模块安装，伺服模块与电源模块、伺服驱动间需连接公用直流母线和控制总线。

主轴模块为主轴电动机提供能源，驱动主轴电动机按照控制指令执行动作（转速、刚性攻丝、主轴准停等）。αi 系列主轴模块分高性能 αi 电动机用 SPM 模块和经济型 αCi 电动机用 SPMC 模块两类，两者的使用和连接方法基本相同。根据主轴电动机位置编码器的连接形式，主轴模块又分为单传感器输入 A 型和双传感器输入 B 型两种规格，A 型模块只能连接外置式 1 024 P/r 光电编码器（α 型编码器）；B 型模块可同时连接外置式光电编码器和 αS、βZi、CZi 型磁性编码器。

SPM 的规格根据主轴负载选择，主轴模块标签型号为 SPM－Xi，SPM 代表主轴模块，Xi 代表连续额定输出功率值，单位 kW，如 SPM－2.2i 为输出功率 2.2 kW 的主轴模块。如果标签型号为 SPM－XHVi，HV 代表高电压，和高压型电源模块配套使用。

3. 伺服模块（SVM）

伺服模块又称为伺服放大器模块，主要驱动伺服电动机，完成速度、转矩控制。伺服驱动器模块主要由逆变主回路、PWM 控制回路、电压/电流的闭环调节电路等部分组成。根据所控制的轴数，伺服模块分单轴、双轴与三轴三种，为了减小体积、降低成本，小功率伺服模块一般采用双轴或三轴集成式结构。

αi 系列驱动器的 SVM 模块和 CNC 通过 FSSB 总线连接，αi 系列驱动器的 SPM 模块和 CNC 之间通过主轴驱动器通信，αi－B（αi 升级型）系列驱动器的 SVM 模块和 SPM 模块采用光纤 FSSB 总线连接。

SVM 的规格根据加工负载选择，伺服模块标签型号为单轴型 SVM1－Xi、双轴型 SVM2－Xi/Yi，三轴型 SVM3－Xi/Yi/Zi，SVM 代表伺服驱动器模块，Xi/Yi/Zi 代表最大电流值，单位 A，如 SVM3－10i/10i/20i 为三轴型伺服驱动器模块，X、Y 轴最大输出电流为 10 A，Z 轴最大输出电流为 20 A。如果标签型号为 SVM1－XHVi，HV 代表高电压，和高压型电源模块配套使用。

伺服驱动器整体上包括 SPM 和 SVM，故又称为 FANUC SPSV 模块（驱动器）。

4. 驱动器附件

伺服变压器和交流电抗器（AC Reactor）是驱动器的常用附件，起到为驱动器组提供 AC 200 V 或者 AC 400 V 主电源、滤波、减轻电网冲击影响的作用。驱动器的其他附件还包括制动电阻、主/从切换模块和接触器、断路器、电缆、浪涌吸收器等。其中，伺服变压器、接触器单元、断路器、电缆等器件无特殊要求，用户可自行选配；制动电阻、主/从切换模块用于特殊控制，可根据机床的实际要求选配 FANUC 标准附件。图 2－2－2 所示为 αi 系列伺服驱动器模块化结构。

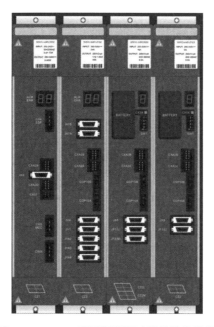

图 2－2－2　αi 系列伺服驱动器模块化结构

二、αi 系列驱动器接口与连接

αi 伺服驱动器有主电源接口、主轴电动机接口、伺服电动机接口、光缆接口、主轴指令接口、控制电源接口、急停信号连接、MCC 连接、伺服电动机编码器接口等，其应用连接如图2－2－3和表2－1－1～表2－1－3所示，可以把接口与连接大致分成4类。

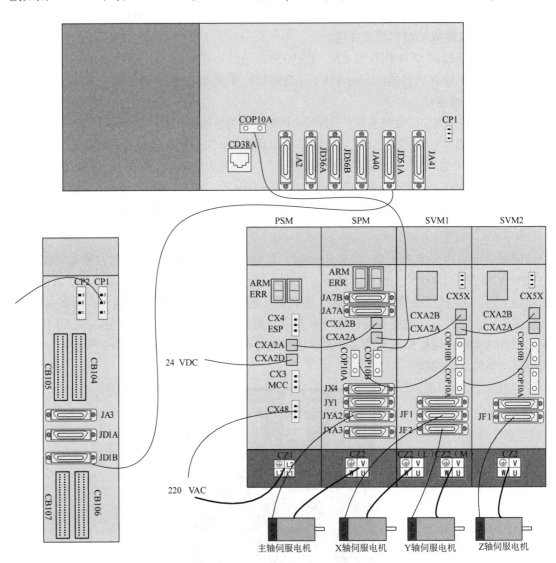

图2－2－3　αi系列驱动系统连接总图

表2－1－1　FANUC αi－B型驱动器接口与功能

名称	注释
STATUS	状态指示灯
CZ（PSM）	三相 AC 220 V 电源输入
CX48	AC 220 V 电源相序检测（与 L1、L2、L3 对应）
CX3	主电源 MCC 控制信号的连接

续表

名称	注释
CX4	外部急停信号的连接
CXA2D	24 V 电源输入接口
COP10B/COP10A	伺服 FSSB 光缆接口
CX5X	绝对位置编码器用电池插头
JF（SVM1）	编码器的连接：L轴（X轴）
JF（SVM2）	编码器的连接：M轴（Y轴）
CZ2（L）	伺服电动机动力线：L轴（X轴）
CZ2（M）	伺服电动机动力线：M轴（Y轴）
JF（SWM2）	编码器的连接：Z轴（三轴）
CZ（SVM）	单轴模块伺服电动机动力线：Z轴（三轴）
CZ（SPM）	主轴模块主轴电动机动力线
JA7B	串行主轴输入接口/主轴独立编码器接口
JA7A	串行主轴输出接口/主轴独立编码器接口（双主轴时使用）
JY1	主轴电动机状态监控接口
JYA2	主轴电动机编码器接口
JYA3	主轴位置编码器接口

表 2-1-2　FANUC 0i 系统侧接口

CP1	24 V 输入
JD36A/JD36B	RS232
JD51A/JD1A	I/O 模块通信
JA40	模拟主轴/跳转信号
JA41	串行主轴/编码器

表 2-1-3　FANUC I/O 侧接口

JD51A/JD1A	I/O 模块通信
JA3	手轮
CB104/5/6/7	50 针扁平电缆（K21）

1. 主电路接口与连接

1）主电路进电接口 PSM CZ1，接入交流三相（AC）220 V

主电源输入应通过伺服变压器使驱动器与电网隔离；变压器进线侧应安装短路、过载保护用的断路器。电源回路最好安装电抗器，以抑制线路中的浪涌电压，αi 系列驱动系统外部电源如图 2 – 2 – 4 所示。

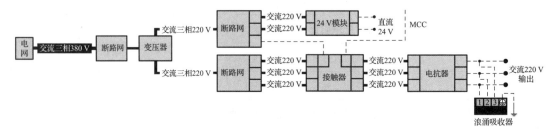

图 2 – 2 – 4　αi 系列驱动系统外部电源

2）主电路出电 CZ1（SPM），CZ2（L）、CZ2（M）、CZ2（SVM2）

主轴电动机侧 U/V/W 和驱动器上 U/V/W 连接必须一一对应，否则电动机异常振动，系统主轴异常报警。

Z 轴电动机抱闸制动需要连接系统控制的机床电气继电器触点，实现断电抱闸制动。

αi 系列驱动系统主电路如图 2 – 2 – 5 所示。

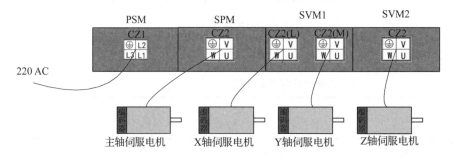

图 2 – 2 – 5　αi 系列驱动系统主电路

2. 控制接口与连接

1）进给轴控制信号接口 COP10B（FSSB 接口）

系统从 COP10A 接口发出控制信号，通过 FSSB 总线输送至 SVM COP10B 接口，SVM 接入控制信号，再从 SVM COP10A 接口向下传递。

2）主轴控制信号接口 JA7B

JA7B 连接有系统主轴控制电缆，αi – B（αi 升级型）系列驱动器的 SPM 模块采用光纤 FSSB 总线连接。

3）直流（DC）24 V CXA2A、CXA2B

PSM 模块 CXA2A 接口是直流（DC）24 V 控制电源，SVM 模块 CXA2A、CXA2B 是驱动器交流（AC）24 V 跨接电缆。

3. 反馈接口 JF1、JF2、JF3、JYA2 与连接

JF1、JF2、JF3 为三个进给轴反馈接口，JYA2 为主轴编码器反馈接口。FANUC 伺服电动机配套的编码器一般为绝对编码器，编码器中位置信息数据，在系统断电后，需要 5 V 电池供电维持，各轴驱动器可以使用独立的电池盒，用户在订货时可以配置 FANUC 电池盒选件。

4. 辅助接口与连接

EXP/CX4（急停输入接口）连接有急停信号线，接口检测急停信号，正常为 1 信号，急停信号为 0（断线）时，系统出 ESP 报警。

CX5X（绝对式编码器电池接口）连接有 5 V 电池，维持绝对式编码器数据信息，电池电量耗光后，系统出 APC 电压低报警。

MCC/CX3（伺服准备就绪接口）接口内类似于常开触点，当驱动器控制电路自检正常后，常开触点闭合，控制主电源接触器接通主电，CX3 未接通系统出"准备未就绪"报警。

CX48（相序检测接口），接口按照相序接三相交流（AC）220 V，接错后系统出伺服错误报警。

 实践指导

一、αi 驱动器型号确认

αi 系列驱动器电源模块、主轴模块、伺服模块如图 2-2-6 所示。

（a）　　　　　　　　　　　（b）　　　　　　　　　　（c）

图 2-2-6　αi 系列驱动器电源模块、主轴模块、伺服模块
(a) PSM；(b) SPM；(c) SVM

1. 更换 αi 驱动器电源模块，需查看确认 PSM 型号

检查点 1：型号 αiPS 11，该 PSM 输出 11 kW 电源。

检查点 2：订货号 A06B-6140-H011。

2. 更换 αi 驱动器主轴模块，需查看确认 SPM 型号

检查点 1：型号 αi SP 26 – B，该 SPM 为 αi – B 版本，输出 26 kW 电源。

检查点 2：订货号 A06B – 6220 – H026 – H600。

3. 更换 αi 驱动器伺服模块，需查看确认 SVM 型号

检查点 1：型号 αi SV80/160，该 SVM 为两轴型，输出 15 kW 电源。

检查点 2：订货号 A06B – 6117 – R210。

二、αi 驱动器连接检查

αi 驱动系统连接总图 2 – 2 – 3 已详细地表示了驱动器电源模块的外部连接和控制总线的连接。伺服驱动器维修或更换完成后，为了防止出现连接故障，都需要进行检查。配套 αi 系列驱动器的机床，应参照图 2 – 2 – 3 重点检查以下几方面。

检查点 1：DC Link 直流母线铜条需拧紧。正常工作时电压是直流 DC 300 V，如果要拆卸驱动器，一定要把螺丝拧紧。(如果电源模块为高压，即输入端是 400 V 电压时，那么 DC LINK 电压是直流 600 V)

检查点 2：拆装驱动器模块时，充电指示灯灭。如果要拆卸驱动器，机床断电后一定要等到此指示灯灭后再操作，否则有触电的风险。因为电源模块里有电容，所以机床刚关机后 DC LINK 还是有电压的，此指示灯灭了，表示 DC LINK 已经放电完成。

检查点 3：电源模块、主轴驱动器以及伺服驱动器的故障码指示灯为 0。故障码指示灯正常时为 0，如果驱动器本身或与驱动器连接的部件有故障，驱动器上的指示灯会有对应的指示。此指示灯对判断驱动器的故障点很有帮助。

检查点 4：CXA2D、CXA2A、CXA2B 等直流 DC 24 V 接口与端子插接到位、完好，否则出 5136 驱动器数量不足报警。

检查点 5：MCC、ESP 插接完好到位，CX3 是控制机床 MCC 的吸合，右边的插头 CX4 是外部急停的输入。这两个插头中的任何一个外部连接不正常，都会造成系统出 401 报警。

检查点 6：SPM 驱动器和主轴电动机电枢的相序完全对应，否则系统出主轴错误报警，转速也不正常。

检查点 7：CX48 相序检测连接正确，否则系统出伺服错误报警。

检查点 8：FSSB 总线连接正确，B（COP10B）进 A（COP10A）出，否则系统出 FSSB 报警。伺服驱动器的光缆接口 COP10B 和 COP10A，只要驱动器一上电，每个光缆接口下面的光口就会发光，如果驱动器上电后，驱动器上的光口不发光系统会出 5136 报警。光缆口的连接顺序是从 COP10A 到 COP10B。此光缆是从系统的轴卡出来，一级一级地依次连接，连接的装置除了伺服驱动器外还包括 SDU 单元（分离性的检测单元，用光栅尺时使用）和 FSSB I/O 单元（用双安检功能时使用）。

检查点 9：Z 轴电动机抱闸制动连接正常，否则系统断电后 Z 轴容易落下，造成重大损失。

检查点 10：JYA2 连接主轴电动机内置的传感器的反馈插头，如果传感器损坏或传感器电缆破损，系统会出 SP9073 系统报警，主轴驱动器的指示灯上显示 73。JYA3、JYA4 主轴外置编码器，如果机床主轴没有外置编码器，则 JYA3、JYA4 不接线。

检查点 11：αi 伺服驱动器 JA7B 接口连接系统主轴控制指令控制插头，否则系统出无主轴驱动器报警。αi – B 伺服驱动器，主轴驱动器通过 FSSB 总线控制，JA7B 接口空置。

检查点 12：伺服反馈接口 JA（SVM1）和 JF2（单轴驱动器只有 JF1，双轴驱动器有 JA（SVM1）和 JA（SVM2），三轴驱动器有 JA（SVM1）、JA（SVM2）、JF3 为伺服电动机编码器的反馈插头，插接到位、完好，如果编码器损坏或编码器的反馈线破损，系统会出 SV368 报警。

思考问题

1. FANUC 0i 系统产品有哪些品类？
2. 伺服驱动器型号为 αi SVHV20i/20i/40i 代表什么含义？

任务三　βi 驱动器检查与更换

 知识目标

1. 熟悉 βi 伺服驱动器的结构和分类。
2. 掌握 βi 驱动器的连接要求和检查要点。
3. 掌握 βi 伺服电动机和编码器的连接要求。
4. 认识 βi 系列驱动器型号。

 能力目标

1. 能识别 βi 系列驱动器型号。
2. 能连接、检查 βi 系列驱动器。
3. 能连接、检查 βi 伺服电动机和编码器。

工作过程知识

FANUC βi 系列驱动器是一种可靠性强、性能卓越的伺服驱动装置，用于驱动中小型机床的进给电动机和主轴电动机。βi 系列性能上比 αi 系列同等产品有差距，价格上也低于 αi 系列同等产品。由于 βi 系列具有较高的性价比，该系列伺服在国内机床制造行业应用十分广泛。图 2 – 3 – 1 所示为 βi 系列驱动器。

1. 产品结构

βi 系列驱动器可分为伺服驱动器（βiSV）、伺服/主轴一体型驱动器（βiSVSP）两大类，无单独的主轴驱动器和电源模块。

βi 系列驱动器有 FSSB 总线控制型和 I/O Link 总线控制型之分，前者可与 CNC 的 FSSB 总线连接，作为基本坐标轴驱动器，而后者只能与 PMC 的 I/O Link 总线连接，用于早期的

图 2 - 3 - 1　βi 系列驱动器

FANUC Power Mate 系统，或作为 FANUC - 0i 系列全功能 CNC 的配套机械手、输送机等辅助驱动装置使用。βi 系列伺服电动机一般只有高速小惯量的 βiS 系列产品，其输出转矩通常在 20 N·m 以下。与同规格的 αi 系列伺服电动机相比，βi 系列伺服电动机的输出特性较软（高速时的速降较大），最高转速较低，起制动转矩较小，编码器的分辨率较低，价格也较低。FANUC βi 型驱动器规格如表 2 - 3 - 1 所示。

表 2 - 3 - 1　FANUC βi 型驱动器规格

系列	控制接口类型	输入电压	长×宽尺寸	支持轴数
βiSVSP 系列 一体型模块	FSSB	AC 200 V	380 mm ×260 mm	1 串行主轴 2/3 伺服轴
βiSVSPC 系列 一体型模块	FSSB	AC 200 V	380 mm ×260 mm	1 串行主轴 2/3 伺服轴
βiSV 系列 伺服模块	FSSB	AC 200 V AC 400 V	150 mm ×75 mm 380 mm ×60 mm	1/2 伺服轴
	I/O Link	AC 200 V AC 400 V	150 mm ×75 mm 380 mm ×60 mm	1 轴

FSSB 单轴 AC 200 V 标准型驱动器是 βi 系列常用产品，其早期型号为 SVM1 - 4i，SVM1 - 20i 等，新型号为 βiSV4、βiSV20、βiSV40、βiSV80 等。

βi 驱动器（AC 200 V）型号构成如下：

1）βiSV　□1/□2/□3 - □5

□1 第一轴最大电流值；

□2 第二轴最大电流值；

□3 第三轴最大电流值；

□5 B：代表升级版，为空时，代表常态版，B 版本能和 FANUC 最新 0iF CNC 系统通信，普通版本不能和 0iF 通信。

2）βiSVSP　$\boxed{1}/\boxed{2}/\boxed{3}-\boxed{4}-\boxed{5}$

$\boxed{1}$ 第一轴最大电流值；

$\boxed{2}$ 第二轴最大电流值；

$\boxed{3}$ 第三轴最大电流值；

$\boxed{4}$ 主轴功率；

$\boxed{5}$ B：代表升级版。

新系列的 βiSV 产品，还可选择 AC 400 V 输入电压型 βiSVHV 产品。

例如：βiSVSP 20/20/40 - 11 - B，代表此驱动器为伺服主轴一体型，X、Y 轴最大输出电流为 20 A，Z 轴最大输出电流为 40 A，主轴最大输出功率为 11 kW，驱动器为升级型，支持 0iF 版本，伺服驱动器订货号是 A06B - 6320 - H312。

βi 系列驱动器如图 2 - 3 - 2 所示。FANUC βiSV - B 驱动器如图 2 - 3 - 3 所示。

图 2 - 3 - 2　βi 系列驱动器

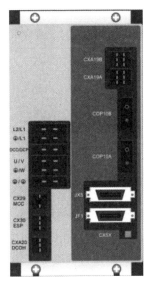

图 2 - 3 - 3　FANUC βiSV - B 驱动器

一、βiSV 驱动器与连接

1. 连接总图

单轴标准型驱动器是 βiSV 常用产品，其连接总图如图 2 - 3 - 4 所示。FANUC βiSV 型驱动器接口如表 2 - 3 - 2 所示。

表 2 - 3 - 2　FANUC βiSV 型驱动器接口

序号	名称	注释
1	SVM LED	DC Link 充电指示灯
2	L1/L2/L3/PE	主电源输入接口（200 V 交流输入）

序号	名称	注释
3	CC/DCP	放电电阻的连接
4	U/V/W	伺服电动机的动力线接口
5	CX29	主电源 MCC 控制信号的连接
6	CX30	外部急停信号的连接
7	CXA20	放电电阻的连接（用于报警）
8	CXA19B	24 V 电源的输入
9	CXA19A	24 V 电源的输出
10	COP10B	伺服 FSSB 光缆接口
11	COP10A	伺服 FSSB 光缆接口
12	ALM	伺服报警状态指示灯
13	JX5	信号检测连接
14	LINK	FSSB 连接状态显示指示灯
15	JF1	编码器的连接
16	POWER	控制电源状态显示指示灯
17	CX5X	绝对位置编码器用电池插头

1. βiSV 主电路接口与连接

1）主电路进电接口 L1/L2/L3/PE，接入三相 AC 220 V

主电源输入应通过伺服变压器使驱动器与电网隔离；变压器进线侧应安装短路、过载保护用的断路器。电源回路最好安装电抗器，以抑制线路中的浪涌电压。

2）主电路出电

伺服电动机电源插接至驱动器侧 U/V/W/PE 插口上。

2. 控制接口与连接

（1）进给轴控制信号接口 COP10B（FSSB 接口）。系统从 COP10A 接口发出控制信号，通过 FSSB 总线输送至 COP10B 接口，再从该伺服驱动器 COP10A 接口向下传递信号。

（2）βiSV 上没有主轴控制接口，主轴控制采用模拟主轴方式。

（3）DC 24 V CXA19B、CXA19A。CXA19B 接口是外部 DC 24 V 控制电源输入接口，CXA19A 是其他伺服驱动器提供 DC 24 V，连接跨接电缆。

3. 反馈接口 JF1 与连接

JF1 为单轴伺服电动机反馈接口，如图 2 – 3 – 4 所示。FANUC 伺服电动机配套的编码器一般为绝对编码器，编码器中位置信息数据，在系统断电后，需要 5 V 电池供电维持，各轴驱动器可以使用独立的电池盒，用户在订货时可以配置 FANUC 电池盒选件。

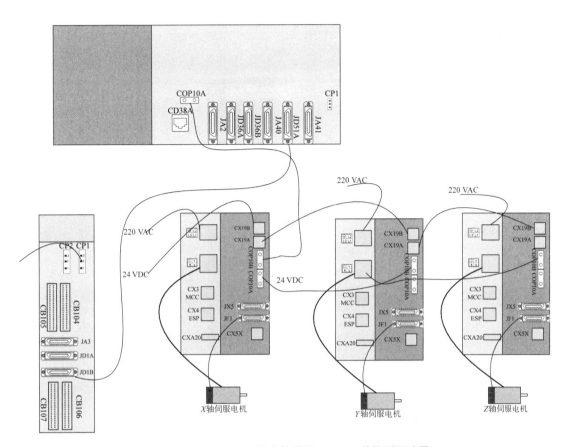

图 2 - 3 - 4　0i MF/TF 综合接线图（βi - B 单体型驱动器）

4. 辅助接口与连接

ESP/CX4（急停输入接口）连接有急停信号线，接口检测急停信号，正常信号为 1，急停信号为 0（断线）时，系统出 ESP 报警。

CX5X（绝对式编码器电池接口）连接有 5 V 电池盒，维持绝对式编码器数据信息，电池电量耗光后，系统出 APC 电压低报警。

MCC/CX3（伺服准备就绪接口）接口内类似于常开触点，当驱动器控制电路自检正常后，常开触点闭合，控制主电源接触器接通主电，CX3 未接通系统出准备未就绪报警。

二、βiSVSP 驱动器与连接

1. 驱动器结构

伺服/主轴一体型 βi 系列驱动器（βiSVSP）是一种将两轴（车床）或三轴（铣床）伺服驱动和 1 个主轴驱动集于一体的紧凑型驱动器。

FANUC βiSVSP 驱动器的外形如图 2 - 3 - 5 所示，其接口功能如表 2 - 3 - 3 所示。驱动器的伺服、主轴使用共同的整流主回路、直流母线、总线接口和公共控制电路，但各轴的逆变主回路、电压/电流检测、矢量变换、PWM 控制电路等相对独立。

图 2 – 3 – 5　FANUC βiSVSP 驱动器的外形

表 2 – 3 – 3　FANUC βiSVSP 驱动器接口功能

名称	功能
STATUS1	状态 LED：主轴
STATUS2	状态 LED：伺服
CX3	主电源 MCC 控制信号
CX4	急停信号（ESP）
CXA2C	DC 24 V 电源输入
COP10B	伺服 FSSB 接口
CX5X	绝对脉冲编码器电池
JF1	脉冲编码器：L 轴
JF2	脉冲编码器：M 轴
JF3	脉冲编码器：N 轴
JX6	后备电源模块
JY1	负载表/速度表模拟倍率
JA7B	主轴接口输入
JA7A	主轴接口输出

续表

名称	功能
JYA2	主轴传感器：Mi，Mzi
JYA3	α 位置编码器，外部一转信号
JYA4	（未使用）
TB3	DC Link 接口端子
TB1	主电源接线端子板
CZ2L	伺服电动机动力线：L 轴
CZ2M	伺服电动机动力线：M 轴
CZ2N	伺服电动机动力线：N 轴
TB2	主轴电动机动力线
PE	地线

与 αi 驱动器类似，FANUC βiSVSP 驱动器接口和连接大致可以分成 4 类，连接图如图 2 - 3 - 6 所示。

1. 主电路接口与连接

（1）主电路进电接口 PSM TB1，接入三相 AC 220 V。

（2）主电路出电 TB2（主轴），CZ2L、CZ2M、CZLN（三进给轴），输出主轴能量端子相序和主轴电动机侧相序一一对应，否则主轴电动机异常振动，系统出主轴异常报警。

找准主电源接线端子，确认好 TB1 接口标识，注意主电源进线 TB1 不在驱动器底部的最左侧，TB2 位于驱动器底部偏右，不可接反，否则驱动器将损坏。

Z 轴电动机抱闸线圈需要连接到系统控制的继电器触点上，上电时，抱闸松开，Z 轴伺服驱动器工作；断电时，抱闸抱死，Z 轴伺服驱动器停止工作。如果接错，会出现相反的后果，造成重大损失。

2. 控制接口与连接

（1）进给轴控制信号接口 COP10B（FSSB 接口）。

系统从 COP10A 接口发出控制信号，通过 FSSB 总线输送至 SVM COP10B 接口，SVM 接入控制信号，再从 SVM COP10A 接口向下传递。

（2）主轴控制信号接口 JA7B。JA7B 连接系统主轴控制电缆，而对于 βiSVSP - B（βi 升级型）系列驱动器通过光纤 FSSB 总线完成主轴控制，JA7B 无须连接。

（3）外部 DC 24 V 供电 CXA2C。CXA2C 接口连接外部 DC 24 V 控制电源。电源断线出 FSSB 放电不足报警。

3. 反馈接口 JF1、JF2、JF3、JYA2 与连接

JF1、JF2、JF3 为 3 个进给轴反馈接口，JYA2 为主轴编码器反馈接口，如图 2 - 3 - 6 连接所示。

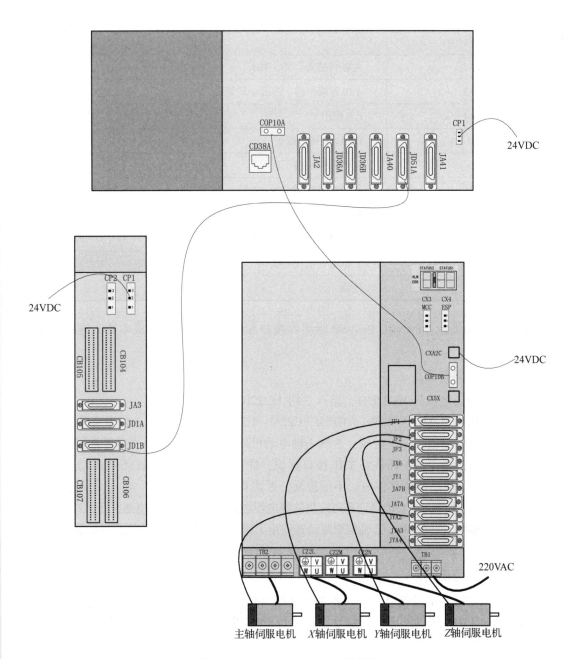

图 2 – 3 – 6   FANUC βiSVSP 连接图

4. 辅助接口与连接

EXP/CX4（急停输入接口）连接有急停信号线，接口检测急停信号，正常信号为 1，急停信号为 0（断线）时，系统出 ESP 报警。

CX5X（绝对式编码器电池接口）连接有 5 V 电池，维持绝对式编码器数据信息，电池电量耗光后，系统出 APC 电压低报警。

MCC/CX3（伺服准备就绪接口）接口内类似于常开触点，当驱动器控制电路自检正常后，常开触点闭合，控制主电源接触器接通主电，CX3 未接通，系统出伺服准备未就绪报警。

CX48（相序检测接口），接口按照相序接三相 AC 200 V，接错后系统出伺服错误报警。

 实践指导

一、βi 驱动器和伺服电动机型号确认

1. 更换 βi 驱动器模块（铭牌标签见图 2 – 3 – 7），需查看确认驱动器型号和订货号

检查点 1：型号为 βiSVSP 20/20/40 – 7.5，三进给轴 $X/Y/Z$ 最大电流为 20/20/40 A，主轴功率为 7.5 kW。

检查点 2：订货号为 A06B – 6164 – H311#H580。

2. 更换伺服电动机（铭牌标签见图 2 – 3 – 8）时，需查看确认型号

图 2 – 3 – 7　驱动器模块铭牌标签　　　　图 2 – 3 – 8　伺服电动机铭牌标签

检查点 1：型号 βiS 12/3000，最大转矩为 12 N·m，最高转速为 3 000 r/min。
检查点 2：订货号为 A06B – 0078 – B103。

二、βiSVSP 驱动器连接检查要点

βiSV 伺服驱动器、βiSVSP 集成驱动器综合连接如图 2 – 3 – 4、图 2 – 3 – 9 所示，伺服驱动器故障检查或连接完成后，为了防止出现连接故障，需要认真检查，下面以 βiSVSP 集成驱动器连接为例讲解。

检查点 1：拆装驱动器模块时，充电指示灯灭。如果要拆卸驱动器，机床断电后一定要等到此指示灯灭后再操作，否则有触电的风险。因为电源模块中有电容，所以机床刚关机后 DC LINK 还是有电压的，此指示灯灭了，表示 DC Link 已经放电完成。

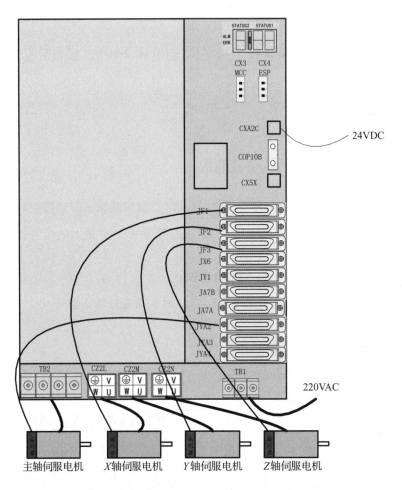

图 2 - 3 - 9   βiSVSP 集成驱动器综合连接图

检查点 2：TB1 为主电源输入，TB2 为主轴电动机电枢输出，两者位置不同，端子上标记也不同，不可混淆，否则会造成驱动器损坏，TB3 为直流母线测量端，不能连接其他输入。

检查点 3：驱动器的伺服电动机电枢连接端 CZ2L、CZ2M、CZ2N 和伺服反馈接口 JF1、JF2、JF3 需与三组伺服电动机一一对应，插接到位完好，如果编码器损坏、连接或编码器的反馈线破损，系统会有伺服断线或 APC 通信错误报警。

检查点 4：绝对编码器电池插接到位，否则出 APC 电池电压低、APC 电池电压为零报警。

检查点 5：CXA2C、CXA2A 等 DC 24 V 接口与端子插接到位、完好，否则出 5136 驱动器数量不足报警。

检查点 6：MCC、ESP 插接完好到位，CX3 是控制机床 MCC 的吸合，右边的插头 CX4 是外部急停的输入。这两个插头中的任何一个外部连接不正常，都会造成系统出 401 报警。

检查点 7：TB1 和主轴电动机电枢的相序完全对应，否则出系统出主轴错误报警，转速也不正常。

检查点 8：CX48 相序检测连接相序正确，否则系统出伺服错误报警。

检查点 9：FSSB 总线连接正确，B（COP10B）进 A（COP10A）出，否则系统出 FSSB 报警。

检查点 10：Z 轴电动机抱闸制动连接正常，否则系统断电后 Z 轴容易落下，造成重大损失。

检查点 11：JYA2 连接主轴电动机内置的传感器的反馈插头，如果传感器损坏或传感器电缆破损，系统会出现主轴编码器断线的报警。JYA3、JYA4 连接主轴外置编码器，如果机床主轴没有外置编码器，则 JYA3、JYA4 不接线。

检查点 12：βi 伺服驱动器 JA7B 接口连接系统主轴控制指令控制插头，否则系统出"无主轴驱动器"报警。βi – B 伺服驱动器、主轴驱动器通过 FSSB 总线控制，JA7B 接口空置。

思考问题

1. FANUC βi 伺服驱动器接口主要功能是什么？
2. FANUC βi 伺服驱动器型号含义是什么？

任务四　伺服电动机检查与更换

知识目标

1. 掌握 βi 伺服电动机和编码器的连接要求。
2. 掌握 βi 伺服电动机铭牌含义。

能力目标

1. 能连接、检查 βi 伺服电动机和编码器。
2. 能确认铭牌信息，按规格采购 βi 伺服电动机和编码器。

工作过程知识

一、FANUC 伺服电动机

伺服电动机是伺服系统的执行器，伺服电动机总体上由电动机本体和编码器两部分组成，外形如图 2 – 4 – 1 所示。

图 2 - 4 - 1　FANUC 伺服电动机外形

1. 伺服电动机型号含义

1）βi $\boxed{1}$ $\boxed{2}$ / $\boxed{3}$ - $\boxed{4}$ - $\boxed{5}$

$\boxed{1}$ S：代表使用牧磁铁的劲电动机；F：代表使用铁氧体磁铁（Ferrite）的电动机；

$\boxed{2}$ C：代表高性价比电动机，无热敏电阻及 ID 信息；

$\boxed{3}$ 最大转矩或静态转矩；

$\boxed{4}$ 最高转速；

$\boxed{5}$ B：代表升级版，空代表常态版。

2）αi $\boxed{1}$ $\boxed{2}$ / $\boxed{3}$ - $\boxed{4}$ - $\boxed{5}$

$\boxed{1}$ A：代表绝对式编码器；I：代表相对式编码器；

$\boxed{2}$ 最大转矩或静态转矩；

$\boxed{3}$ 最高转速；

$\boxed{4}$ 最高转速；

$\boxed{5}$ B：代表升级版，空代表常态版。

例如：FANUC 伺服电动机型号为 βiS 12/3000，代表该伺服电动机为 βi 系列，最大转矩为12 N·m，最高转速为 3 000 r/min，电动机性质是牧磁铁的强磁电动机。

2. 伺服电动机铭牌

伺服电动机上的铭牌粘贴在伺服电动机表面上，标记伺服电动机型号、电压、电流等重要信息。如图 2 - 4 - 2 所示，其中图（a）为 αi 伺服电动机铭牌。在伺服电动机铭牌上标注有以下内容。

（1）伺服电动机型号：αiF 4/4000。

（2）订货号：A06B - 0223 - B000，订货时记录此订货号进行备件订货。

（3）生产序列号：C055X6448。

（4）生产日期：2005 年 5 月。

（5）伺服电动机参数：输出额定功率为 1.4 kW；电压为 138 V；额定转速为 4 000 r/min；额定电流为 6.4 A；频率为 267 Hz；最大扭矩为 4 N·m；电流为 7.7 A。

（6）更多伺服电动机规格可查看参考手册 B - 65262。

在图 2 - 4 - 2（b）和图 2 - 4 - 2（c）所示的铭牌上也能找到伺服电动机规格、订货

（a）　　　　　　　　（b）　　　　　　　　（c）

图 2 - 4 - 2　FANUC 伺服电动机铭牌

（a）αi；（b）βiS 系列；（c）βiSc 系列

号、伺服电动机参数等信息。在维修和维护过程中要记录伺服电动机规格和订货号，作为备件订货依据。

FANUC βiSV 型电动机型号见表 2 - 4 - 1。

表 2 - 4 - 1　FANUC βiSV 型电动机型号

电动机型号	电动机系列	驱动电压/V	堵转扭矩/（N·m）	额定转速/（r·min⁻¹）	电动机特点
αiS	αi	200	2 ~ 500	1 500 ~ 6 000	小型、高速、大功率，优越的高加速性能
αiF			4 ~ 53	2 000 ~ 5 000	中惯量，适用于驱动进给轴
βiS	βi	200	0.2 ~ 36	1 500 ~ 4 000	高性价比、紧凑型电动机
βiF			4 ~ 22	2 000 ~ 3 000	最新高性价比、紧凑型电动机
βiSc			2 ~ 10.5	2 000 ~ 4 000	高性价比电动机，无热敏电阻及 ID 信息
αiS（HV）	αi（HV）	400	2 300	1 500 ~ 6 000	αiS 电动机的高压型号
αiF（HV）			4 ~ 22	3 000 ~ 4 000	αiF 电动机的高压型号
βiS（HV）	βi（HV）	400	2 ~ 36	1 500 ~ 4 000	βiS 电动机的高压型号

3. 伺服驱动器和伺服电动机的匹配

FANUC 驱动器和伺服电动机匹配时，要检查额定电流、电压和伺服电动机说明书，驱动器的额定电流要大于等于伺服电动机的额定电流，伺服驱动器的输出电压要和伺服电动机的额定电压一致，按照伺服电动机说明书中伺服驱动电流最大值配置伺服驱动器。

例如：βiSc 12/3000 伺服电动机可以适配 βiSVSP 20/20/40 - 7.5 型驱动器，因为 βiS 12/3000 适配的驱动器电流为 40 A，βiSVSP 20/20/40 - 7.5 型驱动器中 Z 轴电流为 40 A，如表 2 - 4 - 2 所示，βiSc 12/3000 用作 Z 轴伺服电动机使用。

表 2-4-2　FANUC βiSC 电动机适配表

电动机型号	电动机图号	驱动器	电动机编号	90G0	90J0/90K0	90GP	90JP	90D0/90E0	90E1	90M0/90M8	90C5/90E5	90C8/90E8	90H0
βiSc 2/4000	0061-B□□7	20A	306	03.0	01.0	02.0	01.0	K	01.0	02.0	A	A	02.0
βiSc 2/4000-B	2061-B□□7	40A	310	03.0	01.0	02.0	01.0	K	01.0	02.0	A	A	02.0
βiSc 4/4000	0063-B□□7	20A	311	03.0	01.0	02.0	01.0	K	01.0	02.0	A	A	02.0
βiSc 4/4000-B	2063-B□□7	40A	312	03.0	01.0	02.0	01.0	K	01.0	02.0	A	A	02.0
βiSc 8/3000	0075-B□□7	20A	283	03.0	01.0	02.0	01.0	K	01.0	02.0	A	A	02.0
βiSc 8/3000-B	2075-B□□7	40A	294	03.0	01.0	02.0	01.0	K	01.0	02.0	A	A	02.0
βiSc 12/2000	0077-B□□7	20A	298	03.0	01.0	02.0	01.0	K	05.0	02.0	A	A	02.0
βiSc 12/2000-B	2077-B□□7	40A	300	03.0	01.0	02.0	01.0	P	05.0	02.0	A	A	02.0
βiSc 12/3000	0078-B□□7	40A	496	23.0	02.0	03.0	02.0	—	—	02.0	—	F	02.0
βiSc 22/2000	2078-B□□7	80A	497	23.0	02.0	03.0	02.0	—	—	02.0	—	F	02.0
βiSc 22/2000	0085-B□□7	40A	481	23.0	02.0	03.0	02.0	—	—	02.0	—	F	02.0
βiSc 22/2000-B	2085-B□□7	80A	482	23.0	02.0	03.0	02.0	—	—	02.0	—	F	02.8

4. 编码器

FANUC 伺服电动机编码器外形如图 2-4-3 所示，其核心精密光栅是由玻璃制造的，容易受到外力作用损坏。同时，编码器和电动机本体之间密封橡胶易老化，致使密封不严，切削液侵入，造成编码器故障。

1）FANUC 编码器型号含义

使用编码器需确认好编码器型号，FANUC 编码器型号含义：

（1）βi $\boxed{1}$ $\boxed{2}$。

图 2-4-3 FANUC
伺服电动机编码器外形

$\boxed{1}$ A：绝对式编码器；I：相对式编码器；

$\boxed{2}$ 分辨率：当标记为 2 的幂次方数值时，乘 1 024，即分辨率。

例如：βiA64，该型号为绝对式编码器，分辨率为 2 的 16 次幂，即 65 536 ppr。

（2）αi $\boxed{1}$ $\boxed{2}$。

$\boxed{1}$ A：绝对式编码器；I：相对式编码器；

$\boxed{2}$ 分辨率：如果标记为 2 的幂次方数值时，用标记数乘 1 024，即分辨率；如果是整数，用标记数乘 1 000，得分辨率。

例如：αiA64，该型号编码器为绝对式，分辨率为 2 的 16 次幂，即 65 536 ppr。

再如 αiA1000，该型号编码器为绝对式，分辨率为 1 000×1 000，即 1 000 000 ppr。

FANUC 编码器型号如表 2-4-3 所示。

表 2-4-3 FANUC 编码器型号

型号	分辨率/ppr	绝对/增量	型号	分辨率/ppr	绝对/增量
αiA1000	1 000 000 (4 000 r/min)	绝对	βiA32B	32 768 (2^{15})	绝对
αiA64	65 536 (2^{16})	绝对	βI32B	32 768 (2^{15})	增量
αI64	65 536 (2^{16})	增量	βA64B	65 536 (2^{16})	绝对
αiA32B	32 768 (2^{15})	绝对	βI64B	65 536 (2^{16})	增量
αI8	8 192 (2^{13})	增量	βiA64	65 536 (2^{16})	绝对
			βiA128	131 072 (2^{17})	绝对

2）编码器标签信息含义

使用编码器要确认编码器标签信息，依据型号规格、订货号去采购编码器。如图 2-4-4 所示，αiA1000 和 βiA128 编码器。

图 2-4-4（a）中包含以下内容：

①编码器型号：αiA1000，从此规格可以看出，该伺服电动机的编码器是增量式编码器。

②订货号：A860-2000-T301。订货时就是记录此订货号进行备件订货。

（a）　　　　　　　　　　　　（b）

图 2 - 4 - 4　编码器标签

(a) αiA1000；(b) βiA128

③生产序列号：2189856140425，其中 140425 为生产时间。

图 2 - 4 - 4（b）为 βi 伺服电动机用脉冲编码器规格：

①编码器型号：βiA128。从此规格可以看出，该伺服电动机的编码器是绝对式编码器。

②订货号：A860 - 2020 - T301。订货时就是记录此订货号进行备件订货。

③生产序列号：0583507150930，其中 150930 为生产时间。

3）伺服电动机和编码器订货

（1）伺服电动机订货。

FANUC 常用伺服电动机的订货号如表 2 - 4 - 4 所示。

表 2 - 4 - 4　FANUC 常用伺服电动机的订货号

序号	伺服电动机规格	伺服电动机代码		订货号
		HRV1	HRV2	
1	αiS8/4000	185	285	A06B - 0235 - 8103
2	αiS40/4000	222	322	A06B - 0272 - B103
3	αiF8/3000	177	277	A06B - 0227 - 8103
4	αiF12/3000	193	293	A06B - 0243 - B103
5	αiF40/3000	207	307	A06B - 0257 - B103
6	βiS8/3000	158	258	A06B - 0075 - B103
7	βiS12/2000	169	269	A06B - 0077 - B103

从表 2 - 4 - 4 可以看出，伺服电动机规格不一样，订货号也是不一样的。在维修时，要仔细观察伺服电动机铭牌上标注的电动机规格和订货号。同时，若更换不同规格的电动机，必须注意要重新调试伺服电动机参数，同样的伺服电动机，若选择的伺服软件功能不一样（HRV1 和 HRV2），调试中系统参数 2020 的伺服电动机代码也不一样。

伺服电动机上除了有电动机规格和参数标注外，在伺服电动机的尾部还有编码器标签，如图 2 - 4 - 4 所示伺服电动机尾部编码器用于位置和速度反馈。

（2）编码器订货。

伺服电动机编码器规格如表 2 - 4 - 5 所示。有时经故障检查发现，伺服电动机本体没有故障，仅是编码器故障，只需要单独更换编码器即可，这时，必须根据拆下编码器标示的规格，对照表 2 - 4 - 5，与 FANUC 公司联系，订购相应备件。

βi 系列伺服电动机的内置编码器为绝对、增量通用型磁性编码器，常用规格电动机为分辨率 2^{17}（131 072）的 βiA128，用户一般不能选择编码器规格；而 αiS 系列电动机则可选择 2^{24}（1 677 216）的 α16000iA 高分辨率编码器。

表 2－4－5　常用编码器规格

序号	编码器（部件）规格	订货号	适合伺服电动机系列	备注
1	αiA1000	A860－2000－T301	αi 系列	绝对式编码器
2	α16000iA	A860－2001－T301	αi 系列	绝对式编码器
3	αiI1000	A860－2005－T301	αi 系列	增量式编码器
4	βiA128	A860－2020－T301	βi 系列	绝对式编码器

二、伺服电动机安装与检查

1. 伺服电动机安装方法

经常使用以下 4 种方法作为电动机轴与机械滚珠丝杠的连接方法：柔性接头直接连接、刚性接头直接连接、使用齿轮连接、利用同步带连接。要注意在考虑各方法得失的基础上，采用机械方面最合适的连接方法。

（1）柔性接头直接连接

与齿轮连接相比，利用柔性接头直接连接具有以下优点：

①一定程度上可吸收电动机轴与滚珠丝杠的角度偏离。

②由于是间隙较小的连接，因此从连接部产生的驱动噪声较小。

另一方面，利用柔性接头直接连接也有以下缺点：

①不允许电动机轴与滚珠丝杠有径向偏离（为单接头时）。

②如组装松弛，则刚性有可能降低。

在直接连接电动机轴和滚珠丝杠时，若使用柔性接头，则比较容易进行电动机的安装调整。但使用单接头时，需确保两者的轴线准确对齐。（单接头与刚体接头相同，基本不允许轴之间的相对偏心。）当两者的轴线很难对齐时，需要使用双接头。

（2）刚性接头直接连接。

与利用柔性接头直接连接相比，利用刚性接头直接连接有以下优点：

①价格比较廉价。

②可提高连接刚性。

③在相同刚性下，可减小惯量。

另一方面，利用刚性接头直接连接也有以下缺点：

①不允许电动机轴与滚珠丝杠有径向偏离。

②不允许有角度偏离。

因此，在使用刚性接头时，需充分注意接头的安装。滚珠丝杠的轴振摆最好在 0.01 mm 以下，再将刚性接头安装在电动机轴上时，也需要通过调整胀紧套的已拧紧力矩将滚珠丝杠用的孔振摆控制在 0.01 mm 以下，两者轴的径向振摆可通过挠曲在一定程度上调整吸收，但角度的偏离很难进行调整、测量，因此需设计为可充分确保精度的结构。

（3）齿轮连接。

因与机械之间的干扰问题而无法与滚珠丝杠同轴配置电动机时，或是想要通过减速来得到更大的推力时，经常使用齿轮连接。使用齿轮连接时，要特别注意以下几点。

①齿轮应尽量进行磨削精加工来减小偏心、齿距误差、齿形误差等。这些精度要以 JIS 一级程度为基准。

②要适当进行齿隙量的调整。通常，若齿隙量过小，则高速旋转时将会产生尖锐的噪声；相反，若齿隙量过大，则在加速、减速时会产生敲击齿面的声音。这些噪声因齿隙量而微妙地发生变化，因此需要确保其具备在组装时可调整齿隙的构造。

（4）同步带连接。

使用同步带连接的情况与齿轮连接相同，但与齿轮连接相比，其具有成本较低、驱动时噪声较小等优点。为了维持高精度，需要正确理解同步带的特性后适当使用。

通常，与进给系统整体的刚性相比，同步带的刚性足够高，无须担心固有频率过低导致控制性的降低。将位置检测器设置在电动机轴上并使用同步带时，因同步带齿与带轮齿之间的游隙、同步带随时间的变化而引起的精度下降等有可能成为的问题，因此要充分确认这些因素与所需精度之间的关系，这些误差是否成为问题。通常，将位置检测器安装在同步带的后侧（如滚珠丝杠轴）时，不会发生精度方面的问题。同步带的寿命随安装精度、张力的调整存在较大偏差。使用时，应参阅制造商的操作说明书正确使用。在使用同步带时，需注意径向负载。

2. 轴的固定方法

（1）锥形轴。要将锥形轴设置成以锥面承受负荷。因此，要确保锥面的测量仪表接触率在 70% 以上。此外，要适当调节锥轴前端螺钉的拧紧力矩，以确保有充分的轴向力。

（2）直轴。在接头与轴的连接中，无键槽的直轴要使用胀紧套。

胀紧套是利用由螺钉的拧紧产生的摩擦力进行连接的，凭借无晃动、无应力集中等可实现可靠性较高的连接。

为了利用胀紧套充分地传递转矩，螺钉的拧紧力矩、大小、颗数，拧紧法兰盘，连接零件的刚性等均为重要的因素，因此要参阅制造商的说明书正确使用。

在通过胀紧套安装接头、齿轮等的情况下，拧紧螺钉时，应边进行调整边拧紧，以消除包括轴在内的接头、齿轮的振摆。

3. 伺服电动机安装的注意事项

进行伺服电动机的安装与更换时务必注意人身安全。伺服电动机内置有精密的编码器，为了得到所需精度，需慎重地进行加工、组装。为了维持精度并防止检测器破损，要注意以下事项。

（1）使用设置在前法兰盘的 4 个螺栓孔将伺服电动机均匀地固定。

（2）机械的安装面需要有良好的平面度。当将伺服电动机安装在机器上时，需避免冲击施加到电动机上。

（3）当将作为动力传递要素的齿轮、带轮、联轴器等连接到轴上时，要避免冲击施加到轴上。

（4）拆装伺服电动机时应平稳安放，避免摔坏电动机本体和脉冲编码器。

实践指导

一、βi 驱动器和伺服电动机型号确认

更换伺服电动机（铭牌见图 2 - 4 - 5）时，需查看确认型号。

检查点 1：型号 βiS 12/3000，最大转矩 12 N·m，最高转速 3 000 r/min。

检查点 2：订货号 A06B - 0078 - B103。

二、伺服电动机安装

1. 根据伺服电动机连接图，完成伺服驱动单元和伺服电动机的硬件连接

步骤 1：在数控机床处于断电状态下，找到 X 轴伺服电动机，如图 2 - 4 - 6 所示。

图 2 - 4 - 5　伺服电动机铭牌　　　　　　　图 2 - 4 - 6　X 轴伺服电动机

步骤 2：将 X 轴伺服电动机动力线的一端接到 X 轴伺服电动机的动力线接口，另一端接到 X 轴伺服驱动单元的动力线接口，如图 2 - 4 - 7 所示。

步骤 3：将 X 轴伺服电动机反馈线的一端接到 X 轴伺服电动机脉冲编码器接口，另一端接到 X 轴伺服驱动单元反馈线接口，如图 2 - 4 - 8 所示。

图 2 - 4 - 7　连接伺服电动机动力线接口　　　图 2 - 4 - 8　连接伺服电动机反馈线接口

2. 根据伺服电动机更换步骤和注意事项，完成 X 轴伺服电动机的更换

步骤 1：在数控机床处于断电状态下，找到 X 轴伺服电动机。

步骤2：用十字螺钉旋具拆下 X 轴伺服电动机的动力线和反馈线，用内六方扳手拧下 X 轴伺服电动机的 4 个螺栓，如图 2 - 4 - 9 所示。

步骤3：拧下联轴器和丝杠的固定螺钉（若螺钉位置不适合拆卸，可以手动让电动机转一下，直至螺钉位置适合拆卸），拆下 X 轴伺服电动机和联轴器，如图 2 - 4 - 10 所示。

图 2 - 4 - 9　拆下 X 轴伺服电动机的动力线和反馈线

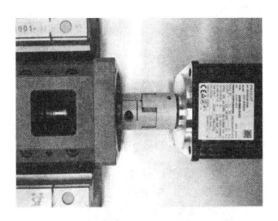

图 2 - 4 - 10　拆下 X 轴伺服电动机和联轴器

步骤4：拆下 X 轴伺服电动机和联轴器的固定螺钉。拆下 X 轴伺服电动机如图2 - 4 - 11 所示。

步骤5：更换相同规格型号的伺服电动机，安装联轴器，如图 2 - 4 - 12 所示。

图 2 - 4 - 11　拆下 X 轴伺服电动机

图 2 - 4 - 12　安装联轴器

步骤6：完成伺服电动机、联轴器和丝杠的固定连接安装，用内六方扳手拧上 4 个螺栓，连接动力线和反馈线，完成伺服电动机的更换，如图 2 - 4 - 13 所示。

步骤7：数控机床上电，伺服轴正常运行，无异常声音，查看伺服调整和负载画面，确认负载正常。

三、伺服电动机检查

伺服、主轴电动机都属于交流电动机的范畴，其结构类似、维护检查的方法相同。交流

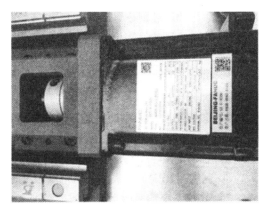

图 2 – 4 – 13　安装伺服电动机

伺服与主轴电动机都属于高可靠性的部件，内部不易损坏，只要安装、连接正确，一般不需要维修；但由于电动机工作环境通常比较恶劣，易受到冷却液、铁屑等的飞溅，因此，如电动机安装不良或受到冲击碰撞，也会引起故障。因此，维修时有必要对伺服、主轴电动机进行以下检查。

1. 伺服电动机、主轴电动机安装环境检查

检查点1：由于电动机外壳，特别是电缆连接处的防水不是很严密，如果长期受到切削液、润滑油等的侵入，内部会渗水，引起绝缘性能降低或绕组间的短路。因此，电动机的安装位置应注意防护，尽可能避免长时间切削液的喷溅或浸泡。

检查点2：电动机的输出轴端是水、油容易进入的部位。因此，当电动机安装于机械齿轮减速箱上时，加注减速箱润滑油时应注意油面高度，使之低于电动机的输出轴，以防止润滑油渗入电动机内部。

检查点3：电动机需要高速旋转，其轴端安装有精密轴承，安装时应按说明书的规定，固定电动机轴的联轴器、齿轮同步带等连接件，防止轴端受到冲击。在胀紧带、安装齿轮及其他任何情况下，都要保证作用在电动机上的力不超过容许的径向、轴向载荷。

2. 为了保证电动机的正常使用，应定期对电动机进行常规检查

检查点1：检查电动机外观是否有机械损伤；是否潮湿、清洁，风机滤网是否有灰尘。

检查点2：检查丝杠、导轨是否清洁，丝杠、导轨和减速箱的润滑是否良好，机械运动部件是否存在干涉。

检查点3：对于垂直轴和带制动的电动机，检查重力平衡装置、制动器的工作情况是否正常。

检查点4：检查电动机的 V 带、齿轮的安装与位置调整是否正确，是否存在松动或间隙。

检查点5：电动机高速、低速旋转时运行平稳，电动机机械部件无异常声音。

检查点6：伺服电动机停止时，电动机、机械部件无振动和噪声。

检查点7：减速时无明显的振动和冲击。

检查点8：电动机制动的动作有明显的动作声和感觉，垂直轴的重力平衡装置运动平稳。

检查点9：电动机经过较长时间的运行，表面无明显的发热（温度低于 8 ℃）。

思考问题

1. 和 βi - B 系列伺服电动机都可以用 αi - B 系列伺服驱动器驱动吗？
2. 简述 βi - B 系列伺服电动机的更换步骤。

任务五　PMC 检查与更换

 知识目标

1. 了解 PMC 工作原理及信号构成。
2. 掌握 PMC 参数的类型和含义。
3. 熟悉定时器、计数器、K 继电器、数据表的画面操作和输入方法。
4. 了解常用 I/O 模块的类型及区别。
5. 熟悉常用 I/O 模块的硬件连接。
6. 掌握更换常用 I/O 模块及其熔断器的使用方法。

 能力目标

1. 能够正确识别常用的 I/O 模块，并完成 I/O 模块的硬件连接。
2. 熟悉常用 I/O 模块上熔断器的安装位置。
3. 能够进行 I/O 模块及熔断器的更换操作。

 任务学习

CNC 控制机床主要实现两大部分功能：一部分是控制工件与刀具按照事先指定的轨迹和速度，做精确位置运动；另一部分是控制工作方式选择、机械手换刀、工件卡紧、冷却等辅助功能。

按照两大部分功能把 CNC 划分为 NC 和 PMC 两大部分，由 NC 完成位置控制和总体控制，由 PMC 完成辅助功能控制。

可编程机床控制器（Programmable Machine Controller，PMC）内置于 CNC，用来执行数控机床顺序控制操作的可编程机床控制器。通过 PMC 程序控制 NC 与机床接口的输入/输出信号，实现的功能主要包括工作方式控制、主轴控制、机床换刀控制、硬件超程和急停控制、外部报警和操作信息控制等辅助功能。

FANUC PMC 主要是以软件的方式写入数控系统，而 PMC 软件又包含两部分内容：一部分是 PMC 系统软件，这部分是 FANUC 公司开发的系统软件，PMC - SB * 就是 PMC 系统软件的版本；另一部分是 PMC 用户程序，这部分是设备厂商根据机床具体情况编辑的梯形图程序。这两部分程序都存储在 F－ROM 中。

总体上，PMC 是通过 I/O Link 总线连接 I/O 模块，由 I/O 模块连接机床侧（MT）按钮、传感器、继电器和电磁阀等输入、输出器件，如图 2－5－1 所示。

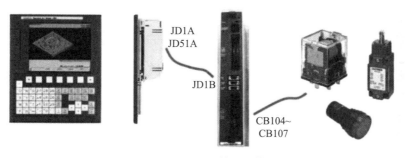

图 2－5－1　PMC 控制总体结构

PMC 控制过程：读取机床侧（MT）的 X 信号和 NC 侧输入 F 信号，按照 PMC 程序处理输入信号，执行 PMC 后（刷新完），输出给机床侧 Y 信号和 NC 侧 G 信号，持续反复执行。PMC 控制框图如图 2－5－2 所示。

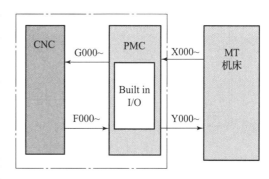

图 2－5－2　PMC 控制框图

一、标准 I/O 模块

图 2－5－3 所示的标准 I/O 模块在数控设备中较为常用，用于处理机床侧电气的输入/输出信号，比较适用于 I/O 点数不多的中小型机床，具有较高的性价比。该模块带有手轮接口，最大输入/输出点数为 96/64。其订货号为 A02B－0319－C001。

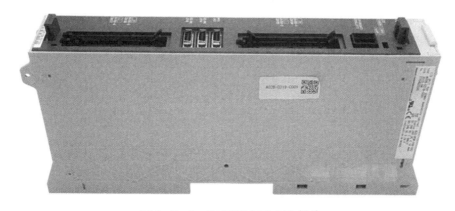

图 2－5－3　FANUC 标准 I/O 模块

图 2－5－4 所示为标准 I/O 模块的接口名称、用途以及熔断器的安装位置。该模块使用 1 A 的熔断器，备件订货号为 A03B－0815－K001。

标准 I/O 模块采用 4 个 50 芯针式插座（排线接口）连接外部 DI/DO，分别是 CB104、CB105、CB106、CB107。每一个排线接口有 24 个输入点，分为 3 个字节；有 16 个输出点，

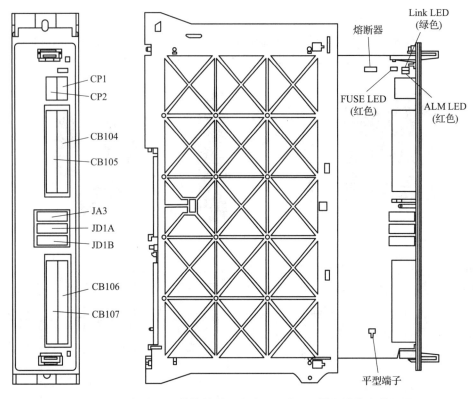

图 2-5-4 标准 I/O 模块的接口名称、用途以及熔断器的安装位置

分为 2 字节，其对应的 X、Y 信号非连续。具体来说，CB104 连接 X0/1/2 和 Y0/1，CB105 连接 X3/8/9 和 Y2/3，CB106 连接 X4/5/6 和 Y4/5，CB107 连接 X7/10/11 和 Y6/7。图 2-5-5 所示为 I/O 模块输入/输出点位分布图。

#	A	B	#	A	B	#	A	B	#	A	B
1	0V	24V	1	0V	24V	1	0V	24V	1	0V	24V
2	Xm+0.0	Xm+0.1	2	Xm+3.0	Xm+3.1	2	Xm+4.0	Xm+4.1	2	Xm+7.0	Xm+7.1
3	Xm+0.2	Xm+0.3	3	Xm+3.2	Xm+3.3	3	Xm+4.2	Xm+4.3	3	Xm+7.2	Xm+7.3
4	Xm+0.4	Xm+0.5	4	Xm+3.4	Xm+3.5	4	Xm+4.4	Xm+4.5	4	Xm+7.4	Xm+7.5
5	Xm+0.6	Xm+0.7	5	Xm+3.6	X1m+3.1	5	Xm+4.6	Xm+4.7	5	Xm+7.6	Xm+7.7
6	Xm+1.0	Xm+1.1	6	Xm+8.0	X1m+8.1	6	Xm+5.0	Xm+5.1	6	Xm+10.0	Xm+10.1
7	Xm+1.2	Xm+1.3	7	Xm+8.2	Xm+8.3	7	Xm+5.2	Xm+5.3	7	Xm+10.2	Xm+10.3
8	Xm+1.4	Xm+1.5	8	Xm+8.4	Xm+8.5	8	Xm+5.4	Xm+5.5	8	Xm+10.4	Xm+10.5
9	Xm+1.6	Xm+1.7	9	Xm+8.6	Xm+8.7	9	Xm+5.6	Xm+5.7	9	Xm+10.6	Xm+10.7
10	Xm+2.0	Xm+2.1	10	Xm+9.0	Xm+9.1	10	Xm+6.0	Xm+6.1	10	Xm+11.0	Xm+11.1
11	Xm+2.2	Xm+2.3	11	Xm+9.2	Xm+9.3	11	Xm+6.2	Xm+6.3	11	Xm+11.2	Xm+11.3
12	Xm+2.4	Xm+2.5	12	Xm+9.4	X1n+9.5	12	Xm+6.4	Xm+6.5	12	Xm+11.4	Xm+11.5
13	Xm+2.6	Xm+2.7	13	Xm+9.6	Xm+9.7	13	Xm+6.6	Xm+6.7	13	Xm+11.6	Xm+11.7
14			14			14	COM4		14		
15			15			15			15		
16	Yn+0.0	Yn+0.1	16	Yn+2.0	Yn+2.1	16	Yn+4.0	Yn+4.1	16	Yn+6.0	Yn+6.1
17	Yn+0.2	Yn+0.3	17	Yn+2.2	Yn+2.3	17	Yn+4.2	Yn+4.3	17	Yn+6.2	Yn+6.3
18	Yn+0.4	Yn+0.5	18	Yn+2.4	Yn+2.5	18	Yn+4.4	Yn+4.5	18	Yn+6.4	Yn+6.5
19	Yn+0.6	Yn+0.7	19	Yn+2.6	Yn+2.7	19	Yn+4.6	Yn+4.7	19	Yn+6.6	Yn+6.7
20	Yn+1.0	Yn+1.1	20	Yn+3.0	Yn+3.1	20	Yn+5.0	Yn+5.1	20	Yn+7.0	Yn+7.1
21	Yn+1.2	Yn+1.3	21	Yn+3.2	Yn+3.3	21	Yn+5.2	Yn+5.3	21	Yn+7.2	Yn+7.3
22	Yn+1.4	Yn+1.5	22	Yn+3.4	Yn+3.5	22	Yn+5.4	Yn+5.5	22	Yn+7.4	Yn+7.5
23	Yn+1.6	Yn+1.7	23	Yn+3.6	Yn+3.7	23	Yn+5.6	Yn+5.7	23	Yn+7.6	Yn+7.7
24	DOCOM	DOCOM	24	DOCOM	DOCOM	24	DOCOM	DOCOM	24	DOCOM	DOCOM
25	DOCOM	DOCOM	25	DOCOM	DOCOM	25	DOCOM	DOCOM	25	DOCOM	DOCOM

图 2-5-5 I/O 模块输入/输出点位分布图

在数控系统中 I/O 模块的种类还有很多，部分常见 I/O 模块的订货规格号见表 2－5－1。

表 2－5－1　部分常见 I/O 模块的订货规格号

品名	规格号	备注
标准 I/O 模块	A02B－0319－C001	DI/DO：94/64 带手轮接口
分线盘 I/O 模块（基本模块）	A03B－0824－C001	DI/DO：24/16
分线盘 I/O 模块（扩展模块 A）	A03B－0824－C002	DI/DO：24/16 带手轮接口
分线盘 I/O 模块（扩展模块 B）	A03B－0824－C003	DI/DO：24/16 不带手轮接口
分线盘 I/O 模块（扩展模块 C）	A03B－0824－C004	DO：16
分线盘 I/O 模块（扩展模块 D）	A03B－0824－C005	模拟输入模块
机床操作面板	A02B－0323－C237	—

二、标准 I/O 模块连接

1. I/O 模块电源连接

I/O 模块电源接口 CP1 连接外部 DC 24 V 电源，电压过高将导致 I/O 模块熔断器损坏。

2. I/O Link 总线连接

NC 与 I/O 模块之间使用 I/O Link 总线通信。所谓 I/O Link，就是连接 CNC、I/O 模块、外围输入、输出，在装置间高速地进行收发 I/O 信号（位数据）的串行接口。

I/O Link 总线的接口起始于 CNC 背部 JD51A 接口，连接 I/O 模块中 JD1B 接口，从本 I/O 模块的 JD1A 连接下一个 I/O 模块 JD1B 接口，总线电缆连接为 B 进 A 出。最后一个单元的 JD1A 接口空置。图 2－5－6 所示 FANUC I/O 模块连接。

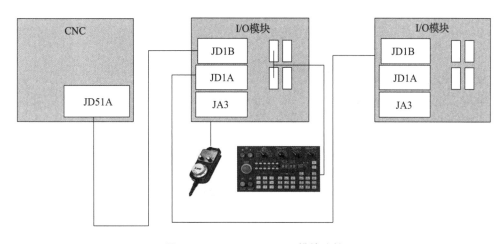

图 2－5－6　FANUC I/O 模块连接

3. 手轮连接

手轮信号连接在 I/O 模块的 JA3 接口上。连接多台具有手轮接口的 I/O 模块时，在初始状态下，I/O Link 连接中只有最靠近控制单元的 I/O 模块的手轮接口有效。也可以通过参数设定，使任意 I/O 模块的手轮接口有效。

4. CB104/CB105/CB106/CB107 排线接口连接外部操作面板或者继电器板连接可靠

继电器板如图 2 – 5 – 7 所示。

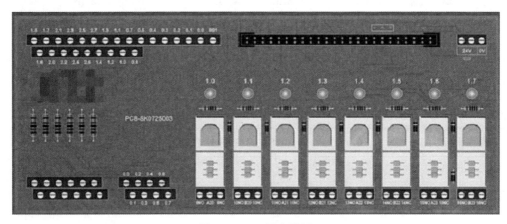

图 2 – 5 – 7　继电器板

 实践指导 〉〉

一、I/O 模块型号确认

更换 I/O 模块（铭牌标签见图 2 – 5 – 8）时，需查看确认型号。

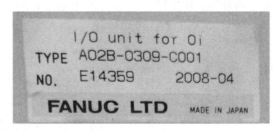

图 2 – 5 – 8　I/O 模块铭牌标签

检查点：订货号 A02B – 0309 – C001。

二、I/O 模块连接检查

I/O 模块更换后或重新接线后，需检查确认连接完好，预防连接故障。

检查点 1：接口 JD1A 和 JD1B 连接正确，I/O Link 连接逻辑是 B 进 A 出，不可把 JD1A 作为 I/O 模块总线接入口。

检查点 2：电源接口连接可靠。

检查点 3：手轮连接到 JA3 上，连接可靠。

检查点4：CB104/CB105/CB106/CB107 排线按照电路图连接到正确的机床操作面板接口和继电器板接口上。

三、I/O 模块熔断器更换

标准 I/O 模块安装有 3 种 LED："LINK"（绿色）、"ALM"（红色）、"FUSE"（红色）。图 2 - 5 - 9 所示为标准 I/O 模块的 3 种 LED 的具体位置。各 LED 所表示的含义如下：

LED "LINK"（绿色）：单元的通信状态；

LED "ALM"（红色）：单元中发生报警；

LED "FUSE"（红色）：单元熔断器有无异常。

当 "FUSE" 灯亮时，代表熔断器已熔断，同时系统会出现急停报警，机床操作面板所有按键失灵。在进行熔断器的更换作业之前，要排除熔断器烧断的原因后再进行更换。熔断器安装位置如图 2 - 5 - 4 所示。

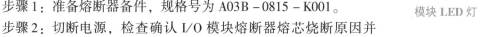

图 2 - 5 - 9　标准 I/O 模块 LED 灯

步骤1：准备熔断器备件，规格号为 A03B - 0815 - K001。

步骤2：切断电源，检查确认 I/O 模块熔断器熔芯烧断原因并修复，常见起因是外部按键短路或者按键开关引起的电流过大，应更换故障按键。

步骤3：分别拔下 I/O 模块的 CP1、JD1A、JD1B、JA3、COP104、COP105、COP106、COP107 接口的接线，拉出侧板。

步骤4：找到熔断器，拔出，用万用表测量，当确认其短路时，应插入新备件。

步骤5：重新接线，上电，确认故障排除。

思考问题

1. 什么是 I/O Link？它在数控机床中的作用是什么？

2. 常用 I/O 模块的熔断器安装在什么地方？更换 I/O 模块的熔断器时应注意哪些问题？

项目三　数控装置故障诊断与维修

任务一　数控装置硬件故障排查

1. 了解数控系统 24 V 电源与连接。
2. 了解数控装置数码管的显示功能。
3. 掌握数控装置的更换操作方法。
4. 能够进行数控装置简单故障的排查。
5. 掌握数控系统故障诊断操作方法。

1. 能连接 CNC 数控装置背部接口线路。
2. 能够进行数控装置简单故障的排查。

一、CNC 数控装置电源与连接

1. 机床侧 24 V 电源

CNC 电源采用外部 DC 24 V 供给，YL569 型机床 CNC 电源连接电路如图 3 – 1 – 1 所示。DC 24 V 电源须为开关电源（图 3 – 1 – 2），输出电压规格为 24 V ±10%（21.6 ~ 26.4 V）。电源的容量一般为 100 ~ 150 W，当系统不能点亮时，要对照电源连接电路图，检测排除故障。

2. CNC 内部熔断器

系统熔断器为 5 A，在外部供电电源短路或者电压、电流异常升高时，自身熔断切断电

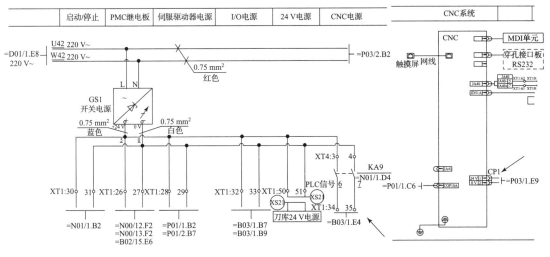

图 3 – 1 – 1　YL569 型机床 CNC 电源连接电路

图 3 – 1 – 2　开关电源

流，保护 CNC 主板安全。若 CNC 不能开机点亮，排除外部电源回路故障后，要检查内部熔断器是否熔断。如熔断，应及时更换备件。

二、数控装置数码管显示

系统启动信息可以通过系统主板上安装的 7 段 LED 数码管以及状态指示灯显示，它们在系统主板上的位置如图 3 – 1 – 3 所示。7 段 LED 数码管以及状态指示灯显示根据系统启动过程状态而发生变化。

系统主板上 7 段 LED 数码管以及状态指示灯含义如下。

1）ALM1、ALM2、ALM3（红色 LED）报警指示灯

发生系统报警时的报警指示灯显示，这些指示灯点亮时，说明硬件发生故障。报警指示灯（红色 LED）点亮时的故障含义如表 3 – 1 – 1 所示。

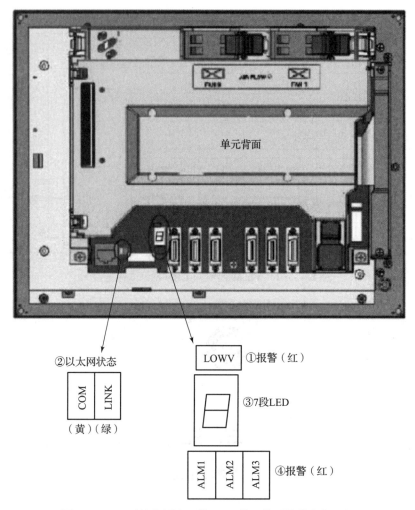

②以太网状态

COM	LINK

（黄）（绿）

LOWV ①报警（红）

③7段LED

ALM1	ALM2	ALM3

④报警（红）

图 3 - 1 - 3　系统主板上 7 段 LED 数码管以及状态指示灯

表 3 - 1 - 1　报警指示灯（红色 LED）点亮时的故障含义

报警 LED1	报警 LED2	报警 LED3	LOWV	原因
□	■	□	◇	电池电压下降，可能是因为电池寿命已尽
■	■	□	◇	软件检测出错误并停止系统
□	□	■	◇	硬件检测出系统内故障
■	□	■	◇	主板上的伺服电路中发出了报警
□	■	■	◇	FROM/SRAM 模块上的 SRAM 数据中检测到错误 　　可能是由于 FROM/SRAM 模块不良、电池电压下降、主板不良等原因

续表

报警 LED1	报警 LED2	报警 LED3	LOWV	原因
■	■	■	◇	电源异常，可能是噪声的影响及后面板（带电源）不良
◇	◇	◇	■	CNC 主板存在硬件故障

注："■"亮；"□"灭；"◇"无关。

2）以太网用（内置以太网）状态 LED

LINK（绿色）代表与网络正常连接时点亮。COM（黄色）代表传输数据时点亮。

3）7 段 LED 数码管

FANUC 系统把系统正常启动的过程和状态通过 7 段 LED 数码管显示，若系统启动过程中有故障，通过表 3-1-3 所示 7 段 LED 数码管不同显示状态反映出来，若启动过程中有系统错误，则通过表 3-1-2 所示的 7 段 LED 数码管显示状态。

（1）系统正常启动过程 7 段 LED 数码管显示。

FANUC 0i 系统在启动过程中，会把启动过程和状态通过系统背面的 7 段 LED 数码管显示出来。若系统正常启动，当数码显示"ь"时，说明系统软件启动正在进行内部软件装载；当显示"H"时，说明系统正在进行基本软件的装载；当显示"P"时，说明正在初始化显示软件等。一般来说，系统正常启动时是不需要到系统背面观察 7 段 LED 数码管显示状态的，而且当 CNC 正常启动时，启动速度还是比较快的，一般技术人员只要在显示仪上了解启动过程就可以了。

从接通电源到进入可以动作的状态之前的 7 段 LED 数码管显示和含义如表 3-1-2 所示，通过观察 7 段 LED 数码管显示的状态，就能知道目前系统处于何种状态。7 段 LED 数码管是点亮的，而不是闪烁变化。

表 3-1-2　FANUC 0i CNC 启动中状态数码管显示和含义

数码管显示	含义	数码管显示	含义
⊟	尚未通电的状态（全熄灭）	⊏	用于可选板的软件的加载
⊔	初始化结束，可以动作	⊏	IPL 执行监控程序
⌐	CPU 开始启动（BOOT 系统）	d	DRAM 测试出错（BOOT 系统、NC 系统）
2	各类 G/A 初始化	E	引导系统（BOOT）操作出错
3	各类功能初始化	F	文件清零

续表

数码管显示	含义	数码管显示	含义
Ч	任务初始化	H	基本软件的装载（BOOT系统）
5	检查系统配置参数	⊟	风扇电机检查中（BOOT系统）
6	安装驱动程序，文件清零	⊔	等待可选板检查完毕
⊓	显示标头 ROM 测试等	L	系统操作最后检查
8	电源接通，等待 CPU 启动的状态（引导系统）	⊡	引导系统（BOOT）执行显示器初始化
9	BOOT 系统退出，CNC 系统启动（BOOT系统）	P	显示软件初始化
A	FROM 初始化	⊔	引导系统（BOOT）执行 FROM 初始化
6	内部软件的装载	⊡	引导系统监控程序执行中

（2）系统出现故障时 7 段 LED 数码管显示。

在系统启动过程中，若硬件有不良部位，系统自诊断软件检查出硬件部件后，系统背面的 7 段 LED 数码管会有相应的状态显示，显示停止状态变化，一直显示某一状态，指示系统存在硬件故障，具体如表 3-1-3 所示，方便维修人员进行故障判断。

例如：在系统启动过程中，系统停止启动，7 段 LED 数码管一直显示"2"，说明系统硬件的主板或显示器故障；若一直显示"E"，说明系统硬件的 CPU 卡故障。在维修时要充分利用系统自诊断提供的信息进行维修。

表 3-1-3　CNC 启动中数码管停止跳变

数码管显示	不良部位及确认事项	数码管显示	不良部位及确认事项
⊡	可能是电源（24 V）、电源模块的故障所致	E	可能是 CPU 卡的故障所致
2	可能是主板、显示器的故障所致	H	可能是 SRAM/FLASH ROM 模块、主板的故障所致

续表

数码管显示	不良部位及确认事项	数码管显示	不良部位及确认事项
8	检查主板上的报警指示灯"LOWV"，若"LOWV"点亮，可能是 CPU 卡的故障所致；若"LOWV"熄灭，可能是主板、CPU 卡的故障所致	P	可能是主板、显示器故障所致
9	可能是主板的故障所致	L	可能是 CPU 卡的故障所致

（3）出现系统错误时 7 段 LED 数码管显示。

在系统启动过程中，若系统软件的信息、ID 信息以及 ROM 奇偶校验等有错误，系统背面的 7 段 LED 数码管就会闪烁显示指示状态，维修人员可以根据闪烁的 7 段 LED 数码管状态判断系统错误和故障原因，此时 7 段 LED 数码管显示、含义和可能原因如表 3 - 1 - 4 所示。系统不能正常启动，系统软件自诊断可以判断是硬件故障还是系统错误，若是系统错误，则显示错误状态并闪烁。

例如：在自动启动过程中，系统背面的 7 段 LED 数码管显示 3，并不断闪烁，说明系统软件检测到系统报警，有错误产生，维修人员可以根据表 3 - 1 - 4 的提示，通过引导系统确认 FLASH ROM 内装软件的状态和 DRAM 的大小。

其他错误信息可以通过报警画面确认错误并采取对策。例如：在启动过程中，系统背面的 7 段 LED 数码管显示"8"，并不断闪烁，说明硬件检测到系统报警，应通过报警画面确认错误并采取对策。

表 3 - 1 - 4　FANUC 0i CNC 数码管闪烁显示、含义和可能原因

LED 显示	含义、原因	LED 显示	含义、原因
0	ROM 奇偶校验错误，可能是 SRAM/FLASH ROM 模块的故障所致	8	硬件检测到系统报警，通过报警画面确认错误并采取对策
2	不能创建用于程序存储器的 FLASH ROM，通过引导系统确认 FLASH ROM 上的用于程序存储器文件的状态，执行 FLASH ROM 的整理。确认 FLASH ROM 的容量	9	没有能够加载可选板的软件，通过引导系统确认 FLASH ROM 上的用于可选板的软件的状态
3	软件检测到系统报警，启动时发生的情形：通过引导系统确认 FLASHROM 上内装软件的状态和 DRAM 的大小；其他情形：通过报警画面确认错误并采取对策	A	主板与可选板通信的过程中发生了错误，可能是可选板、PMC 模块的故障所致

续表

LED 显示	含义、原因	LED 显示	含义、原因
4	DRAM/SRAM/FLASH ROM 的 ID 非法（引导系统、CNC 系统），可能是 CPU 卡、SRAM/FLASH ROM 模块的故障所致	**6**	FLASH ROM 中的系统软件被更新（引导系统），重新接通电源
5	发生伺服 CPU 超时，通过引导系统确认 FLASH ROM 上的伺服软件的状态，可能是伺服卡故障所致	**d**	DRAM 测试错误，可能是 CPU 卡的故障所致
6	在安装内装软件时发生错误，通过引导系统确认 FLASH ROM 中内装软件的状态	**E**	显示器的 ID 非法，确认显示器
7	显示器没有能够识别，可能是显示器的故障所致	**0**	BASIC 系统软件和硬件的 ID 不一致，确认 BASIC 系统软件和硬件的组合

FANUC 0i 数控系统开启中有故障或错误都可以通过系统自诊断过程，利用系统背面的 7 段 LED 数码管通过不同的状态显示出来。维修人员只要对 7 段 LED 数码管状态指示以及显示屏上信息进行综合分析就能判断系统故障所在。

三、系统运行中黑屏报警（SYS ALM 报警）

当 CNC 开机运行后，检测出不能维持系统正常动作的状态时，如 FSSB 总线断开或 I/O Link 总线异常断开等，转移到系统报警状态的特殊处理状态，如图 3-1-4 所示，这时系统异常关断、黑屏、留有报警信息。系统需要重新上电，依据开机后的报警信息或现象诊断故障。

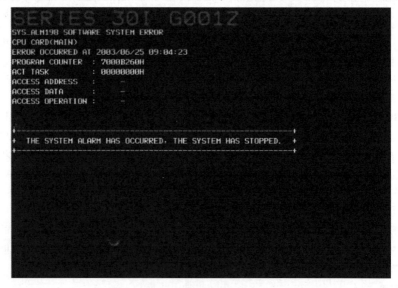

图 3-1-4 CNC 系统报警状态

引起系统报警的原因可分为 3 种：软件检测报警、硬件检测报警、其他报警。

1. 软件检测报警

软件检测报警主要由 CNC 系统软件来检测软件的异常。典型的异常原因有以下几种：

内部状态监视软件的处理/数据的矛盾、数据/命令范围外的存取、除以零、堆栈上溢、堆栈下溢、DRAM 和数校验错误。

2. 硬件检测报警

硬件检测报警主要由硬件来检测硬件的异常。典型的异常原因有以下几个方面：

奇偶校验错误（DRAM、SRAM、超高速缓存）、总线错误、电源报警、FSSB 光缆断线。

3. 其他报警

其他报警原因有以下几种：

由周边软件检测出报警、伺服软件（看门狗等）、PMC 软件（I/O Link 通信异常等）。

四、IPL 状态监控器

1. 系统报警信息的查看和输出

发生系统报警（SYS ALM 报警）时的各类信息，被保存在 SRAM 中。SRAM 可以保存最近发生的两次系统报警信息。所保存的系统报警信息可以从 IPL 画面查看，并可以输出到存储卡。在保持两次信息的状态下发生第 3 次系统报警时，放弃最早发生的系统报警信息，而将新的报警信息保存起来。

向存储卡输出保存在履历中的系统报警信息。

2. CNC 参数、加工程序、刀具补偿数据等的清除

当需要对某些参数进行清除和输出系统报警信息时，可以进入 IPL 状态监控器进行具体操作。

 实践指导

一、CNC 供电回路检查

若 CNC 不能点亮，首先检查其 24 V 供电回路是否正常。

检查点 1：机床是否上电。

检查点 2：24 V 开关电源 LED 灯是否点亮。

检查点 3：CNC 背板 LED 灯是否点亮。

检查点 4：CNC 熔断器是否熔断。

二、CNC 启动过程中正面信息和背板 LED 状态观察

观察 CNC 启动中，正面信息和背板 LED 状态变化，如图 3 – 1 – 5 所示。

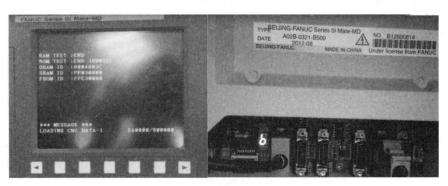

图 3 - 1 - 5　CNC 系统启动数码管信息

检查点 1：启动 CNC，检查 CNC 显示器信息。

检查点 2：同步检查系统背板 LED 和报警指示灯状态。

三、IPL 状态监控器使用

当系统报警（SYS ALM 报警）发生时，系统将自动切换至系统报警画面首页，而系统报警画面是由多页信息构成的，可以通过上、下翻页键进行画面的切换。

单击"RESET"键，也可以直接执行 IPL 监控画面，随后需要将系统报警信息输出到存储卡，具体操作如下：

（1）启动 IPL 监控器。在发生系统报警时显示出系统报警画面的情况下，单击"RE-SET"（复位）键，或者暂时断开电源，点住"－""·"两个键同时上电。

（2）在 IPL 监控器画面上输入 5，选择"5. SYSTEM ALARM UTILITY"（系统报警公用程序），如图 3 - 1 - 6 所示。

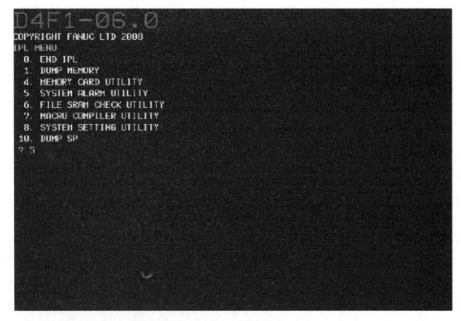

图 3 - 1 - 6　IPL 画面 1

（3）输入2，选择"2. OUTPUT SYSTEM ALARM FILE"（输入系统报警文件），如图 3-1-7所示。

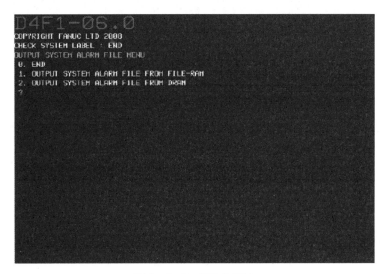

图3-1-7 IPL画面2

（4）从系统报警画面执行IPL监控器时，输入2，选择"2. OUTPUT SUSTEM ALARM FILE FROM DRAM"，暂时断开电源；输入1，选择"1. OUTPUT SYSTEM ALARM FILE FROM FILE-RAM"，如图3-1-8所示。

图3-1-8 IPL画面3

（5）在选项中选择"1"时，显示所保存的系统报警列表信息，可以直接输入希望输出的文件号，如图3-1-9所示。

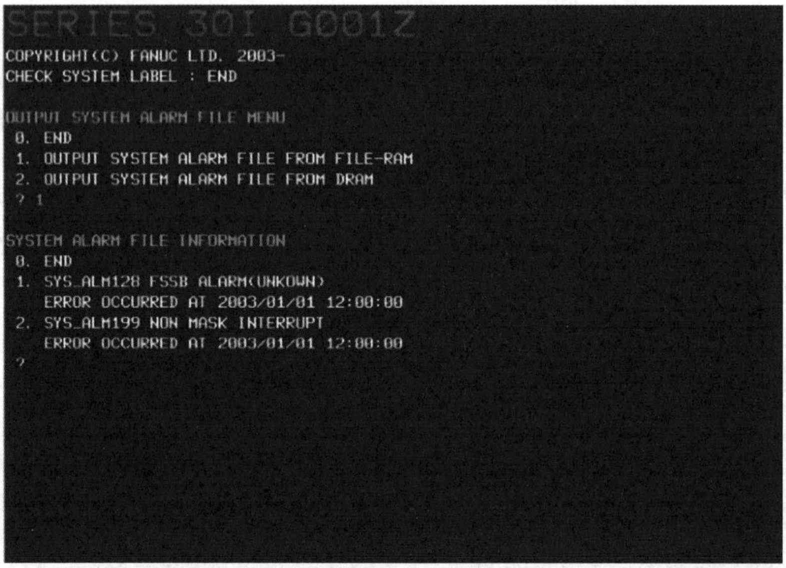

图 3 – 1 – 9　IPL 画面 4

6. 输入文件名，执行输出，如图 3 – 1 – 10 所示。

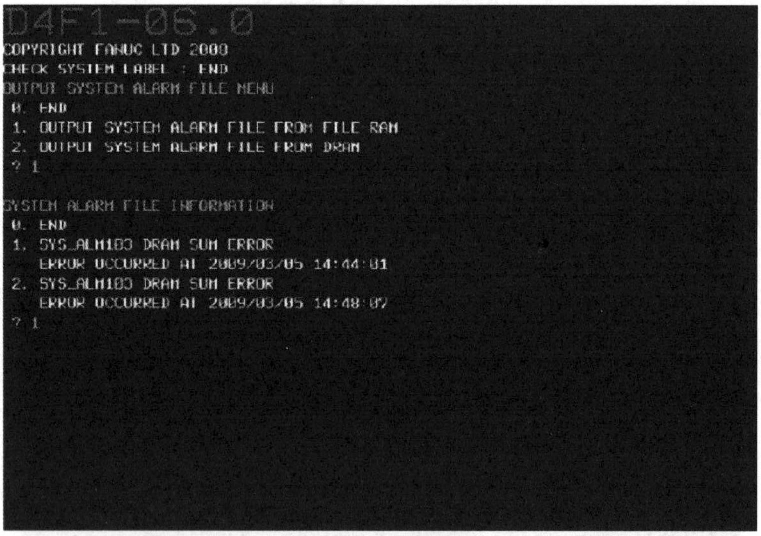

图 3 – 1 – 10　IPL 画面 5

思考问题

1. IPL 监控器如何使用？
2. CNC 启动中背板数码管显示"Ｅ"不断闪烁，代表系统启动中出现了什么故障？

任务二　CNC系统备份与恢复

 知识目标

1. 能够掌握文本文件的备份与恢复方法。
2. 能够掌握全数据备份操作。

 能力目标

1. 能够在BOOT画面备份SRAM和PMC程序。
2. 能灵活应用系统画面进行数据备份、恢复文件操作。

 相关知识

调整、设置参数、PMC程序、加工程序之前，需做好数据备份，以防误更改，使机床不能恢复原有功能。除了调整时需要注意数据备份和恢复之外，还有以下几种情况也要注意提前做好数据备份。

（1）机床操作误删程序导致的NC程序丢失、CNC参数丢失、PLC程序丢失、螺距补偿参数丢失等，需要恢复SRAM数据。

（2）机床长时间不使用，电池没电且没有及时更换导致数据丢失，需要恢复SRAM数据。

（3）数控系统在维修过程中出现故障，更换了系统主板后需要进行SRAM数据的恢复。

（4）数控系统在维修过程中出现故障，更换了存储板后需要进行SRAM + FROM用户程序数据的恢复。

（5）在机床参数等数据调整完成后，也需要对参数等数据进行备份，并存档，以备机床发生故障时恢复数据使用。

备份是数控机床维修的根本需要。没有备份、备份不准确，或者备份损坏都会给维修带来相当大的损失，甚至使机床瘫痪。有些机床由于生产年代长，机床厂家解体等原因，厂家也没有备份，从零开始恢复机床的数据几乎是不可能完成的任务。所以，对于做出来的备份，一定要确保能够实际应用，在存放过程中要避免损失。维修人员必须熟悉机床数据备份操作，还要理解各种数据的作用，如哪些是加工编程使用的数据，哪些是系统数据，哪些是PMC数据，哪些是伺服和主轴维护信息数据等。能否自动备份，怎样自动备份，数据如何备份，这些维修人员都需要掌握。若能把一台数控机床的数据充分备份，应该说，维护与维修人员就抓住了数控设备维修的核心。

一、系统数据存储区域

CNC 的存储区分为 FROM、SRAM 和 DRAM。其中，FROM 为非易失型存储器，系统断电后数据不丢失；SRAM 为易失型存储器，系统断电后数据丢失，因此其数据需要用系统主板上的电池来保存；DRAM 为动态存储器，是软件运行的区域，系统断电后数据丢失。CNC 中必须保存的数据类型和保存方式，如表 3 – 2 – 1 所示。

表 3 – 2 – 1　CNC 中必须保存的数据类型和保存方式

数据类型	存储区	来源	备注
CNC 参数	SRAM	机床厂家提供	必须保存
PMC 参数	SRAM	机床厂家提供	必须保存
梯形图程序	FROM	机床厂家提供	必须保存
螺距误差补偿	SRAM	机床厂家提供	必须保存
宏程序	SRAM	机床厂家提供	必须保存
加工程序	SRAM	用户	根据需要，可以保存
系统文件	FROM	FANUC 提供	不需要保存

二、数据输入/输出操作的方法

用存储卡进行数据输入/输出操作的方法可以分为 3 种，每种方法各有特点。

1. 通过 BOOT 画面备份

这种方法备份数据，备份的是 SRAM 的打包数据，格式为二进制形式，在计算机上打不开。但此方法的优点是恢复或调试其他相同机床时可以迅速完成。

2. 通过各个操作画面分别备份 SRAM 中的各个数据

这种方法在系统的正常操作画面操作，"EDIT"（编辑）方式或急停方式均可操作，输出的是 SRAM 的各个数据，并且是文本格式，在计算机上可以打开。

3. 通过所有 I/O 画面分别备份 SRAM 中的各个数据

这种方法有个专门的操作界面，即所有 I/O 画面，但必须是"EDIT"（编辑）方式才能操作，在急停状态下不能操作。SRAM 中的所有数据都可以分别备份和恢复。与第 2 种方法一样，输出文件的格式是文本格式，在计算机上也可以打开。与第 2 种方法不同的地方在于可以自定义输出的文件名，这样一张存储卡可以备份多台系统（机床）的数据，并以不同的文件名保存。

三、BOOT 画面下使用存储卡进行数据备份和恢复

1. 存储卡（Compact Flash，CF）

CF 在 FANUC 数控设备应用非常普遍。存储卡可以在市面上购买，一般使用 CF + PCM-

CIA 适配器（CF 卡套）。如果在市面上购买，就需要挑选兼容性好的卡和适配器，以免 FANUC CNC 不识别。CF 卡、CF 卡套、CF 卡读卡器如图 3－2－1 所示。CF 卡、CF 卡套连接如图 3－2－2 所示。

图 3－2－1　CF 卡、CF 卡套、CF 卡读卡器

正面对齐　　　　　延两角插入　　　　直插到底完毕
　　　　　　　　　反之无法插入

图 3－2－2　CF 卡、CF 卡套连接

　　FANUC 的 i 系列系统 0iCD、0i Mate C/D、16i/18i/21i 上都有 PCMCIA 插槽。对于主板和显示器一体型系统，卡槽位置在显示器左侧。存储卡插入时，要注意方向，对于一体型系统，CF 卡商标向右，注意插入时不要用力过大，以免损坏插针。对于分体型系统，存储卡插在主板上，要到电气柜里插拔，插入时也要注意指示方向，不要插反，图 3－2－3 所示为 CF 卡、CF 卡套连接至 CNC 卡槽的示意图。

图 3－2－3　CF 卡、CF 卡套连接至 CNC 卡槽的示意图

2. BOOT 画面

BOOT 是系统在启动时执行 CNC 软件时建立的引导系统，其作用是从 FROM 中调用软件到 DRAM 中。

FANUC CNC BOOT 画面下备份/恢复数据在实际中应用较多，BOOT 画面下备份/恢复数据只能使用 CF 卡，不能使用 U 盘。BOOT 画面下用户主要进行 SRAM 数据和 PMC 程序设计的备份和恢复。

BOOT 画面的进入方法：首先正确插上存储卡，点住显示器下面最右边两个软键；然后系统上电。如果是触摸屏系统，用数字键对 BOOT 画面进行操作，单击 MDI 键盘上的数字键 "6" 和 "7"。开机进入系统 BOOT 画面。CNC BOOT 画面下各选项的含义如表 3 - 2 - 2 所示，使用软键盘进行操作。

表 3 - 2 - 2　CNC BOOT 画面下各选项的含义

1	END	结束监控系统
2	USER DATA LOADING	把存储卡中的用户文件读取出来，写到 F - ROM 中
3	SYSTEM DATA LOADING	把存储卡中的系统文件读取出来，写到 F - ROM 中
4	SYSTEM DATA CHECK	显示写到 F - ROM 中的文件
5	SYSTEM DATA DELETE	删除 F - ROM 中的顺序程序和用户文件
6	SYSTEM DATA SAVE	把写到 F - ROM 中的顺序程序和用户文件用存储卡一次性备份
7	SRAM DATA UTILITY	把存储于 SRAM 中的 CNC 参数和加工程序用存储卡备份与恢复
8	MEMORY CARD FORMAT	进行存储卡的格式化

3. BOOT 画面下 SRAM 数据的备份和恢复

SRAM 中保存的系统参数、宏程序、加工程序等重要数据，要注意保存，做好备份。在图 3 - 2 - 4 所示的 BOOT 画面中，第 7 项下可以保存打包整体备份 SRAM 中的数据，非常方便，具体操作步骤如下。

图 3 - 2 - 4　FANUC BOOT 画面

（1）进入 BOOT 画面，在 BOOT 画面中单击软键 "UP" 或 "DOWN" 把光标移至第七项 "7. SRAM - DATA UTILITY" 上面。

（2）单击 "SELECT" 软键，显示 SRAM 数据备份画面，如图 3 - 2 - 5 所示。

按照 MESSAGE 下的信息提示进行操作。进入 SRAM 备份画面后，可以看到有两个选项：SRAM 数据备份，作用是把 SRAM 中的内容保存到存储卡中（CNC SRAM→CF 卡）；另一选项正好相反，是恢复 SRAM 数据，把卡里的内容恢复到系统中（CF 卡→SRAM）。

（3）备份 SRAM 内容时，用"UP"或"DOWN"软键将光标移至"SRAM BACKUP"，单击"SELECT"软键，系统显示图 3 - 2 - 6 所示的画面。

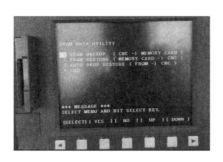

图 3 - 2 - 5　FANUC SRAM 备份与恢复画面

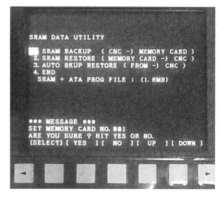

图 3 - 2 - 6　选择备份 SRAM 内容

（4）进行数据保存操作时，单击"YES"软键，SRAM 开始写入存储卡，显示如图 3 - 2 - 7 所示。

（5）写入结束后，备份文件被系统自动命名为 SRAM_BAK.001，显示图 3 - 2 - 8 所示的信息。

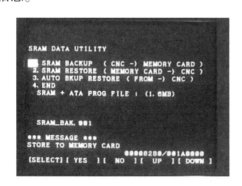

图 3 - 2 - 7　开始备份 SRAM

图 3 - 2 - 8　备份 SRAM 完成

（6）保存结束后，单击"SELECT"软键，系统即退回到 BOOT 的初始画面，也可光标移动到"END"上，然后单击"SELECT"软键，回到 BOOT 的初始画面。

（7）在 BOOT 的初始画面下，选择选项"2. USER DATA LOADING"，进入后查看 CF 中是否有系统 SRAM 备份文件，时间是否正确，确认备份成功，如图 3 - 2 - 9 所示。

（8）光标移动到"END"上，退出 BOOT 画面，正常启动系统。

（9）使用 CF 读卡器读取 SRAM_BAK.001，一般存储在电脑中，做好设备和时间的标注。

如要恢复 SRAM 数据，要确认好手中 SRAM 数据是要该机床以前备份的数据，数据和机床要一一对应。不可把不同版本的备份数据恢复至 CNC 中，否则系统会报警，不能工作。

图 3-2-9　确认 SRAM 数据备份成功

值得注意的是，FANUC 0i 系统备份出来的文件名称都是 SRAM_BAK.001，恢复要按照备份标注的机床去操作。

恢复 SRAM 数据的具体步骤如下：

(1) 进入 BOOT 画面，选择选项 7。

(2) 单击 "SELECT" 软键，进入后选择选项 "2. SRAM RESTORE"。

(3) 单击 "SELECT" "YES" 软键，数据恢复。

(4) 重新开机确认数据恢复成功。

3. BOOT 画面下备份和恢复 PMC 梯形图

完整的梯形图分为 PMC 程序和 PMC 参数（K、D、T、C 等数据）两部分，其中 PMC 程序在 FROM 中，PMC 参数在 SRAM 中。

(1) 进入 BOOT 画面，主菜单上选择 "6. SYSTEM DATA SAVE"，如图 3-2-10 所示。

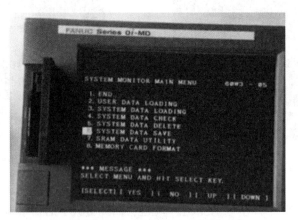

图 3-2-10　系统数据保存主选项

(2) 单击 "SELECT" 软键，单击 "PAGE↓" 键翻页至 PMC1 上（根据 PMC 版本不同，名称有所差别），如图 3-2-11 所示。

(3) 单击 "SELECT" 软键后，显示是否保存询问。

(4) 确认后，单击 "YES" 软键，就把梯形图文件保存到存储卡中了。

(5) 结束时，显示结束信息，确认后按 "SELECT" 软键。输出结束后，把光标移到 "END" 上，单击 "SELECT" 软键，即退回到 BOOT 主画面。

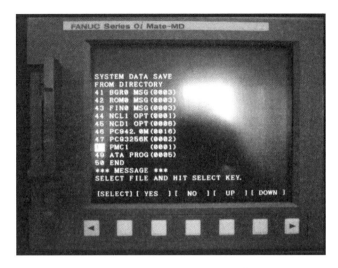

图 3 - 2 - 11　查找 PMC1. 001 选项

（6）进入主选项"2. USER DATA LOADING"，进入后查看 CF 中是否有系统 PMC 备份文件，时间是否正确，确认备份成功。使用 CF 读卡器，把 PMC 程序保存在电脑中，如图 3 - 2 - 12所示。

图 3 - 2 - 12　恢复 PMC1. 001 至 CNC

如要恢复 PMC 程序，要确认手中 PMC 程序是否为该机床以前备份的，数据和机床要一一对应。不可把不同版本的备份 PMC 程序恢复至 CNC 中，否则系统会报警，PMC 不能工作。值得注意的是，FANUC 0i 系统备份出来的文件名称都是 PMC1. 001，恢复时要按照备份标注的机床去操作。

恢复 PMC 程序的具体步骤如下：

（1）进入 BOOT 画面，选择选项 2。

（2）单击"SELECT"软键，进入后选择选项 CF 卡中 PMC 程序，如图 3 - 2 - 12 所示。

（3）单击"SELECT""YES"软键，PMC 程序恢复。

（4）重新开机确认 PMC 恢复成功。

四、正常画面下各种数据的备份和恢复

BOOT 画面下整体打包备份和恢复的 SRAM 数据不可打开，不可修改。开机后画面（正常画面）下，可以分开备份参数、加工程序、宏变量等数据，这些文件是以文本格式进行输出的（PLC 程序、I/O 配置除外），可在计算机上编辑和修改。

正常画面下备份/恢复数据，可以使用 CF 或者 U 盘，如果用 CF，要把 20 号参数设置成 4，如使用 U 盘，把 20 号参数设置成 17。

1. 在线系统参数备份和恢复

（1）备份的具体操作步骤如下：

①确认输出设备已经准备好。

②工作方式选择"EDIT"（编辑）方式，单击"SYS"软键，进入参数画面。

③单击最右边的"扩展"软键，找到"FOUTPT"，单击"确认"，出现"取消""执行"，单击"执行"。

④系统出现"输出"跳动，消失时输出完成，备份文件自动命名为 CNC - PARA. TXT，数据存储在电脑中，如图 3 - 2 - 13 所示。

参数备份

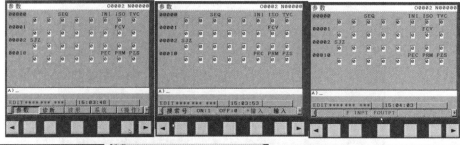

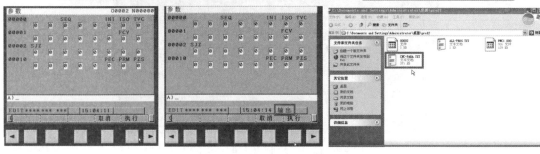

图 3 - 2 - 13　在线备份参数

（2）恢复的具体操作步骤如下：

①确认输入设备已经准备好，按下"急停"按钮。

②工作方式选择"EDIT"编辑方式，单击"SYSTEM"键，进入参数画面。

③单击最右边的"扩展"软键，找到"F INPT"，单击"确认"，出现"取消""执行"，单击"执行"。

在线恢复参数

④系统出现"输入"跳动，消失时输入完成，备份文件自动命名为 CNC - PARA. TXT，

数据存储在电脑中，如图 3 - 2 - 14 所示。

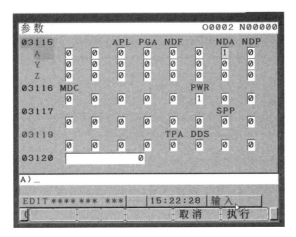

图 3 - 2 - 14 在线恢复参数

备份/恢复刀具补偿数据、螺距补偿数据、宏变量与备份/恢复参数的方法类似，只是操作画面不同，如图 3 - 2 - 15 所示。

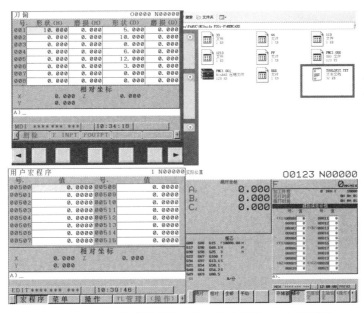

图 3 - 2 - 15 刀具补偿数据、螺距补偿数据、宏变量画面

2. 在线 PMC 程序备份和恢复

（1）在线 PMC 程序备份

在 MDI 键盘上单击系统 "SYSTEM"，再按扩展键，单击 "PMCMNT" 软键，再单击 "I/O" 软键，进入 PMC I/O 选项卡，"装置" 选择 **存储卡**，"功能" 选 "写"，此时状态显示为 "PMC→存储卡"；"数据类型" 选择 "顺序程序"；"文件名" 单击 "操作" → "文件名"，自动命名 PMC 文件名为 "PMC1.001"，单击 "执行"，传输完成查看是否保存成功，如图 3 - 2 - 16 所示。

PMC 程序备份

数控机床故障诊断与维修

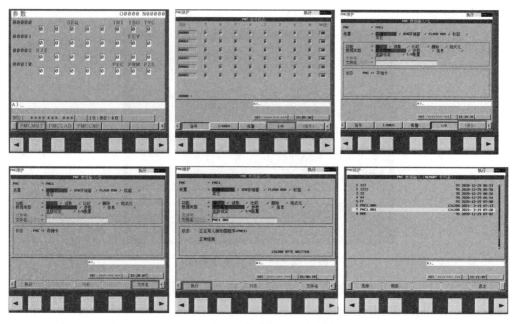

图 3 - 2 - 16　在线备份 PMC 程序

（2）在线 PMC 程序恢复

PMC 程序恢复分为两步：第一步，先把 CF 卡中程序读入并暂存到 CNC 中；第二步，把暂存的 PMC 程序存储到 FROM 中固化。如果不执行第二步，则 CNC 中暂存的 PMC 程序将丢失，回到未恢复之前的状态。

第一步，暂存 PMC 程序：在 MDI 键盘上单击系统"SYSTEM"，再单击"扩展"软键，单击"PMCMNT"软键，再单击"I/O"软键，进入 PMC I/O 选项卡；装置，选择"存储卡"，功能选"读取"，数据类型无须选择，文件名单击"操作""列表"，此时状态显示为"存储卡→PMC"，单击"执行"后，PMC 暂存 CNC 中，如图 3 - 2 - 17 所示。

PMC 程序恢复

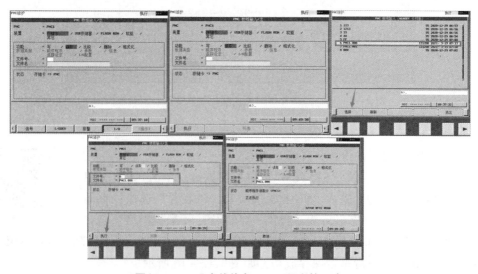

图 3 - 2 - 17　在线恢复 PMC 程序第一步

第二步，固化 PMC 程序：在 MDI 键盘上单击系统 "SYSTEM"，再单击 "扩展" 软键，单击 "PMCMNT" 软键，再单击 "I/O" 软键，进入 PMC I/O 选项卡；装置，选择 "FLASH ROM"，功能选 "写"，此时状态显示为 "PMC→FLASHROM"，即 PMC 固化到 FLASHROM 中，数据类型选择 "顺序程序"、文件名为 "灰色"，如图 3-2-18 所示。

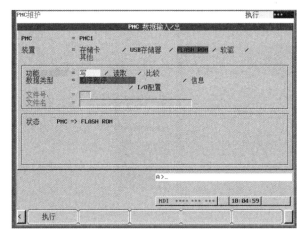

图 3-2-18　在线恢复 PMC 程序第二步

备份/恢复 PMC 参数、信息、I/O 配置等数据和备份/恢复 PMC 程序方法相同，只是 PMC I/O 卡下数据选项不同。

3. 在线加工程序的备份和恢复（读入）

在系统画面下可以对加工程序进行备份与恢复。可以恢复单个程序，也可以对所有的加工程序以及 PLC 程序进行备份和恢复。

（1）加工程序的备份的具体步骤如下：

①进入程序画面，编辑模式下，单击 "PROG" 键，选择文件夹和程序，选择列表画面如图 3-2-19 所示。

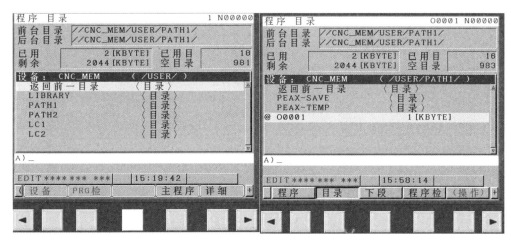

图 3-2-19　加工程序画面

②单击 "操作" → " + " → "FOUTPT" 键，进入 "输出" 画面。

③移动光标至需要备份的程序，输入程序名，如 "O0001"，单击 "P 设定" 键，选择

备份程序，输入备份到 CF 中文件的文件名，如 "3320" →单击 "F 设定" → "执行"，输出备份程序。如果以系统程序名作为文件名，"F 设定" 留空，直接单击 "执行" 键，输出文件即可，如图 3 - 2 - 20 所示。

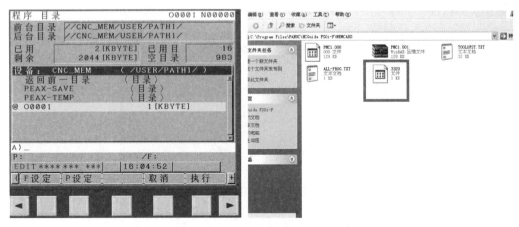

图 3 - 2 - 20　在线备份加工程序

"P 设定"：指定要进行备份的程序文件名称，如备份 O0111 文件。

"F 设定"：备份文件保存至存储设备，显示文件名称，如 "3320"。

若备份当前目录里全部的 NC 程序，输入 0~9999，单击 "P 设定"，执行后以默认文件名称 ALL - PROG. TXT 输出至存储设备。

（2）加工程序的恢复（读入）的具体步骤：

①程序读入时，单击 "PROG" → "设备选择" → "存储卡" 键，显示存储卡文件列表。

②单击 "F INPT" 键，输入存储卡中文件名称，如 "3320"，单击 "F 设定" →输入程序名称，如 "O0002"，单击 "P 设定" → "执行" 键完成外部程序的读入，如图 3 - 2 - 21 所示。

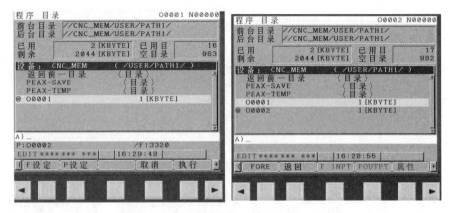

图 3 - 2 - 21　在线恢复（读入）加工程序

3. 使用所有 I/O 画面输入/输出 SRAM 数据

系统还提供了专门用于输入/输出数据的所有 I/O 画面。在上面介绍的参数备份中，同名文件将被覆盖，那么所有 I/O 画面自定义名称可以解决这个问题。

所有 I/O 画面的显示，在"EDIT"方式下，单击 MDI 键盘上的"SYSTEM"键，然后单击显示器下面软键的扩展键"＋"或数次调出"所有 I/O"画面，如图 3 - 2 - 22 所示。

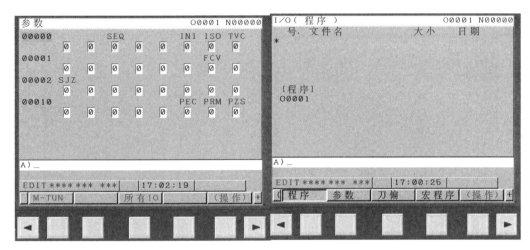

图 3 - 2 - 22　所有 I/O 画面

1）所有 I/O 参数备份与恢复

在"EDIT"方式下，选择要保存的数据，以备份参数为例，单击"参数"→单击"操作"键→单击"FOUTPT"→输入文件名→单击"执行"。参数备份至 CF 卡中，转存至电脑中，如图 3 - 2 - 23 所示。

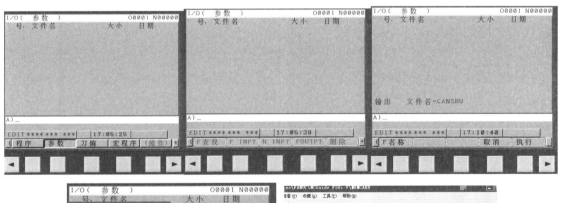

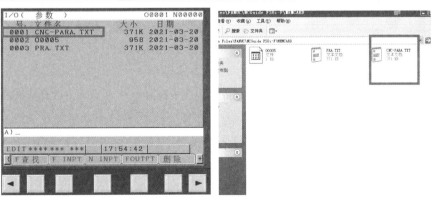

图 3 - 2 - 23　所有 I/O 画面下保存参数

刀偏、宏程序等数据操作方法和参数方法一致。

2) 所有 I/O 画面下程序备份与恢复

在所有 I/O 画面中选择"程序",可以看到程序画面,如图 3 – 2 – 24 所示。上半部分为卡中程序,下面为系统中程序。

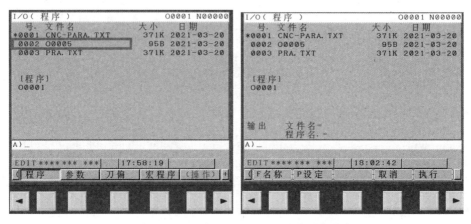

图 3 – 2 – 24　所有 I/O 画面下程序备份与恢复

(1) 在向 CF 卡中备份数据时单击"FOUTPT"键,打开如图 3 – 2 – 25 所示画面。传出的参数名称如"PRG0320",单击"F 名称"软键,之后文件名会显示在"文件名"后面,即可给传出的名称;输入要保存的程序名称"O0001",之后程序名会显示在"程序名.",单击"执行"即可。

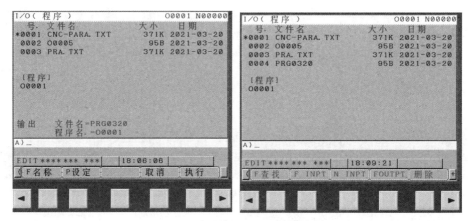

图 3 – 2 – 25　所有 I/O 画面下加工程序备份

(2) 所有 I/O 画面下程序读取。

按文件名读取存储卡(M – CARD)中的数据,"F 设定"为按读取存储卡中的程序的文件号;"P 设定"为存储到 CNC SRAM 中的文件号。

单击"F INPT"键,输入存储卡中文件名称,如"P320",单击"F 设定"→输入程序名称,如"O0002",单击"P 设定"→单击"执行"键完成外部程序的读入,如图 3 – 2 – 26 所示。

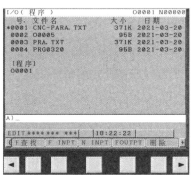

图 3 – 2 – 26 "所有 I/O"画面下加工程序读取

实践指导

一、加工程序备份

步骤 1：插入 CF 或者 U 盘，配置 I/O 参数。

步骤 2：切换工作方式为"EDIT"（编辑）方式。

步骤 3：单击"PROG"→"操作"→"FOUTPT"→"F 设定"→执行。

二、在线程序输入

步骤 1：插入 CF 或者 U 盘，配置 I/O 参数。

步骤 2：切换工作方式为"EDIT"（编辑）方式。

步骤 3：单击"PROG"→"操作"→"F INPT"→"F 设定""P 设定"→执行。

三、在线 PMC 程序备份

步骤 1：插入 CF 或者 U 盘，工作方式切换为"MDI"，配置 I/O 参数。

步骤 2：暂存 PMC 程序。

步骤 3：固化 PMC 程序至 FLASHROM 中，执行。

四、在线 PMC 程序恢复

步骤 1：插入 CF 或者 U 盘，工作方式切换为"MDI"，配置 I/O 参数。

步骤 2：配置 PMC I/O 卡。

步骤 3：PMC 输出至 CF 卡中，执行。

五、BOOT 画面 SRAM 数据备份

步骤 1：插入 CF，进入 BOOT 画面。

步骤 2：进入选项 7，子项 1，执行 SRAM 输出至存储卡中。

六、BOOT 画面 SRAM 数据恢复

步骤 1：插入 CF 卡，进入 BOOT 画面。

步骤 2：进入选项 7，子项 2，执行存储卡 SRAM 数据恢复至 CNC 中。

七、在线参数备份

步骤 1：插入 CF 卡或者 U 盘，切换工作方式为"EDIT"（编辑）方式。

步骤 2：进入参数画面。

步骤 3：单击"操作"→"扩展"→"FOUTPT"→"执行"。

八、在线参数恢复

步骤 1：插入 CF 卡或者 U 盘，切换工作方式为"EDIT"（编辑）方式。

步骤 2：进入参数画面。

步骤 3：单击"操作"→"扩展"→"F INPT"→"执行"。

 思考问题

1. 掌握系统数据备份和恢复的各种操作方法后，请思考在维修场景中什么时候会用到备份数据？会使用哪种备份数据？文本的备份数据在维修现场中会有哪些应用场景？将这些问题以表格形式总结出来。

2. 通过分组的形式，每组总结 BOOT 画面和文本备份应用场合及备份恢复的内容。

任务三　系统基本参数设定

 学习目标

1. 掌握参数支援画面下轴参数的设定方法。

2. 掌握系统基本参数的设定方法。

 能力目标

1. 能熟练操作参数画面的输入参数。

2. 能设置 FANUC CNC 数控机床的基本系统参数。

 相关知识

数控系统的参数是控制数控机床功能的数据。FANUC 0i 系统中的参数主要分为系统参数和 PMC 参数。系统参数控制 SETTING、RS232C 与 I/O 通信、轴控制、伺服、坐标系、画面显示、刀具补偿、编程等系统功能，在参数手册中对系统参数有详细的解释，可根据实际需求进行设定。PMC 参数是数控机床的 PMC 程序中使用的数据，如计时器、计数器、保持型继电器的数据，控制辅助功能。这两类参数是数控机床正常启动的前提条件。

参数通常存放在存储器（如磁泡存储器或由电池保持的 CMOS SRAM）中，一旦电池电量不足或由于外界因素作用，个别参数会丢失或变化，使系统发生混乱，机床无法正常工作。此时，通过恢复参数，或者核对、修正参数可修复故障。开发 CNC 新功能时，参数的调整和设置知识与技能也是很重要的。

数控系统参数设定可以大致分 3 部分。第 1 部分为 CNC 基本参数设定，这部分参数需要根据机床机械系统、编程规范、控制方式等的不同设定。第 2 部分为伺服系统参数设定，这部分主要是根据电动机的规格进行标准参数的载入，再配合机械规格参数设定。第 3 部分为主轴系统参数设定，与伺服参数设定一样，根据主轴电动机规格载入标准参数以及配合机械传动设定。本任务参数设定即针对 CNC 基本参数的设定进行讲解。

一、参数的形式

1. 位型参数

位型参数由"位"型数据组成，一般为 8 个位，每位只能是 0 或者 1，每位的意义不同，如图 3 – 3 – 1 所示。部分位型参数和进给轴有关，称为位轴型参数。

图 3 – 3 – 1　位型参数

2. 字型参数

字型参数由"字"型数据组成，又分为单字型、双字型。部分字型参数和进给轴有关，称为字轴型参数，如图 3 – 3 – 2 所示。

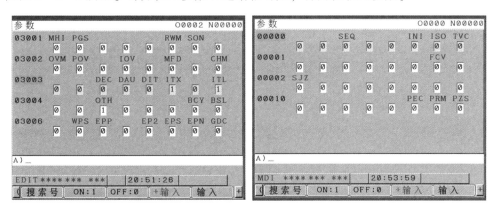

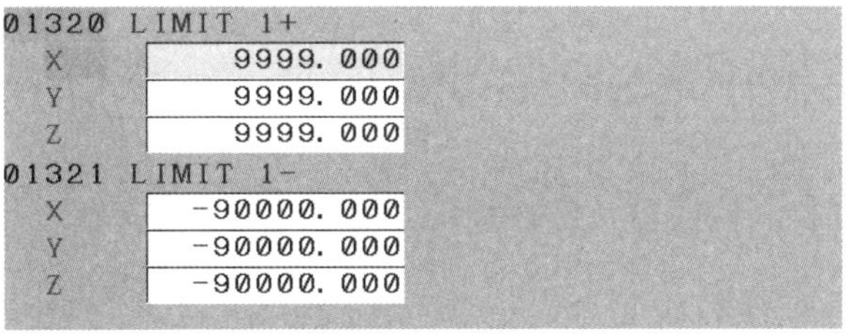

图 3 – 3 – 2　字型参数

二、数控系统参数显示与修改

1. 数控系统参数的查看与搜索

单击 MDI 键盘的"SYSTEM"键，LCD 屏幕出现参数画面。

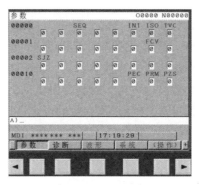

图 3 - 3 - 3　参数画面

在 MDI 键盘中输入参数号，单击软键盘上的"搜索号"键，如搜索并查看 3003 号参数，如图 3 - 3 -4 所示。

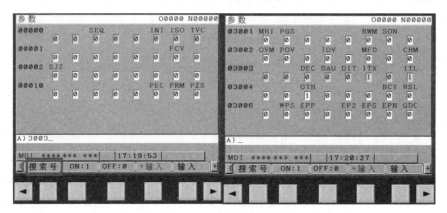

图 3 - 3 - 4　参数查看与搜索

2. 打开参数写保护

在"MDI"方式或"急停"情况下，打开参数写保护。具体来说，单击功能键"OFF-SET"，出现设定画面。单击 MDI 键盘方向键调整移动光标至"写参数"行，输入"1"，数控系统立刻报"参数可写入报警"，单击"RESET"键，解除报警，参数可写入。

3. 输入正确参数

对照参数说明书和机床特性输入正确参数。调整参数之前需做好备份。

三、数控系统基本参数设定

FANUC 许多重要参数都在轴设定菜单项中。如图 3 - 3 - 5 所示，在参数支援画面下，单击"操作"进入，设定画面如图 3 - 3 - 6 所示，在这个画面下，选中参数后，下方出现对应功能注释，方便初学者学习使用，如 1001#INM 功能是直线轴最小移动单位选择。当

INM = 1 时，为 INCH，当 INM = 0 时，为 MM。

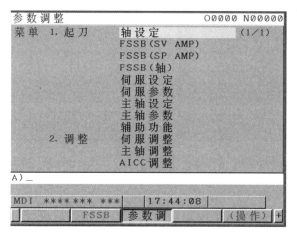

图 3 - 3 - 5 参数支援画面

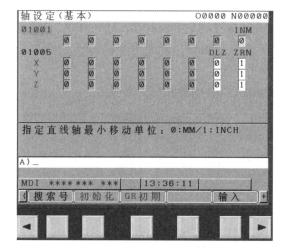

图 3 - 3 - 6 参数设定画面（参数支援选项下）

1. INM 参数设定

INM 此处应设置成公制 mm，因为我们通常编程的单位是 mm，如果 INM 设置成 1，系统单位为 in，结果是所有移动的单位变成英寸，而 1 in = 25.4 mm，使机床移动的速度和位移全部出错，机床也出现"移动中位置偏出过大"报警。

2. 1005#ZRN 参数设定

如图 3 - 3 - 7 所示，机床自动运行，没有运行 G28 回参指令，也没有手动回参考点。执行进给指令时是否报警，ZRN = 1 时，不报警；ZRN = 0 时，报警。通常为零，以防不回参考点导致的加工尺寸错误。

3. 1005#DLZ 参数设定

如图 3 - 3 - 8 所示，DLZ 设定无挡块回参功能是否有效，DLZ 为 1 时，有效；DLZ 为 0 时，无效。一般设定为 1，使无挡块（绝对式）回参有效。（绝对式）回参方便机床的操作和能提高机床回参的稳定性和安全性。

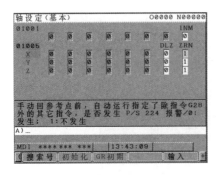

图 3 - 3 - 7　1005#ZRN 参数　　　　　图 3 - 3 - 8　1005#DLZ 参数

4. 1006#ROT 参数设定

如图 3 - 3 - 9 所示，1006#ROT 设定进给轴是直线轴还是旋转轴，ROT = 1 为旋转轴，ROT = 0 为直线轴，一般 X、Y、Z 三轴为直线轴，A、B、C（4、5、6）三轴为旋转轴。

5. 1006#DIA 参数设定

1006#DIA 设定各轴为直径编程还是半径编程，1006#DIA = 1 为直径编程，1006#DIA = 0 为半径编程，一般车床为 X 轴直径编程，铣床为半径编程。如果把铣床错误设置成直径编程，将导致进给轴只走原来的一半。

1006#ROT 参数、1006#DIA 参数如图 3 - 3 - 9 所示。

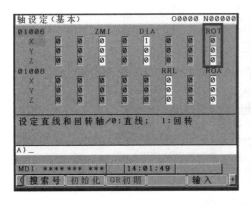

图 3 - 3 - 9　1006#ROT 参数、1006#DIA 参数

6. 1008#ROA 参数设定

当进给轴是旋转轴时，ROA = 0 数据信息不循环，ROA = 1 数据信息循环。一般旋转轴 ROA 设置为 1，如图 3 - 3 - 10 所示。

7. 1013#ISC、#ISA

ISC 和 ISA 通常为 00，坐标信息为小数点共有三位；当 ISC 和 ISA 为 01 时，坐标信息小数点四位；当其为 10 时，坐标信息小数点两位。

图 3 - 3 - 11 所示为 1013#ISC、#ISA 参数。

8. 1020 号参数

1020 号参数设置轴名称：88 代表 X 轴、89 代表 Y 轴、90 代表 Z 轴；65 代表 A、66 代

表 B、67 代表 C，如图 3 – 3 – 11 所示。

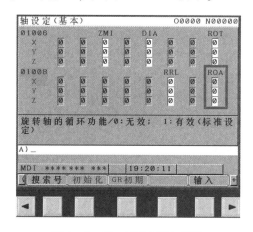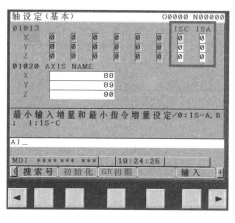

图 3 – 3 – 10　1008#ROA 参数　　　　图 3 – 3 – 11　1013#ISC、#ISA 参数

9. 1022 号、1023 号参数

1023 号参数是轴连接顺序，设定 CNC 坐标信息控制进给轴的顺序。例如：坐标信息为 X、Y、Z，伺服电动机连接顺序为 1、2、3。如果 1023 号参数设置 1、2、3，使 X 信息控制第一个伺服轴，Y 信息控制第二个伺服轴，Z 信息控制第三个伺服轴；如果 1023 号参数设置成 3、2、1 时，X 轴信息控制第三个伺服轴，Y 信息控制第二个伺服轴，Z 轴信息控制第一个伺服轴。对比外部观察可知，X 轴和 Z 轴因为参数 1023 设置不同，使 X、Z 控制互换了。如果把 1023 号参数设置成 – 128，此轴将被屏蔽，消除报警后，可以发现坐标信息变化，而实际进给伺服电动机不动。一般在判断伺服轴板是否故障时采用该屏蔽轴的方法。1022 号参数和 1023 号参数设置一致，如图 3 – 3 – 12 所示。

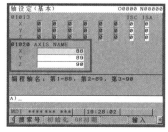

图 3 – 3 – 12　1020、1022、1023 号参数

10. 1815#APC、#APZ、#OPT 参数（见图 3 – 3 – 13）

APC 设定系统使用绝对式编码器还是相对式编码器：APC = 1 时为绝对式编码器；APC = 0 时为相对式编码器。目前，FANUC 伺服电动机编码器大部分都是绝对式编码器，因此通常 APC 设置为 1。

APZ 表征编码器是否标记有参考点：APZ = 1，系统有参考点；APC = 0，系统没有参考点。APCx 从 0 变 1 那一刻，此轴的位置信息被系统确定为参考点。

OPT 设定机床是否配置光栅尺：OPT = 1，系统连接有光栅尺；OPT = 0，系统没有连接光栅尺。

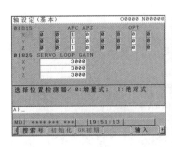

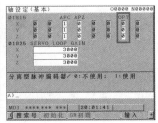

图 3 – 3 – 13　1815#APC、#APZ、#OPT 号参数

通常光栅尺的那一轴，OPT 设置为 1，如果未带光栅尺，OPT 错误设置为 1 时，系统报"APC 通信错误"。

11. 1825 号参数

1825 号参数设定系统位置环增益，数值越大，系统纠正位置偏差越快，但过大容易引起机床振动，一般设置成 3 000 或者 5 000，机床越大位置环增益设置越小。1825 号参数三轴要设置一致。

1825 号参数不能设置过小，如 0，系统爬行，且发出"DGTL 伺服错误"报警。

12. 1826 号参数

如图 3 – 3 – 14 所示，1826 号参数设定到位宽度，系统执行 G01 等进给指令时，很难完全准确到达目标点。一般在不影响加工精度的基础上设定一个到位宽度值，只要系统进给轴能稳定达到目标点周围宽度内，系统就认为指令执行完毕，继续执行下一条。1826 号参数一般为 5~200，不能设置成 0，否则系统执行指令时会反复定位到目标，浪费时间，而且有时会长时间停留在目标点周围，造成机床偷停。

13. 1828 号参数

如图 3 – 3 – 14 所示，1828 号参数设定移动中位置偏差极限，系统执行运动时，指令的发出和执行是不同步的，会相差一个数值，这个数字不超过某一极限值（1828 号参数）就是正常的。1828 号参数一般设置成 5 000~20 000，不能设置成 0，否则 CNC 伺服电动机一移动，马上出现"移动中位置偏差过大报警"。1828 号参数也不能设置过大，否则工作台出现碰撞时，机床也不会报警并停下来。

14. 1829 号参数

如图 3 – 3 – 14 所示，1829 号参数设定停止时位置偏差极限，系统停止伺服移动时，由

图 3 – 3 – 14　1826 号、1828 号、1829 号参数

于外部力（如重力轴）的作用，伺服电动机会出现位置变化，只要变化值不超过某一极限值（1829 号参数）就是正常的。1829 号参数一般设置成 5 000 ~ 10 000，不能设置成 0，否则 CNC 伺服电动机一停下来，马上出现"停止时位置偏差过大报警"。1829 号参数也不能设置过大，否则工作台停止，受外力偏差较大时，机床也不会报警。

15. 1240 号参数

如图 3 - 3 - 15 所示，1240 号参数设定参考点坐标值，一般情况下机床回到原点时，机械坐标为 0，但 1240 号参数设置后，机床回到原点后，坐标值为 1240 设置的值。1241 是第二参数点数值，机床回到第二参考点时，机械坐标系的数值。

16. 1260 号参数

1260 号参数设置旋转轴一转的角度，一般为 360，直线轴无须设置。

17. 1320、1321 号参数

如图 3 - 3 - 15 所示，1320、1321 号参数设置机床软行程，1320 为正行程极限位置数据，1321 为负行程极限位置数据。

一般情况下，1240 号为 0 时，1320 设置成 1，1320 设置成丝杠行程负数。

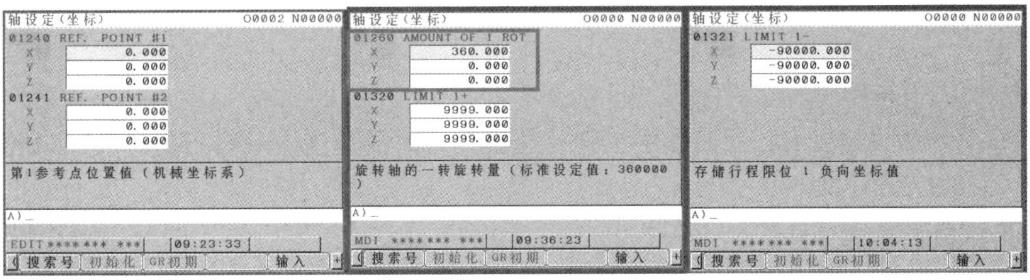

图 3 - 3 - 15　1240、1241、1320、1321 号参数

18. 1410 号参数

如图 3 - 3 - 16 所示，1410 号参数设置空运行速度。根据机床性能设置，不可设置成 0，否则执行进给指令时出现"空运行速度为零"报警。

19. 1420 号参数

如图 3 - 3 - 16 所示，根据机床实际性能设置 G00 速度。

图 3 - 3 - 16　1410、1420、1421 号参数

20. 1421 号参数

如图 3 - 3 - 16 所示，设置 G00 和手动快速、回参时 F0 挡位速度。

21. 1423 号参数

如图 3 - 3 - 17 所示，1423 号参数设置手动 JOG 速度，该参数按照机床和伺服性能设置，不能过大，一般为 2 000 ~ 5 000。

22. 1424 号参数

如图 3 - 3 - 17 所示，1424 号参数设置手动快速速度。1424 号参数设置的数值要大于 JOG、手轮、G00 参数，同时钳制 JOG、手轮速度、G00 速度。

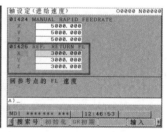

图 3 - 3 - 17　1423、1424 号参数

23. 1425 号参数

1425 号参数设定，有挡块回参中工作台碰到挡块时的速度。一般不应过大，一般设置成 500 ~ 3 000。

24. 1430 号参数

如图 3 - 3 - 18 所示，1430 号参数设定 G01 指令最大切削速度。按照实际机床性能设置。

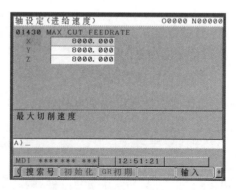

图 3 - 3 - 18　1430 号参数

 实践指导

基本轴参数设定：

步骤 1：进入基本轴参数画面。

步骤 2：工作方式切换成"MDI"方式。

步骤 3：依次设定基本轴参数。

思考问题

1. 参数的作用是什么？
2. 基本轴参数中速度类参数有哪些？

项目四 伺服驱动装置故障诊断与维修

任务一 电源单元故障诊断与排除

知识目标

1. 了解电源单元数码管显示内容与电源单元状态的关系。
2. 了解电源单元 LED 数码管显示常见符号。
3. 了解电源单元 LED 数码管显示内容与电源单元状态的关系。

能力目标

1. 能够检索电源单元数码管显示故障内容。
2. 能够初步判断数码管显示符号与电源单元状态的关系，能够判断电源单元一般故障。
3. 能够通过维修说明书快速查找故障报警原因。

相关知识

一、电源单元简介

FANUC 电源单元具有节能且功率大的特性。采用能源再生技术，把电动机的再生能源送回电源，采用最新的低功率损耗元件，在节能的同时可进一步提高功率。

数控系统的伺服控制系统按照电源主回路输入电压高低分为三相 400 V 高压伺服系统和三相 200 V 低压伺服系统两种类型。高压和低压伺服系统除了电源规格不同外，其伺服控制原理与器件知识是相同的。下面以低压类型为例讲解。

数控系统伺服控制单元分为 αi 系列和 βi 系列。αi – B 系列的电源单元是独立结构，与主轴驱动单元（驱动器/模块）、伺服驱动单元分开，为主轴伺服驱动单元和伺服驱动单元提供直流电，驱动器再按照控制指令把直流电转换成驱动伺服电动机的电能。αi – B 系列伺服驱动器硬件配置（铣床）如图 4 – 1 – 1 所示，由电源单元（PS）、主轴驱动器（SP）、两个伺服驱动器（SV）构成。

图 4 - 1 - 1　αi - B 系列伺服驱动器

βi 系列伺服驱动器没有独立的电源单元，是集成了电源单元、伺服驱动单元与主轴驱动单元的一体化结构，省配线、省空间，也具有电源再生功能，实现了节能运行。

二、电源单元的功能与连接

1. 提供伺服驱动单元与主轴驱动单元逆变所需要的直流电能

图 4 - 1 - 2 所示为 αi 伺服控制单元接线图。由图可见，电源单元通过 CZ1（αi 系列）/TB1（βi 系列）接口输入 200 V 三相交流电，经过内部整流电路转换成直流电，为主轴驱动器和伺服驱动器提供 300 V 直流电源（该条直流回路也称为直流母线回路/DC Link 回路）。在运动指令控制下，主轴驱动器和伺服驱动器经过由 IGBT 模块组成的三相逆变回路输出三相变频交流电，控制主轴电动机和伺服电动机按照指令要求的动作运行，并且在电动机制动时将电动机制动的能量经转换返回电网。

2. 提供伺服驱动单元与主轴驱动单元的 24 V 控制电源

如图 4 - 1 - 2 所示，电源单元通过 CXA2D 接收外部直流 24 V 电源，为电源单元 PCB 板工作供电，通过 CXA2A 接口输出直流 24 V 电压至驱动器 CXA2B；通过 A 出 B 进方式为主轴模块、伺服模块提供 DC 24 V 控制电源。

3. 安全保护

电源单元通过 CX3（MCC）接口输出伺服就绪信号；通过 CX4（ESP）接口检测急停关联信号；通过 CX48 接口检测相序是否正确。只有在伺服就绪的情况下才能给电源单元输入 200 V 交流电，保证主轴模块、伺服模块安全工作，如图 4 - 1 - 2 所示。

三、电源单元数码管显示

电源单元本体具备检测回路功能，可以检测器件本身以及外部电源的状态和故障。维修人员可通过电源单元上数码管显示的信息对应数控装置上显示的报警信息。因为从与 CNC 通信上来看，电源单元没有与 CNC 直接的通信回路，而是借助主轴或伺服驱动器控制回路（FSSB 回路）与 CNC 建立通信，在数控装置画面上就会显示全轴的伺服和主轴报警，不利于故障的判断，所以当数控装置上出现全轴报警时，建议通过读取电源单元数码管的状态进行故障分析和判断。

1. 电源单元数码管

电源单元上有一个双位 7 段数码显示窗口，通过字符加数字显示电源单元的状态。数码管旁边配有 3 个 LED 指示灯，从上到下依次为电源灯（绿）、报警灯（红）、错误灯（黄）。电源单元数码管显示位置位于电源单元上方，如图 4 – 1 – 3 所示。

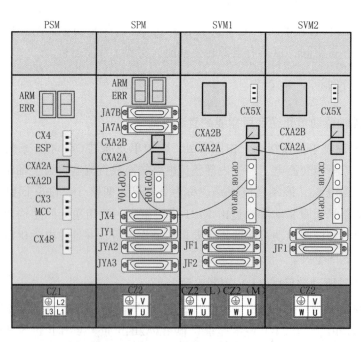

图 4 – 1 – 2　*oi* 伺服控制单元接线图

图 4 – 1 – 3　*oi* 电源单元
LED 数码管

2. 电源单元数码管显示作用

当数控系统发生伺服报警时，显示器上会显示 SV 开头的报警号。伺服报警的原因可能是由于电源单元故障导致（如伺服就绪、急停、控制电源等）的，也可能是伺服本身的原因导致（如 FSSB 信号、编码器反馈等）的，在进行故障判断时除了观察显示器显示的 SV 报警号外，还要观察电源单元、伺服模块的数码管显示状态。因为电源单元、伺服模块本身具备检测回路功能，很多故障可以通过器件检测回路检测出来，并通知数控系统转换成 SV 开头的伺服报警，因此，可以说有些故障数码管的表述更准确、更直接。

3. 电源单元数码管显示与状态判断

部分电源单元数码管显示与电源单元状态关系见图 4 - 1 - 4 和表 4 - 1 - 1。接通控制电源的情况下，电源单元数码管显示为"﹣﹣"；当与 CNC 建立通信后，数码管显示为"00"；当电源单元检测到一些异常时，会以红色 LED 配合数码管相应的数字显示，系统产生相应的报警，并停止机床运行。如果没有红色 LED 显示的数字，则为警告（系统也会有相应的信号传递给 PMC，由 PMC 控制机床运行或产生警告信息），持续发出警告状态一段时间后，进入报警状态。完整电源单元数码管报警代码请查阅 B - 65515 系列电动机驱动器等维修说明书。

图 4 - 1 - 4　αi 电源单元数码管显示

表 4 - 1 - 1　电源单元状态关系

报警 LED	错误 LED	显示编号	内容
不显示	不显示	不显示	未接通控制电源或硬件不良，详细内容请参照"通用电源"
—	—	英文数字	接通电源后大约 4 s 的时间里软件系列/版本分 4 次进行显示： 最初的 1 s：软件系列前 2 位； 下一 1 s：软件系列后 2 位； 下一 1 s：软件版本前 2 位； 下一 1 s：软件版本后 2 位。 例：软件版本系列 9G00/01.0 版的情况为 9 G→0 0→0 1→□0
—	—	-- 闪烁	正在确立与伺服驱动器或主轴驱动器的串行通信
不显示	不显示	SC 闪烁	在故障诊断功能中，正在执行伺服驱动器或主轴驱动器的自我诊断

报警 LED	错误 LED	显示编号	内容
—	—	FC 闪烁	正在确认通用电源、伺服驱动器及主轴驱动器中软件的兼容性。 通常确认处理瞬间完成，进入"－－"灯亮状态。 FL 闪烁状态未结束时： ①通用电源、伺服驱动器及主轴驱动器之间电缆 CXA2A、CXA2B； ②CNC——伺服驱动器或主轴驱动器之间（FSSB 连接） 可能存在误连接，请再次确认配线
—	—	－－	确立与伺服驱动器或主轴驱动器的串行通信
—	—	00 闪烁	预充电动作中
—	—	00	主电源准备就绪
灯亮	—	显示 01 ~	报警状态
—	—	显示 01	警告状态

四、电源数码管信息检索

出现故障时，首先应该掌握通过说明书检索故障报警的原因。下面以电源单元数码管显示报警号"2"为例，介绍如何查找故障和解决故障的步骤。

根据 CNC 报警信息 SV0443/SP9059 和电源单元数码管显示报警号"2"，先检索查阅《B－65515 系列电动机驱动器维修说明书》（后简称维修说明书）"SV0443"或者"SP9059"，进入章节找到对应报警号可能的报警原因，报警代码检索步骤如图 4－1－5 所示。然后根据维修说明书提示的故障原因进行检测和排查。

图 4 － 1 － 5 αi 电源数码管报警代码检索步骤

实践指导

一、PS 管理轴（电源初始化）

电源单元与伺服驱动器、主轴驱动器不同，其无法与 CNC 进行直接通信。电源信息经伺服驱动器或主轴驱动器转发给 CNC。

将一台电源同与其连接的伺服驱动器、主轴驱动器群汇总在一起，称为一个驱动器组。具备多个通用电源的系统可以有多个驱动器组。对每个该驱动器组赋予固有编号，将其称为"驱动器组编号"。

电源单元经 CXA2X 连接器与各驱动器连接。在该连接中，通用电源将通过与其就近连接的伺服驱动器或主轴驱动器驱动，故该轴被称为 PS 管理轴。

CNC 软件为了识别 PS 管理轴，设定驱动器编号时，当 PS 管理轴为伺服轴，需按参数 No. 2557 设定；为主轴时，需按参数 No. 4657 设定。这些均可按以下步骤进行自动设定。一般在主轴初始化，需要 PS 管理轴操作。

上述电源信息经该 PS 管理轴转发给 CNC。设定 PS 管理轴操作如下：

（1）执行主轴电动机初始化设定。

（2）手动设定参数 No. 11549#0（APS）为 1，系统自动设定参数 No. 2557、No. 4657，设定完成后，自动变为 0。

（3）断大电，再次接通电源，PS 管理轴的参数设定完成。

注意：驱动器构成发生变更时，CNC 刚启动后就会发生"PS 管理轴指定不正确"的报警，因此需再次进行自动设定。

二、电源单元 STATUS 显示（LED）灯不亮的诊断和排查

故障现象：数控系统上电后，电源单元状态显示 LED 指示灯未亮，同时 CNC 显示"SV1067 FSSB 配置错误（软件）""SP1987 串行主轴控制错误"报警，如图 4 - 1 - 6 所示。

系统显示报警分析，涉及故障原因很多。SV1067 报警原因：发生了 FSSB 配置错误或者所连接的驱动器类型与 FSSB 设定值存在差异。SP1987 报警原因：CNC 端 SIC - LSI 不良，主轴模块故障。由于伺服和主轴全部报警，可能是电源单元的问题。从电源单元数码管不亮的角度看，故障是由电源故障产生的，须按下列方式查找。

（1）确认电源单元控制电源状态。αi - B 系列伺服控制电源单元由外部开关电源通过接口 CXA2D 提供 24 V 直流电源，然后由电源单元给主轴模块、伺服模块通过 CXA2A - CXA2B 接口提供 24 V 控制电源。这时应检查 CXA2D 插头输入电压大小及电压极性。

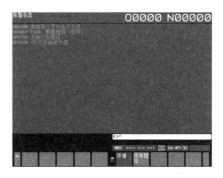

图 4 - 1 - 6 CNC 报警 SV1067 号报警

（2）确认电源单元熔断器状态。抓住电源单元侧板上下的挂钩，将电路板从电源单元罩壳中抽出来，如图 4 - 1 - 7 所示，检查熔断器 FU1 的通断状态，如图 4 - 1 - 8 所示。FANUC 电源单元（电路板）熔断器 FU1（3.2 A/48 V），熔断器订货号为 A60L - 0001 - 0290#LM32C。

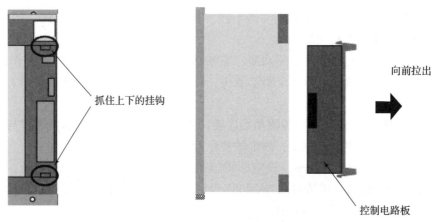

抓住上下的挂钩

向前拉出

控制电路板

图 4 - 1 - 7 电源单元侧板抽出

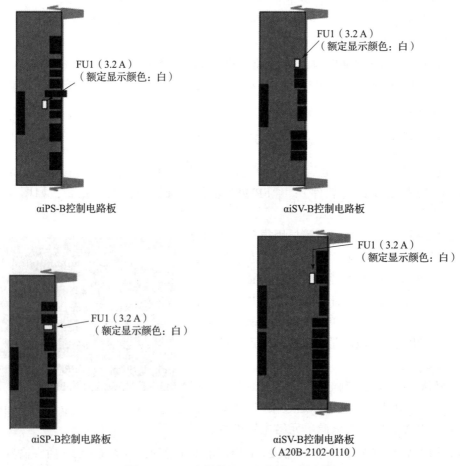

FU1（3.2 A）
（额定显示颜色：白）

αiPS-B控制电路板

FU1（3.2 A）
（额定显示颜色：白）

αiSV-B控制电路板

FU1（3.2 A）
（额定显示颜色：白）

αiSP-B控制电路板

FU1（3.2 A）
（额定显示颜色：白）

αiSV-B控制电路板
（A20B-2102-0110）

图 4 - 1 - 8 电源单元（电路板）熔断器

（3）确认是电源单元外围器件连线短路故障还是器件本体电源回路故障。拆下电源单元所有外部连线，如 CXA2A、CX3、CX4 的连线，只保留 CXA2D 的 DC 24 V 电源连线，确认 LED 显示是否正常。如果 LED 点亮，说明是外部故障；如果 LED 不亮，说明是电源单元本身的故障。电源单元接线图如图 4 - 1 - 2 所示。

（4）如果为外部故障，再分别插接拆卸电缆判断短路点；如果为内部短路，则替换电源单元。

三、电源单元状态显示 LED 指示为"6"时的故障排查

故障现象：电源单元状态显示 LED 指示为"6"，故障原因指向控制电源电压下降，同时数控系统显示"SV432 转换器控制电流低电压""SP9111 转换器控制电流低电压"报警。

故障排查步骤如下：

（1）若全轴报警，首先检查电源单元，正常情况下电源单元电压值应 ≥22.8 V，低于该值就会出现报警。这时应检查提供 24 V 直流电压的开关电源至电源单元 CXA2D 接口的整个链路的连接情况和电压情况。

（2）故障排除：如果外部电源异常请更换，反之请更换电源单元。

四、电源单元状态显示 LED 指示为"1"时的故障排查

故障现象：电源单元状态显示 LED 指示为"1"，故障原因指向主电路电源模件（IPM）出现异常，同时数控系统显示"SV437 转换器输入电路过电流"。

故障排查：

检查点 1：测量交流接触器前端三相交流电压是否在正常范围，三相间是否平衡。

检查点 2：检查交流接触器是否良好，并尝试更换。

检查点 3：测量电抗器绕组间阻值是否正常、平衡，并尝试更换。

检查点 4：若以上没有问题，请更换电源单元。

五、电源单元状态显示 LED 指示为"5"时的故障排查

故障现象：电源单元状态显示 LED 指示为"5"，故障原因指向 DC 链路短路、充电电流限制电阻故障，同时数控系统显示"SV442 转换器 DC 链路充电异常"和"SP9033 转换器 DC 链路充电异常"报警。

故障排查步骤如下：

检查点 1：断电情况下，测量 CX48 与 L1/L2/L3 之间是否连接良好且相序是否一致。

检查点 2：测量交流接触器前端电压是否正常。

检查点 3：检查交流接触器线圈回路是否存在除 CX3 之外的触点，并确认其状态。

检查点 4：尝试更换电源单元。

检查点 5：如以上操作仍未解决故障，则尝试判断是否为直流母线回路短路引起的，确认连接的伺服或主轴单元是否良好。

六、电源单元状态显示 LED 指示为"4"时的故障排查

故障现象：电源单元状态显示 LED 指示为"4"（见图 4 - 1 - 9），故障原因指向主电路

电源切断，同时数控系统显示"SV433 变频器 DC Link 电压低"和"SP9051 DC Link 电压低"报警。

故障排查步骤如下：

检查点 1：确认三相交流输入电压以及接触器线圈控制回路是否正常。

检查点 2：尝试更换电源单元。

检查点 3：如果在运动中出现该故障，请动态监测输入电源以及交流接触器吸合状态。

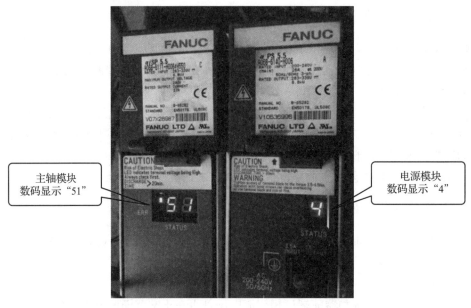

图 4 - 1 - 9　电源单元状态显示 LED 显示为"4"

七、电源单元状态显示 LED 指示为"2/A"时的故障排查

故障现象：电源单元状态显示 LED 指示为"2/A"时，数控系统也同时显示伺服报警和主轴报警。从故障描述可以看出，电源单元数码指示、主轴、伺服报警全部指向风扇故障。

风扇电动机有 3 根线，2 根是电源线，提供电动机旋转动力；另外 1 根是风扇转速模拟电压检测信号线，连接到控制器的主板上，正常旋转时电压是 ±5 V，允许误差范围是±5%。如果风扇扇叶脏了，转速下降造成模拟电压值低于 4.75 V 时，就会出现风扇报警。

故障排查步骤如下：

检查点 1：首先确认是内部还是外部风扇报警。

检查点 2：确认风扇扇叶是否附着油污，尝试清洁风扇。

检查点 3：更换风扇。

检查点 4：更换电源单元风扇（图 4 - 1 - 10）。

图 4 - 1 - 10　电源单元风扇

思考问题

1. 什么是 PS 管理轴？
2. 什么情况下优先考虑电源单元故障？

任务二　伺服驱动器硬件故障排查

知识目标

1. 了解伺服驱动器的工作原理、特点及类型。
2. 了解伺服驱动器 LED 数码管显示的含义。
3. 掌握相关伺服驱动器硬件种类及其 LED 数码管显示状态的不同。

能力目标

1. 能够根据驱动器数码管显示内容判断驱动器当前的工作状态。
2. 能厘清数码管和伺服报警检测之间的关系，根据数控系统报警画面查询报警号和检索维修说明书。
3. 能够根据驱动器各模块数码管显示内容判断分析驱动器当前报警的主要原因并排除故障。

相关知识

一、FANUC 伺服驱动器简介

伺服驱动器接收数控系统的指令放大后驱动伺服电动机运行，并接收伺服电动机的反馈传递至数控系统。伺服驱动器本体具有故障检测电路。伺服驱动器同电源一样，也分为 αi 系列和 βi 系列：αi 系列有单轴、双轴、三轴一体型伺服驱动器，并需要连接至 αi 电源单元使用；βi 系列有单轴、双轴、三轴与主轴一体型伺服驱动器，依靠外部和一体式电源进行工作。

数控系统的伺服驱动器具有电气柜小型化的结构紧凑、节能的特点，其作用是驱动伺服电动机运行。安装在机床电柜里的伺服驱动器分为 αi – B（– B 系列支持 FANUC 0iF CNC）系列和 βi – B 系列，αi – B 系列的伺服驱动器是独立结构，与电源、主轴驱动器分开，按驱动电动机数分为单轴、双轴和三轴。图 4 – 2 – 1 所示的两个伺服驱动器，左侧是双轴伺服驱动器，右侧是单轴伺服驱动器。

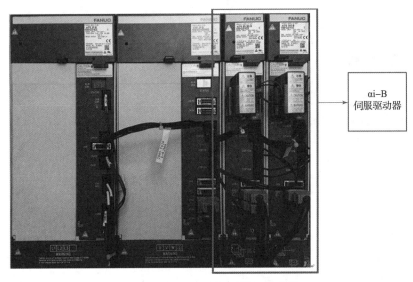

图 4 – 2 – 1 αi – B 系列伺服驱动器

βi – B 系列伺服驱动器分为两种类型：第一种是图 4 – 2 – 2 左侧的多伺服轴/主轴一体型 βiSVSP – B，可以驱动三个 βi – B 伺服电动机和一个 βi – B 主轴电动机运行；第二种是图 4 – 2 – 2 右侧的单独安装和使用的集成型伺服驱动器——βiSV – B，可以驱动一个 βi – B 伺服电动机运行。

图 4 – 2 – 2 βi – B 系列伺服驱动器

二、伺服驱动器 LED 数码管显示

1. αi 伺服驱动器数码管

αi 系列数字式交流伺服驱动器检测到的报警可以通过驱动器上的 7 段 LED 数码管进行显示。圈出的位置为 1 位的 7 段 LED 数码管，在伺服驱动器具备控制电源的情况下，可以显示 1 位数字（0~9）或字符（A、B、C 等）。图 4-2-3 所示为 αi 伺服驱动器。

图 4-2-3　αi 伺服驱动器

2. 伺服驱动器数码管显示

在伺服系统维修过程中，CNC 出现伺服报警的同时，需要结合伺服数码管状态显示去分析故障原因。伺服报警的出现，检测的出发点是伺服本体检测，观察数码管状态在很多报警场合会显得更加直观和准确。CNC 本体报警（如涉及与伺服通信类的报警）出现时，伺服数码管的状态也能给报警故障的排查提供重要的信息。

3. 伺服驱动器数码管的显示与状态判断

伺服驱动器 LED 数码管在控制电源施加且电源回路正常时显示为"▯"（由伺服软件检测的报警时，数码管也显示为"–"），代表伺服处于等待与 CNC 进行通信的状态；当 CNC 系统上电与伺服建立通信后，数码管显示为"▯"；如果出现其他数字或者字符，则代表伺服驱动器检测出异常状态。αi 伺服驱动器数码管显示状态如表 4-2-1 所示。

表 4-2-1　αi 伺服驱动器数码管显示状态

显示信息	内容
不显示	STATUS 显示 LED 灯不亮，接通控制电源，24 V 供电电缆异常。控制电源电路不良
英文数字	接通电源后，大约 4 s 的时间里软件系列/版本分 8 次进行显示。例：软件版本系列 9H00/01.0 版的情况为 $9 \rightarrow H \rightarrow 0 \rightarrow 0 \rightarrow 0 \rightarrow 1 \rightarrow . \rightarrow 0$
▯ 灯亮	等待来自 CNC 的 READY 信号

续表

显示信息	内容
▢闪烁	绝缘电阻测量中
▢灯亮	准备状态，伺服电动机处于励磁状态
显示字符 1~F	报警状态，根据显示的文字判断报警的类别
▭闪烁	安全扭矩关断状态

当出现伺服报警时，可以通过伺服驱动器/伺服电动机维修说明书（书号：B－65515CM/01）进行报警故障原因查询，如图 4－2－4 所示。例如：CNC 伺服报警为 SV449，伺服驱动器数码管显示数字为"8"。首先检索报警信息"SV449"，然后按照说明书指示，检索第 4.2.10 小节"报警代码 8，9，A.（SV0449）"。接下来就可以按照说明书给出的检测顺序一步步操作，确定故障起因和排除方法。

图 4－2－4 αi－B 系列伺服驱动器维修说明书检索

但需要注意的是，说明书中给出的不一定是报警的所有原因，若执行完所有的检测后故障依然没有解决，则还需要从其他方面入手继续进行分析和判断。

如果出现伺服报警的同时数码管显示为"－"，检索时以 CNC 报警信息进行，这类报警主要是通过伺服软件所检测的。例如：SV368 编码器反馈报警时，数码管显示为"－"。

4. βi 伺服驱动器 LED 数码管显示

βi 伺服驱动器中有伺服与主轴一体的 βiSVSP 模块和单轴、双轴的 βiSV 伺服模块，如图 4 –1 –5 所示。

βiSVSP 模块（驱动器）带有两组数码管，单位数码管显示伺服的状态，双位数码管显示主轴状态。针对 βiSVSP 数码管的状态显示可以参照 αi 系列的状态显示处理，对于单轴或双轴的 βi 驱动器，具体的报警信息需要从数控系统侧观察，并通过 βi 伺服/主轴维修说明书检索故障报警原因，βiSVSP 伺服驱动器数码管信息如表 4 – 2 – 2 所示。

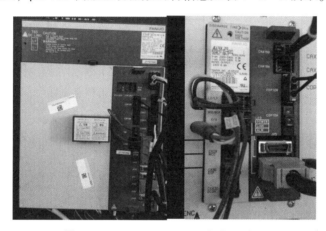

图 4 – 2 – 5　βiSVSP、βiSV 伺服驱动器

表 4 – 2 – 2　βiSVSP 伺服驱动器数码管信息

显示信息	内容
不显示	STATUS 显示 LED 灯不亮，接通控制电源，24 V 供电电缆异常。控制电源电路不良
英文数字	接通电源后，大约 4 s 的时间里软件系列/版本分 8 次进行显示。例：软件版本系列 9H00/01.0 版的情况为 $9 \rightarrow H \rightarrow 0 \rightarrow 0 \rightarrow 0 \rightarrow 1 \rightarrow . \rightarrow 0$
┈闪烁	伺服驱动器自我诊断状态
──灯亮	等待来自 CNC 的 READY 信号
▢闪烁	绝缘电阻测量中
▢	伺服驱动器处于准备就绪状态
显示数字	报警状态，根据显示的数字判断报警的类别

例如：CNC 报"SV438 电流异常"时，应查看维修说明，查找 βiSVSP 部分"SV438"，再查看伺服驱动器 LED 数码管数字号，确定是哪个轴的报警，如图 4 - 2 - 6 所示。

SV0413		LSI 溢位
SV0415		轴行程过大
SV0417		伺服参数不正确
SV0420		扭矩差过大
SV0421		半闭环-全闭环误差过大
SV0422		速度过大 (扭矩控制)
SV0423		误差过大 (扭矩控制)
SV0430		伺服电机过热
SV0431		PS 主电路过负载
SV0432		PS 控制低电压
SV0433		PS 直流母线部低电压
SV0434	2	SV 控制电源低电压
SV0435	5	SV 直流母线部低电压
SV0436		(软件)过热(过电流)
SV0437		PS 输入过电流
SV0438	b C d	SV 电流异常
SV0439		PS 直流母线部过电压
SV0441		电流偏移异常
SV0442		PS 预充电异常

图 4 - 2 - 6　βiSVSP 伺服驱动器故障信息检索

三、伺服故障诊断功能

在 30i - B 系列 CNC、0i - F 系列 CNC 和伺服驱动器 βiSVSP - B 系列的组合中，具有解析报警发生原因，给出解决方法的故障诊断功能。

发生报警时，可以将 CNC 画面切换到故障诊断引导画面，根据显示的内容消除发生报警的原因。此外，发生报警时及在此之前的伺服驱动器相关数据（电源相关、电动机电流相关、检测器相关）保存在 CNC 中，因此可将该数据用于对策处理。

在 CNC 画面上可以了解发生伺服报警、主轴报警、CNC 报警时帮助判断状态的诊断信息。

1. 故障诊断功能的主要特点

（1）根据故障诊断流程推测报警原因。

（2）监视通常运行时伺服、主轴状态的同时，可锁存发生报警时数据的"故障诊断监控画面"。

（3）可显示发生伺服、主轴报警时波形的"故障诊断图表画面"。

这些特点中，如果使用故障诊断引导画面，短时间内可以确定发生报警的原因及处理方法，可通过缩短故障中断时间，提高设备的运转率。

在故障诊断引导中，执行用于切分这些原因的诊断流程。使用 CNC 内部持有的信息自动判断，但有一部分会在引导画面显示问题。此时，需利用"是""否"软键进行回答，使引导流程进行下去。

2. 诊断功能应用

以 CNC 报警 SV0411（移动时误差过大）为例，介绍使用诊断功能，如图 4 - 2 - 7

所示。

（1）发生报警时进行以下操作，显示故障诊断引导画面。

①不显示报警画面时，单击"Message"键。

②持续单击菜单键"＞"，直到显示软键"引导"，单击软键"引导"，如图 4 - 2 - 8 所示。

（2）作为移动时误差过大报警的发生原因，可以考虑以下内容。

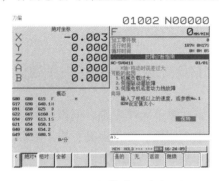

图 4 - 2 - 7　报警诊断功能实例

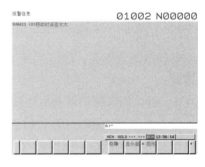

图 4 - 2 - 8　SV0411"引导"

①驱动器异常。

②动力线、电动机线圈短路。

③动力线、电动机线圈断线。

④伺服关闭信号的误动作。

⑤负载变动过大。

⑥制动器不良。

⑦速度指令超过规格范围。

在故障诊断引导中，执行用于区分这些原因的诊断流程。使用 CNC 内部持有的信息自动判断，但有一部分会在引导画面显示问题。此时，需利用"是""否"软键进行回答，使引导流程进行下去。

3. 诊断操作

步骤 1：单击"引导"键，出现如图 4 - 2 - 9 左面所示的信息。引导中出现"请暂时切断电源"的指示。再次接通伺服驱动器的电源时，进行驱动器不良的自我诊断。

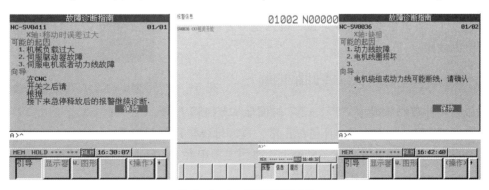

图 4 - 2 - 9　诊断功能画面

步骤 2：接通伺服驱动器的电源不久后进行自我诊断，发生了相间开放报警。再次单击"引导"键，显示故障诊断引导画面。

步骤 3：在故障诊断引导画面中，指示了电动机线圈或动力线断线的可能性。根据诊断信息内容进行处理（更换）。

 实践指导 >>

一、伺服驱动器数码管不亮

伺服驱动器数码管不亮，CNC 系统上电后，通信检测异常，SV1067 FSSB 通信报警。

故障排查：

检查点 1：确认伺服驱动器前级连接的设备，如电源单元或主轴、伺服驱动器数码管是否点亮，如果不亮（图 4 - 2 - 10），检查前级设备电源回路，如果点亮，拔下 CXA2B 电缆，并测量端口控制电压确认输入电压是否正常，跨接电缆线是否完好。

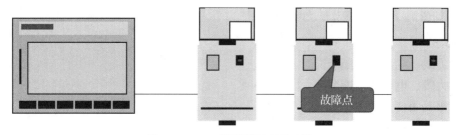

图 4 - 2 - 10 数码管不亮驱动器

检查点 2：点住伺服驱动器侧板上下锁扣，拔出伺服驱动器侧板，检查电路板 FU1 （3.2 A）熔断器，见图 4 - 2 - 11。

检查点 3：如果输入电源和保险没有问题，则应该为短路造成的故障，拔下伺服驱动器上的反馈电缆以及电动机动力线，确认数码管是否点亮。

检查点 4：如果数码管点亮，则为外部短路引起，确认伺服电动机绕组对地，以及编码器是否存在短路。

检查点 5：尝试更换伺服驱动器，确认是否为伺服驱动器内部电源故障。

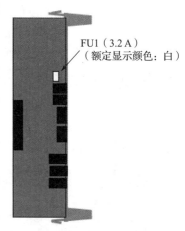

FU1 （3.2 A）
（额定显示颜色：白）

二、DC Link 电压低（主回路电源）

图 4 - 2 - 11 驱动器熔断器

伺服驱动器数码管显示"5"，CNC 画面显示 SV435 报警。

检查点 1：确认外部供电 AC 电源正常，直流母线螺钉是否拧紧。

检查点 2：如果报警发生在多个轴上，参照电源单元 DC Link 电压低报警处理方法。

检查点 3：确认驱动器侧板是否接插牢固。

检查点 4：尝试更换伺服驱动器，确认侧板是否故障。

三、伺服电动机异常电流

数码管显示"–"，CNC 控制器显示 SV0011 伺服电动机异常电流。

区别于过电流，该异常电流检测来自伺服检测软件。

检查点 1：确认伺服电动机动力线是否缺相、错相或未连接。

检查点 2：按照伺服电动机过电流 SV438 检查步骤进行。

四、风扇报警（αi 伺服驱动器）

数码管显示"1"或"F"闪烁，CNC 控制器显示 SV444（内部冷却风扇停转）和 SV601（散热器风扇停转）。

首先在硬件上要区别内部风扇还是散热器风扇，如图 4 – 2 – 12 所示。

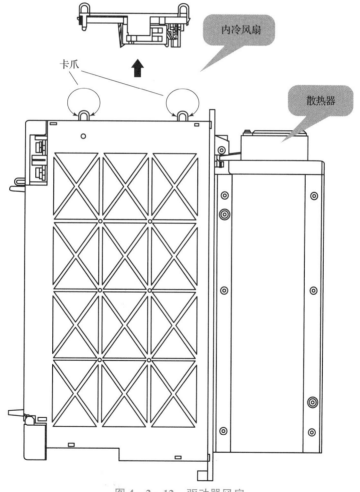

图 4 – 2 – 12　驱动器风扇

检查点 1：确认风扇是否旋转，如果不转，拆下风扇进行清洁，确认是否为机械堵转。

检查点 2：更换风扇，确认是否为风扇本体故障。

检查点 3：尝试更换驱动器。

五、IPM 报警诊断

作为 IPM 报警的发生原因，可以考虑以下内容：驱动器异常，动力线、电动机线圈短路，动力线、电动机线圈断线，电流控制异常。

步骤1：单击"引导"键，出现如图 4 – 2 – 13 所示的信息。引导中出现"请暂时切断电源"的指示。再次接通伺服驱动器的电源时，进行驱动器不良的自我诊断。

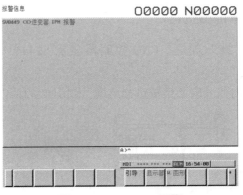

图 4 – 2 – 13　IPM 报警

步骤2：接通伺服驱动器的电源不久后进行自我诊断，发生了电流控制不良报警，再次显示故障诊断引导画面，如图 4 – 2 – 14、图 4 – 2 – 15 所示。

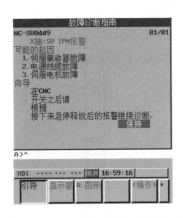

图 4 – 2 – 14　IPM 报警"引导"1

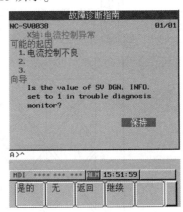

图 4 – 2 – 15　IPM 报警"引导"2

步骤3："引导"中显示"故障诊断监控画面的 SV 诊断信息是 1 吗"，因此确认故障诊断监控画面。

步骤4：显示故障诊断监控画面，显示有 SV 驱动器诊断信息项目的画面，单击"现在"按键，如图 4 – 2 – 16、图 4 – 2 – 17 所示。

步骤5：确认 SV 驱动器诊断信息的值。SV 驱动器诊断信息显示"0"或"1"。如果伺服驱动器进行自我诊断时检测到动力线或电动机线圈短路，则变为"1"，如图 4 – 2 – 18、图 4 – 2 – 19 所示。

步骤6："引导"中指示了动力线或电动机线圈短路的可能性。请根据信息内容进行处理。

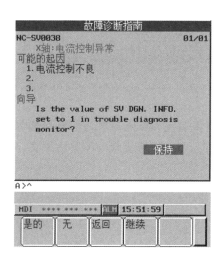

图 4 – 2 – 16 IPM 报警"引导"3

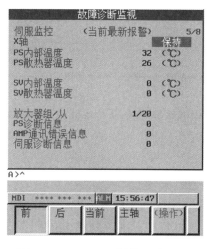

图 4 – 2 – 17 IPM 报警"引导"4

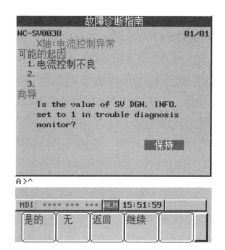

图 4 – 2 – 18 IPM 报警"引导"5

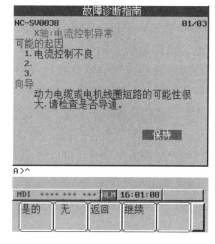

图 4 – 2 – 19 IPM 报警"引导"6

思考问题

1. 如何查找伺服驱动器维修说明书？
2. 如何使用数控装置诊断辅助功能？

任务三 伺服电动机参数初始化

知识目标

1. 掌握伺服初始化的步骤。
2. 熟悉伺服监控画面的进入方法。

3. 掌握伺服驱动器监控画面各状态信息的含义。

4. 能够结合伺服驱动器监控画面的信息进行故障分析和判断。

 能力目标

1. 能够结合维修中电动机的更换或故障的排查，完成伺服电动机的参数初始化操作。

2. 能够查看诊断数据，依据报警和数码管信息，查阅维修检索故障解决方案。

 相关知识 >>

一、伺服电动机参数初始化设定

伺服控制涉及大量现代控制理论，伺服驱动器和伺服电动机厂家通过大量实验和测试获得伺服控制数据，数控系统 FROM 中存放了 CNC 所支持的电动机型号规格的标准伺服参数。例如：某机床 X 轴和 Y 轴电动机为 βiS12/3000，两轴电动机为 βiS22/2000，用户需要将这些型号的电动机参数从 FROM 中提取出来，存放到 SRAM 中。FANUC 数控系统提供了设置方法，方便用户将相应的伺服参数写入 SRAM 中，这一过程称为伺服参数初始化。

从维修角度讲，一般不需要做伺服电动机参数初始化，只有在维修中更换了不同的伺服电动机时，才需要做伺服参数初始化，或是维修中当怀疑系统参数设定出了问题时也可以做伺服参数初始化，通过故障现象是否消除来判断是伺服参数故障还是电气、机械等其他故障。如果电动机运行发生过载或振动时，可以通过伺服参数初始化和调整来帮助分析故障原因。

1. 伺服参数初始化准备

（1）选择"MDI"方式或将数控系统设定为"急停"状态。

（2）设定打开写开关（PWE = 1）。

（3）检查参数 No. 1023 是否为非 0 和负值，确认没有执行伺服轴屏蔽设定操作。

2. 伺服参数的初始化

（1）点击 MDI 面板上的"SYSTEM"键数次，直至显示参数设定支援画面（参数调整画面），如图 4 – 3 – 1 所示。

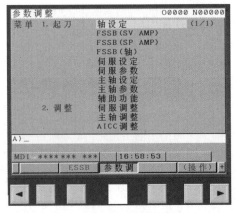

图 4 – 3 – 1 参数支援画面

（2）单击 MDI 面板上的"↓"键将光标指向"伺服设定"位置，单击"操作"键，再单击"选择"键，进入伺服设定画面，如图 4－3－2 所示。

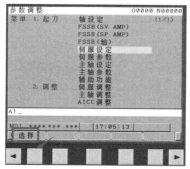

图 4－3－2 伺服设定画面 1

（3）需执行初始化时，单击"＞"键，再单击"切换"键，也可以切换到如图 4－3－3 所示伺服设定画面。

图 4－3－3 伺服设定画面 2

（4）在该画面下设定初始化设定位清"0"，并执行关、开机操作，初始化设定完成后"#1 位"自动变为 1，完成伺服参数重新加载。

（5）断电重启后，"标准参数读入"栏变为 1，代表初始化设定完成。

3. 更换不同电动机的初始化操作

在维修中，有时需要更换不同型号的电动机，这时电动机的型号发生了变化，在上面所提到的初始化基础上，需要增加以下操作。

（1）电动机铭牌确认，通过电动机铭牌确定电动机型号，伺服电动机型号的格式基本都是 A06B 开头，如图 4－3－4 所示，订货号是 A06B－0215－B100，电动机类型为 αiS 4/5000，电动机图号为 0215。

（2）根据说明书 B－65270 伺服电动机参数表，查询型号所对应的电动机代码为 265，如图 4－3－5 所示。

图 4－3－4 伺服电动机型号识读

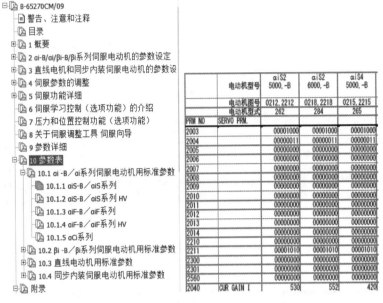

电动机型号	αiS2 5000,-B	αiS2 6000,-B	αiS4 5000,-B
电动机图号	0212,2212	0218,2218	0215,2215
电动机型式	262	284	265

PRM NO	SERVO PRM.			
2003		00001000	00001000	00001000
2004		00000011	00000011	00000011
2005		00000000	00000000	00000000
2006		00000000	00000000	00000000
2007		00000000	00000000	00000000
2008		00000000	00000000	00000000
2009		00000000	00000000	00000000
2010		00000000	00000000	00000000
2011		00000000	00000000	00000000
2012		00000000	00000000	00000000
2013		00000000	00000000	00000000
2014		00000000	00000000	00000000
2210		00000000	00000000	00000000
2211		00001010	00001010	00001010
2300		00000000	00000000	00000000
2301		00000000	00000000	00000000
2560		00000000	00000000	00000000
2040	CUR GAIN I	530	552	420

图 4-3-5　伺服电动机代码检索

（3）进入前述的伺服设定画面，在电动机代码栏输入查询到的电动机代码 265，将标准参数设定为 0，重启 CNC，执行标准参数载入，如图 4-3-6 所示。

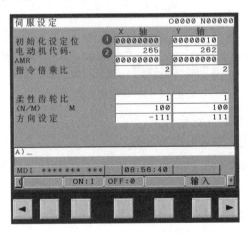

图 4-3-6　输入电动机代码，伺服电动机初始化

4. 伺服参数非法诊断

FANUC 系统出现"驱动器组合不对、电动机代码错误"报警时，一般是由数字伺服参数的设定值不正确引起的。以驱动器组合不对为例，报警内容为"SV466 电动机/驱动器组合不对"（图 4-3-7），如果机床出现该报警，可以通过诊断信息 No.203 来判断报警原因，如图 4-3-8 所示。

在发生 SV417 报警时，根据诊断 No.203#4 来做诊断，当诊断 No.203#4=1 时，表明通过伺服软件检测出参数非法，执行参数初始化消除报警。具体问题，查看诊断信息 No.280 数据，如图 4-3-9 所示。

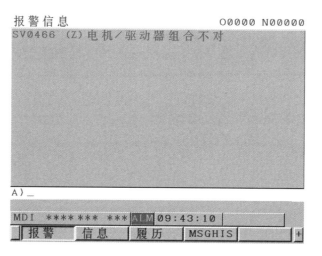

图 4 – 3 – 7 SV466 电动机/驱动器组合不对报警

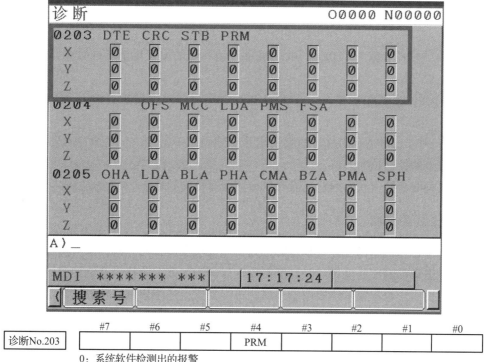

图 4 – 3 – 8 诊断信息 No. 203

诊断 No. 280 数据使用说明如下：

MOT （#0） 1：在参数 No. 2020 的电动机编号中设定了 CNC 支持范围以外的电动机号（CNC 没有支持"电动机号"的后台数据）。

PLC （#2） 1：在参数 No. 2023 的电动机每转动一圈的速度反馈脉冲数中设定了 0 以下等错误值。

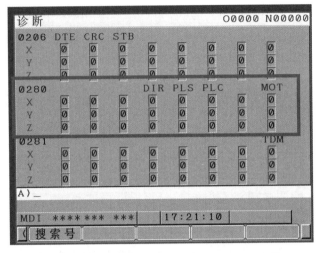

	#7	#6	#5	#4	#3	#2	#1	#0
诊断No.280		AXS		DIR	PLS	PLC		MOT

MOT(#0)　1:参数No.2020的电动机编号中设定了指定范围外的值。

图 4 - 3 - 9　诊断 No. 280

PLS（#3）1：在参数 No. 2024 的电动机每转动一圈的位置反馈脉冲数中设定了 0 以下等错误值。

DIR（#4）1：没有在参数 No. 2022 的电动机旋转方向中设定一个正确的值（111 或 -111）。

AXS（#6）1：参数 No. 1023（伺服轴编号）的设定不适当。伺服轴编号重复，或者设定了超过伺服卡的控制轴数的值。

若发现是伺服参数引起的问题，需要执行伺服参数初始化。

二、伺服监控画面

伺服维修中，当机床出现异常状态时，如机床出现振动，此时需观察电动机电流或速度的变化，降低振动需调整速度增益时，都需要进行伺服参数的调整以及电动机运行状态的监控。在系统画面中，也集成了伺服调整画面，可以完成上述维修调整任务。

1. 画面进入方法

单击 MDI 键盘上的"SYSTEM"键→"参数调整画面（又称参数支援画面）"→"伺服调整"，进入伺服监控画面，如图 4 - 3 - 10 所示。用户可以借助伺服调整画面对位置环、速度环增益进行调整，观察监视画面可帮助了解电动机的工作状态。

2. 伺服监控画面

伺服监控画面分成左右两部分，左边为伺服常用的调整数据，右侧为电动机监视数据。

1）伺服常用的调整参数

伺服调整数据关联参数具体是"功能位、比例增益、位置增益、滤波、积分增益、速度增益"关联 No. 2003、No. 2044、No. 1825、No. 2067、No. 2043、No. 2021。一般调试不需手动调整伺服该画面参数数据，主要供查看使用。

图 4 – 3 – 10　伺服监控画面

2）伺服电动机运行的状态数据

（1）报警数据关联诊断号具体为报警 1：诊断号 200 号；报警 2：诊断号 201 号；报警 3：诊断号 202 号；报警 4：诊断号 203 号；报警 5：诊断号 204 号。

报警 1~5 所显示的诊断位，对应串行脉冲编码器，报警细节或有伺服软件检测编码器反馈数据所分析的断线、过载等原因，详细的诊断位说明参考 B – 64695 数控系统维修说明书。当出现如 SV36X（X：0~8）的报警时，可以检测对应的诊断位进行故障原因排查。

结合报警诊断显示（图 4 – 3 – 11 和表 4 – 3 – 1），查找处理办法。

	#7	#6	#5	#4	#3	#2	#1	#0
①报警1	OVL	LVA	OVC	HCA	HVA	DCA	FBA	OFA
②报警2	ALD	—	—	EXP	—	—	—	—
③报警3	—	CSA	BLA	PHA	RCA	BZA	CKA	SPH
④报警4	DTE	CRC	STB	PRM				
⑤报警5	—	OFS	MCC	LDM	PMS	FAN	DAL	ABF
⑥报警6	—	—	—	—	SFA			
⑦报警7	OHA	LDA	BLA	PHA	CMA	BZA	PMA	SPH
⑧报警8	DTE	CRC	STB	SPD				
⑨报警9	—	FSD	—	—	SVE	IDW	NCE	IFE

图 4 – 3 – 11　报警数据信息

表 4 – 3 – 1　串行脉冲编码器报警诊断表

报警3							报警5		报警1			报警内容
CSA	BLA	PHA	RCA	BZA	CKA	SPH	LDM	PMA	FBA	ALD	EXP	
—	—	—	—	—	—	1	—	—	—	—	—	软相报警
—	—	—	1	—	—	—	—	—	—	—	—	电池电压零
—	—	1	—	—	—	—	—	—	1	1	0	计数错误报警
—	—	1	—	—	—	—	—	—	—	—	—	相位报警
—	1	—	—	—	—	—	—	—	—	—	—	电池电压降低（警告）
—	—	—	—	—	—	—	—	1	—	—	—	脉冲错误报警
—	—	—	—	—	—	—	1	—	—	—	—	LED 异常报警

（2）位置环增益：表示实际环路增益。

（3）位置误差：表示实际位置误差值（诊断号300）。

（4）电流（%）：以相对电动机额定值的百分比表示电流值。

（5）电流（A）：用A表示实际采样一定周期内的平均电流值。

（6）速度（RPM）：表示电动机实际转速。

三、参考点编码器和参考点

把机械移动到机床的固定点（参考点、原点），使机床位置与数控系统（CNC）的机械坐标位置重合的操作，称为"设定参考点"（"建立参考点"）操作。设定参考点后，机床即可在加工前返回参考点（"回参"）操作，校准工作台位置数据。

1. 电动机编码器

增量式编码器硬件上不具备识别当前位置信息能力，只能检测CNC电源接通后的相对移动量，当CNC电源切断时机械位置丢失，因此电源接通后需重新建立参考点操作，使用增量式编码器建立参考点的方式称为"相对式回参""有挡块回参"。

绝对式编码器硬件上具备识别当前位置信息的能力，CNC电源断电后，编码器电池保持位置信息数据，开机后CNC读取编码器中位置信息数据。因此，只要装机调试时设定好参考点，就可省去每次电源接通后建立参考点的操作，使用绝对式编码器建立参考点的方式称为绝对式回参（又称为"无挡块回参"）。

目前，绝大多数机床使用绝对式编码器、绝对式回参。绝对式编码器数据依靠伺服驱动器上5 V电池保持数据，一旦电池没电数据就会丢失，需要在CNC报电池电压低报警时，及时更换电池，否则参考点数据会丢失。

2. 标记法建立参考点

标记法即在绝对式编码器上"标记"参考点，以此作为机床原点。该方法可以方便快捷地建立参考点。

1）标记法建立参考点相关参数（见表4-3-2）

表4-3-2 回参关键参数

参数号	#7	#6	#5	#4	#3	#2	#1	#0
1005	—	—	—	—	—	—	DLZx	—
1815	—	—	APCx	APZx	—	—	OPTx	—

1005：DLZ=0，无挡块回参（相对式回参）功能有效；DLZ=1，无挡块回参（绝对式回参）功能有效。标记法是基于无挡块回参，DLZ=1。

1815：OPT=0，不使用外置检测器，不使用光栅尺时，设置为0。

1815：APCX=1，使用绝对式编码器，此例中需设置为1。

1815：APZ=1，绝对式编码器标记的参考点已经建立，APZ=0参考点丢失。系统标记APZ"由0至1"时，"绝对式编码器的位置点"为参考点。当APZ由1至0，系统丢失参考点数据。

2）标记法建立参考点操作

①确认 1005#DLZ = 1，1815#APC = 1，1815#APZ = 0。

②手轮调试机床电动机旋转 1 圈以上，移动工作台，使之与机床的参考点标记重合。

③手动设置 1815#APZX = 1。

③重新开机，试验是否回到原点。

 实践指导

一、伺服电动机初始化

出现"伺服参数错误"报警时，首先要考虑"伺服电动机初始化"操作，如图 4 – 3 – 12 所示。

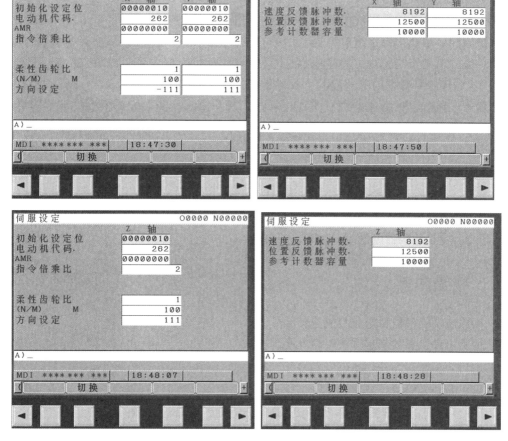

图 4 – 3 – 12 伺服电动机初始化

步骤 1：初始化设定位清 0。

步骤 2：正确输入电动机代码。

步骤 3：确认 AMR 默认输入 00000000。

步骤 4：确认指令倍乘比为 2，代表指令和实际移动是 1：1 的。

步骤5：确认柔性齿轮比正确，如直连式5 mm螺距的丝杠，2084为5，2085为1 000，也可同比例下降1∶200。

步骤6：确认伺服方向正确，该数据只能是+111和−111，通常X轴左正右负，Y轴前正后负，Z轴上正下负。如果方向不符，原数据111的话，将111改为−111；原数据为−111，将−111改为111。

步骤7：确认速度反馈脉冲数和位置反馈脉冲数正确，半闭环情况下速度反馈脉冲数为8 192，位置反馈脉冲数为12 500。

参考计数器容量：设定零脉冲产生所需脉冲，主要应用有挡块回参，设置成螺距的整数倍。无挡块回参（绝对式回参）时一般设置为螺距的脉冲数，如螺距为5 mm，将该参数设置成5 000。

二、DS0300：APC报警处理

故障现象：0iMF系统数控机床（伺服电动机：αi绝对位置编码器），在开机后，显示DS0300 APC报警：Y轴需回参考点；DS0306 APC报警：电池电压0。

故障原因：APC报警是绝对编码器相关的报警，DS0300报警需要进行绝对位置检测器的原点丢失（参考点与绝对位置检测器的计数器值之间的对应关系）。DS0306 APC报警：电池电压0，说明保持数据的电池没电了或者断线。

步骤1：确认参数1005#DLZ = 1，1815#APC = 1，1815#APZ = 0（APZ = 0代表参考点已丢失）。

步骤2：手轮调试机床电动机旋转1圈以上，移动工作台，使之与机床的参考点标记重合。

步骤3：手动标记参考点，设置1815#APZX = 1。

步骤4：重新开机，试验是否回到原点。

步骤5：更换编码器电池。

 思考问题

1. 伺服电动机参数初始化目的是什么？
2. 伺服电动机参数都是哪些？含义是什么？

任务四　主轴驱动器硬件故障排查

 学习目标

1. 理解学习主轴驱动器数码管显示的意义。
2. 掌握主轴驱动器数码管显示内容对应的含义。

能力目标

1. 能够根据主轴驱动器数码管显示内容判断主轴驱动器当前的工作状态。
2. 能分析主轴驱动器在启动过程中出现的故障。

相关知识

一、主轴驱动装置

主轴驱动装置由主轴驱动器、主轴伺服电动机、传感器等构成的装置称为交流主轴驱动装置，简称主轴驱动装置。

1. 主轴驱动系统的作用

αi – B 主轴驱动系统接收来自数控系统（CNC）的速度指令（指令通过 FSSB 回路传递，不同于主轴串行通信回路），驱动主轴电动机旋转，主轴速度通过电动机传感器反馈至主轴驱动系统进行控制，在速度控制的基础上，还可以实现刚性攻丝、CS 轮廓控制等位置控制功能。

2. 主轴驱动器的类型与特点

主轴驱动器的功用是驱动主轴电动机运行，主轴电动机和主轴相连，带着刀具进行零件的加工。安装在机床电柜里的主轴驱动器分为 αi – B 系列和 βi – B 系列，αi – B 系列的主轴驱动器是独立结构，与电源单元、伺服单元分开，如图 4 – 4 – 1 所示。

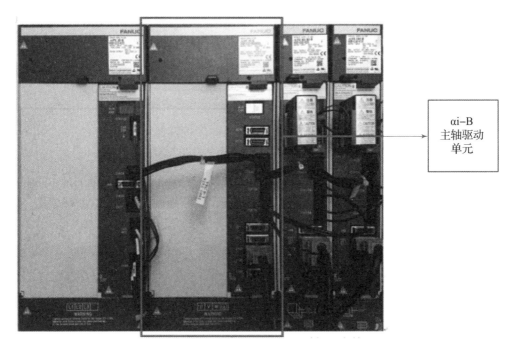

图 4 – 4 – 1 αi – B 系列的驱动器组

αi – B 系列主轴驱动器通过采用最新的低损耗功率元件和新开发的高效率散热器，实现了机身的小型化，并通过改进电缆连接器的形状，缩短了控制盘内电缆的长度。该系列从小容量到大容量，所有型号均采用电源再生方式，从而实现节能；采用最新的低损耗功率元件，从而有效降低发热量。

αi – B 主轴驱动器实现 FSSB 化，只通过光缆就能将伺服驱动器和主轴驱动器与 CNC 相连。αi – B 主轴驱动器具有更好的维护性，通过外部 LED 数码管显示，内部故障诊断功能，可在 CNC 画面上确认诊断信息，有助于查明伺服报警及主轴报警的发生原因。可以监控通用电源的输入电源电压，因输入电源异常而发生报警时，容易查明原因。

βi – B 系列主轴驱动单元是图 4 – 4 – 2 所示的多伺服轴/主轴一体型 βiSVSP – B 单元，可以驱动三个 βi – B 伺服电动机和一个 βiI – B 主轴电动机运行。

图 4 – 4 – 2　βiSVSP – B 伺服主轴一体化驱动器

βiSVSP – B 单元具有性价比高、适用性广、节能、维护方便等特点。

3. 主轴电动机

FANUC 主轴电动机和 FANUC 主轴驱动器配套使用，具有平滑的旋转特性、优秀的加速能力以及高可靠性。搭配内置传感器可以实现高精度定位与控制，如图 4 – 4 – 3 所示。

图 4 – 4 – 3　FANUC 系列主轴电动机

根据主轴电动机的特性不同，还可以分为 αiI 系列和 βiI 系列两大类。主轴电动机的分类如表 4 – 4 – 1 所示。

表 4 - 4 - 1　FANUC 主轴电动机的分类

主轴电动机类型	特点
αiI - B/βiI - B	小型、轻量，适合数控的高性能主轴电动机，通过采用主轴 HRV 控制，可实现高效、低发热驱动，采用符合国际标准（IEC）的防水设计和耐压设计，可靠性和耐环境性进一步提高
αiIP - B/βiIP - B	在低速领域实现了高扭矩的主轴电动机，应用于低速高扭矩的场合
αiIT - B/βiIT - B	通过将附带贯通孔的主轴电动机与主轴进行直接连接，实现主轴的高速化，并且可进行高效率的中心出水加工
αiIL - B	一款具有低温升、高速旋转、低速大扭矩、低振动特点的液冷主轴电动机。通过与加工中心的主轴直接连接，可实现无齿轮化、高精度化

二、主轴驱动器运行状态

以下主轴驱动器的介绍以 αi 系列驱动器为例，如图 4 - 4 - 4 所示，涉及的知识点同样适用于 βiSVSP 系列。

1. 主轴驱动器数码管显示的位置

除了主轴与数控系统 CNC 通信报警外，其他的主轴硬件或软件报警可以通过主轴数码管的数字进行显示。不同于伺服数码管，主轴数码管还可以配合黄色 LED 指示灯显示主轴的故障数字。主轴数码管是双位数码管，位于主轴驱动器上部，可以显示数字 0~9 和字符 A~Z，在数码管左边，配有绿、红、黄三色的 LED 灯，如图 4 - 4 - 5 所示。

在实际工作中，可通过观察主轴驱动器的指示灯与两位 7 段 LED 显示的状态，判断主轴驱动器的动作状态。当系统正常启动时，显示绿色指示灯；红色灯亮时，如图 4 - 4 - 6 所示，为报警状态；黄色灯亮时，如图 4 - 4 - 6 所示，为故障警告状态。通过指示灯判断报警或警告后，再通过两位 7 段 LED 显示报警代码来查询详细报警内容。图 4 - 4 - 6 中两位 7 段 LED 显示报警代码 01，以此作为参考，排查故障。

图 4 - 4 - 4　αi - B
主轴驱动器

图 4 - 4 - 5　主轴驱动器数码管

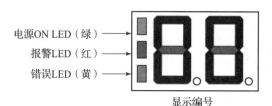

电源ON LED（绿）→ 电源ON LED（绿）：控制电源ON时灯亮

报警LED（红）→ 报警LED（红）：报警时灯亮

错误LED（黄）→ 错误LED（黄）：错误时灯亮

显示编号

图4-4-6 主轴驱动器数码管

2. 主轴驱动器数码管显示作用

主轴驱动器数码管可以显示主轴与 CNC 通信报警以外的报警数字或字符，包括主轴器件硬件和软件的故障，并通过与 CNC 的通信回路，将报警信息传递到 CNC 画面上以 9 ×××报警号进行显示（××× 数字即数码管显示数字或字符），并中断机床的运行。维修中出现主轴报警后，可通过查看 CNC 显示的报警号或数码管显示数字、字符信息，有时主轴异常，但 CNC 无报警，这时要观察主轴数码管，必须观察数码管显示的状态，查找诊断信息，如图 4-4-7 所示。

图4-4-7 主轴驱动器数码管故障号显示

3. 主轴驱动器数码管显示与状态判断

主轴驱动器启动时，可通过主轴驱动器 LED 灯的显示内容查看主轴驱动器当前的状态，如果当前出现故障，可根据显示内容分析故障产生的主要原因，如图 4-4-6 所示。可对照表 4-4-2 主轴 STATUS 的显示内容，查看启动与故障时报警指示灯与两位 7 段 LED 数码管上的显示信息对应的报警内容。

表 4-4-2 *oi* 主轴 STATUS 显示信息

报警 LED	错误 LED	显示信息	内容
—	—	不显示	STATUS 显示 LED 灯不亮，接通控制电源，24 V 供电电缆异常。控制电源电路不良

报警 LED	错误 LED	显示信息	内容
—	—	英文数字	接通控制电源后大约 3 s 主轴控制软件的系列和版本。最初的约 1 s：A；下 1 s：软件系列后 2 位；下 1 s：软版本 2 位。例：主轴控制软件 9DA0 系列 04 版的情况为 A□→A0→04
—	—	中央—— 闪烁	主轴驱动器的电源启动，且显示与 CNC 的串行通信及参数加载结束等。待状态（未向 CNC 输入电源时也进行该显示）
—	—	中央—— 灯亮	表示参数加载已结束，电动机未实现励磁
—	—	□ □ 闪烁	解除紧急停止后，绝缘劣化测量功能正在测量主轴电动机的绝缘电阻。驱动器和电动机之间有电流流过，请注意安全
—	—	上部 -- 闪烁	因安全转矩关断（STO）功能动作，动力线处于被切断的状态。该状态与其他状态的编号显示重复（如果处于 CNC 串行通信及参数加载结束等待状态，上部 -- 及中央 -- 闪烁）
红色灯亮	—	显示 01～	准备状态，伺服电动机处于励磁状态，显示处于报警状态。主轴驱动器处于无法运行的状态，根据 CNC 报警信息查找故障
红色灯亮	—	显示 UU，LL	FSSB 通信异常
红色灯亮	—	显示 A1，A2	主轴软件的处理发生异常。请在确认发生条件后，向 FANUC 公司咨询
红色灯亮	—	显示 A3	安全转矩关断（STO）功能电路发生异常。请在确认发生条件后，向厂家咨询
—	—	显示字符 1～F	报警状态，根据显示的文字判断报警的类别
—	黄色灯亮	显示 01	显示处于错误状态，如顺序不合适或参数设定有误，参照伺服维修说明书和 CNC 报警信息，消除错误原因

三、αi 主轴驱动器数码管报警代码检索

机床出现报警或不能正常运行时，可根据报警信息或驱动器的 LED 数码管显示来查询报警或不能正常运行的详细原因，参考说明书查询结果来排查故障。

发生报警时，在 CNC 画面显示报警编号（SP ××××）的同时，主轴驱动器正面的 STA-

数控机床故障诊断与维修

TUS 显示的报警 LED（红）灯亮，在两位 7 段 LED 中显示报警代码。需要查找维修说明书 B65515，其中记载了每种报警的报警内容说明和恢复时的处理方法。根据情况，有时会需要更换主轴驱动器及其他设备等，但更换作业前请务必切断整个机床的电源，确认安全后再开始作业。此外，更换作业完成后，请确认配线正确及周围安全后再次接通机床的电源。

例如：CNC 报"SP9001"报警，在维修说明书 B65515 中检索"SP9001"，再进入"4.4.1"章节，如图 4 - 4 - 8 所示。

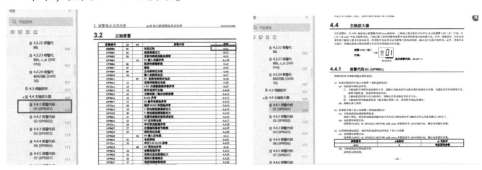

图 4 - 4 - 8　主轴报警检索

出现如"主轴电动机异响""主轴停止但零速信号一直为 1"等运行不正常故障，而 CNC 未发出主轴报警，这类故障一般是由参数设定或顺序不合适引起的，属于软故障，在主轴驱动器显示错误，LED（橙）灯亮，同时显示错误编号，如图 4 - 4 - 9 所示。

图 4 - 4 - 9　主轴驱动器橙灯、显示错误代码检索

如：主轴电动机运行不正常，LED 错误灯亮，数码管显示 01，检索"LED 错误"，按照 CNC 诊断 700 数据，查找诊断信息和处理信息。

常见主轴数码管报警号和报警信息如表 4 - 4 - 3 所示。

表 4 - 4 - 3　常见主轴数码管报警号和报警信息

报警号：报警信息	报警号：报警信息	报警号：报警信息
1：电动机过热	29：短暂过载	61：半侧和全侧位置返回误差报警
2：速度偏差过大	30：输入电路过电流	65：磁极确定动作时的移动量异常
3：直流链路熔断器熔断	31：电动机受到限制	66：主轴驱动器间通信报警
4：输入熔断器熔断	32：用于传输的 RAM 异常	72：电动机速度判定不一致
6：温度传感器断线	33：直流链路充电异常	73：电动机传感器断线
7：超速	34：参数设定异常	80：通信的下一个主轴驱动器异常
9：主回路过载	41：位置编码器一转信号检测错误	82：尚未检测出电动机传感器一转信号
11：直流链路过电压	42：尚未检测出位置编码器一转信号	83：电动机传感器信号异常
12：直流链路过电流	43：差速控制用位置编码器信号断线	84：主轴传感器断线
15：输出切换报警	46：螺位切削用位置传感器一转信号检测错误	85：主轴传感器一转信号检测错误
16：RAM 异常	47：位置编码器信号异常	87：主轴传感器信号异常
19：U 相电流偏置过大	51：变频器直流链路过电压	110：驱动器间通信异常
20：V 相电流偏置过大	52：ITP 信号异常	111：变频器控制电源低电压
21：位置传感器极性设定错误	56：内部散热风扇停止	112：变频器再生电流过大
24：传输数据异常或停止	57：变频器减速电力过大	120：通信数据报警
27：位置编码器断线	58：变频器主回路过载	137：设备通信异常

实践指导

一、主轴驱动器 LED（绿）灯不亮

接通主轴驱动器的电源后，如果 LED（绿）灯不亮，根据以下步骤确定故障原因，进行适当的处理。

检查点 1：主轴驱动器的 STATUS 显示灯不亮，检查电源单元是否输入了 DC 24 V，检查外部供给 DC 24 V 电源。

检查点 2：其他驱动器的 STATUS 显示灯亮，检查电缆不良，更换或修正与主轴驱动器的连接器 CXA2A/B 连接的电缆。

检查点 3：拆下主轴驱动器上连接的电缆，电源 ON LED（绿）灯亮，检查在主轴驱动器的外部电源短路，请更换或修正电缆。

检查点 4：控制电路板上的保险丝熔断，即使将主轴驱动器上连接的电缆（连接 CXA2A/B 以外）全部拆掉，电源 ON LED（绿）灯也不会亮。检查确认控制电路板上的保险丝是否熔断。如果本保险丝熔断，则主轴驱动器硬件发生故障的可能性较大，因此请更换主轴驱动器。

检查点 5：检查连接器 CXA2A/CXA2B 的 24 V 和 0 V 是否接反，如果接反，保险丝有时也会熔断。处理时，修改 24 V 和 0 V 的配线，并更换保险丝。

检查点 6：主轴驱动器不良不符合 1~5 项时，更换主轴驱动器。

二、主轴电动机不转

未输主轴指令，主轴驱动器上的 STATUS 显示为"—"（灯亮）。执行主轴代码，如 M03 S500，主轴驱动器上的 STATUS 显示为"00"。

检查点 1：确认 G070.7（MRDYA）=1，主轴正反转信号 G70.5（SFRA）或者 G70.4（SRVA）为 1，主轴急停信号 G71.1（＊ESPA）=1，主轴停止信号 G29.4"＊SSTP"，倍率信号 G030 正常。

检查点 2：参数 3735、3736 设置正确。

检查点 3：G33.7 是否为 1。

三、主轴电动机转速不对

输入主轴指令 M03 S500，主轴旋转，但转速不对。

检查点 1：参数 3741、4020 一致，或者按照主轴电动机和主轴传动比正确设置。

检查点 2：参数 4056 设置正确（一般为 100），3720 位置反馈脉冲数（一般为 4 096）。

检查点 3：G33.7 指定"主轴速度外部指定功能"是否有效，G33.7 = 1 时，主轴速度由 G36 和 G37 数据指定，不由 S 代码指定，G33.7 常态时为 0。

检查点 4：G30 信号正常。

检查点 5：参数 4171、4172 正确。

思考问题

CNC 发出主轴报警，主轴报警灯和错误灯同时点亮吗？报警灯和错误灯指示含义是什么？

任务五 主轴参数初始化与主轴监控画面的应用

知识目标

1. 了解主轴电动机参数初始化的含义及主轴监控画面的作用。
2. 掌握主轴参数初始化的设定步骤。

能力目标

1. 能在主轴电动机说明书中检索主轴电动机代码。
2. 能检索参数说明书中主轴参数初始化的相关参数。
3. 能在主轴设定画面下执行主轴初始化操作。

相关知识

一、FANUC 主轴电动机参数初始化概述

当 CNC 发出主轴参数错误报警时或者更换不同型号的主轴电动机，与伺服初始化一样，需要进行主轴电动机初始化（主轴初始化）。主轴参数初始化是将存放在主轴驱动器上的参数载入数控系统（CNC）上，因此初始化时必须带着主轴驱动器，如图 4-5-1 所示。

图 4-5-1 主轴电动机初始化数据传输示意图

在系统厂家串行主轴驱动器的 ROM 中装有各种电动机的标准参数，串行主轴驱动器适合多种主轴电动机，CNC 控制串行主轴驱动器时，必须把具体使用的主轴电动机的标准参数从串行主轴驱动器传送到数控系统的 SRAM 中，这个操作称为串行主轴参数的初始化。

主轴初始化设定与伺服初始化有所不同：主轴位置检测等相关参数需要提前做好记录；初始化设定完成后，需要手动恢复。主轴位置检测参数见表 4-5-1。

表 4 – 5 – 1　主轴位置检测参数

参数	参数的含义
No. 4002	主轴传感器种类
No. 4003	主轴定向控制和传感器齿数
No. 4004	外部一转信号设定
No. 4010	电动机传感器种类
No. 4011	电动机传感器齿数
No. 4056 ~ No. 4059	各挡齿数比
No. 4171 ~ No. 4174	电动机传感器与主轴传动比

1. 主轴参数初始化准备

（1）选择"MDI"方式或将数控系统设定为急停状态。

（2）打开参数写开关（PWE = 1）。

（3）检查 No. 3716#0 = 1（串行主轴）和 No. 3717#1 = 1（使用第 1 主轴），将其设定为串行主轴通信。

串行主轴参数如图 4 – 5 – 2 所示。

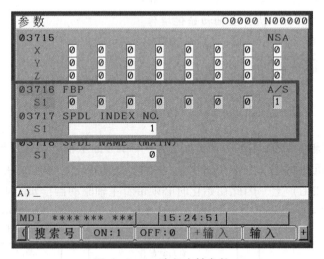

图 4 – 5 – 2　串行主轴参数

2. 主轴电动机代码检索

更换主轴电动机时，需要按照主轴驱动器和主轴电动机型号在"B – 65280 说明书"中查找电动机代码，如图 4 – 5 – 3 所示。例如：驱动器型号是 βiSVSP 20/20/40 – 11，主轴电动机型号是 βiI3/12000。先查找 βi SVSP 20/20/40 – 11，再检索 βiI3/12000，发现没有完全一致的电动机，取 βiI3/12000 相近的 βiI3/10000，"/12000"和"/10000"指主轴电动机最高转速，电动机代码为"337"，如图 4 – 5 – 4 所示。

图 4 – 5 – 3　βiSVSP 驱动器和主轴电动机

B-65280CM/10　　　　　　　　　　　　　　　　附录

C.16　主轴电机βiI 系列

电动机型号	βiI 3/10000	βiI 3/10000	βiI 3/10000	βiI 3/10000	βiI 3/10000
使用的驱动器	βiSVSPx5.5 TYPE A	βiSVSPx7.5 TYPE D	βiSVSPx11 TYPE A,D	βiSVSPx15 TYPE A,D	βiSVSPx18
型号代码	332	336	337	338	371
使用的软件系列版本	9D50I	9D50/Q	9D50/Q	9D50/Q	9D8A/D
连续额定输出特性	3.7 kW 2 000/10 000 min⁻¹	3.7 kW 2 000/10 000 min⁻¹	3.7 kW 2 000/10 000 min⁻¹	3.7 kW 2 000/10 000 min⁻¹	—
15 分额定输出特性	5.5 kW 1 500/10 000 min⁻¹	5.5 kW 1 500/10 000 min⁻¹	5.5 kW 1 500/10 000 min⁻¹	5.5 kW 1 500/10 000 min⁻¹	3.7/5.5 kW 1 500/10 000 min⁻¹
FS30i FS0i					
4007	00000000	←	←	←	←
4008	00000000	←	←	←	←
4009	00000000	←	←	←	←
4010	00010000	←	←	←	←
4011	00011001	←	←	←	←
4012	10000000	←	←	←	←
4013	00001100	←	←	←	←
4019	00000100	←	←	←	←
4020	10000	←	←	←	←
4023					
4039	0	←	←	←	0
4040					

图 4 – 5 – 4　βiI 主轴电动机代码检索

二、主轴参数初始化操作

1. 参数画面下主轴初始化操作

（1）记录表 4 – 5 – 1 中各参数值。

（2）设定 No. 4019#7 = 1，关断主轴驱动器和 CNC 控制电源（断大电），并再次上电。

（3）开机，系统自动主轴参数初始化设定，代表完成时 No. 4019#7 = 0，如图 4 – 5 – 5 所示。

（4）PS 电源轴管理，电源轴管理后，断大电，设定完成后，手动恢复记录的参数。

2. 主轴设定画面下主轴参数初始化操作

单击"SYSTEM"→"＞"→"主轴设定"→"主轴设定"键，进入主轴设定调整画面中的主轴设定画面，如图 4 – 5 – 6 所示。也可通过参数调整画面进入"主轴设定画面"，如图 4 – 5 – 7 所示。

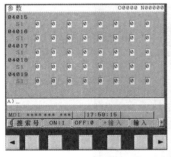

图 4 – 5 – 5　串行主轴初始化

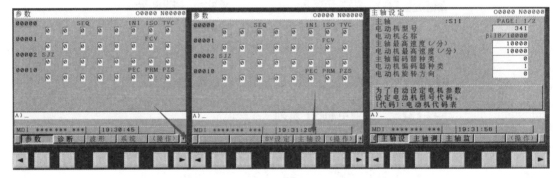

图 4 – 5 – 6　进入主轴设定画面方法 1

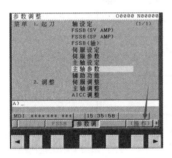

图 4 – 5 – 7　通过参数调整画面进入主轴设定画面

　　主轴设定画面也可以完成主轴初始化操作。与"设置 No. 4019#7"实现主轴初始化操作相比，主轴设定画面下可以适用于"更换主轴电动机"，完成主轴电动机代码、最高转速、电动机最高转速，主轴编码器数据设置，实现主轴电动机初始化。

　　在主轴设定画面中主轴初始化操作：

　　（1）电动机型号：关联参数为主轴电动机代码 No. 4133，在该画面设定电动机代码的同时，No. 4133 数据同步改变。

　　（2）主轴最高转速、主轴电动机最高转速：主轴最高转速关联 No. 3741，主轴电动机最高转速关联参数 No. 4020。

　　例如：主轴与主轴电动机传动比为 1：1 减速，当 No. 4020 = 10 000 r/min 时，则 No. 3741 = 10 000 r/min。

　　（3）主轴编码器种类：一般主轴电动机不用外置编码器，主轴编码器种类设置为 0。

（4）电动机编码器类型：关联参数 No. 4002#0，设置 "1" 代表编码器内部有零点，设置 "0" 代表内部没有零点，需要外置零位开关，才能实现主轴准停操作。

（5）设置完成后，单击 "设定"，关联 No. 4019#7 置 1，关断主轴驱动器和 CNC 控制电源（断大电）。

（6）开机，PS 管理轴，设定参数 No. 11549#0 为 0，断大电。

（7）开机后，查看 No. 4019#7 = 0，代表主轴参数初始化设定完成，如图 4 - 5 - 8 所示。

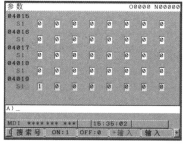

图 4 - 5 - 8 主轴电动机初始化画面

三、主轴监控画面

现场维修时，如果出现如主轴定向位置调整、主轴过载、过热等现象时，需要进行主轴负载状态的监控，可以像伺服监控画面一样，查看主轴监控画面。

在 FANUC 主轴监控画面中有监控信息，如图 4 - 5 - 9 所示，不同的运行方式，有不同的参数调整和不同的监视内容。

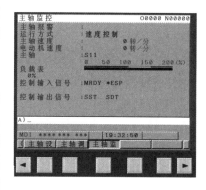

图 4 - 5 - 9 主轴监控画面

1）主轴报警

"主轴报警" 信息栏提供了当主轴报警时即时显示的主轴以及主轴电动机等主轴报警信息。主轴报警信息多达 63 种，部分主轴报警信息见表 4 - 4 - 3。在维修中，通过主轴参数调整监控画面时，可以很方便、直观地了解主轴驱动器、主轴电动机、主轴传感器反馈等相关故障诊断信息，要充分利用主轴监控画面提供的故障诊断信息。

2）运行方式

"运行方式" 信息栏提供了当前主轴的运行方式。FANUC 主轴运行方式比较丰富和灵活，主要有 "速度控制" "主轴定向" "同步控制" "刚性攻螺纹" "主轴 CS 轮廓控制" "主轴定位控制（T 系列）"。不是每种主轴都有 6 种运行方式，这主要取决于机床制造厂家是否二次开发了用户需要的运行方式，而且有的运行方式还需要数控系统具备相应的软件选项和主轴电动机具备实现功能的硬件，如主轴电动机和主轴本身不包含位置反馈传感器，就不可能实现主轴定向和主轴定位控制（T 系列）。

3）主轴控制输入信号

编制 PMC 程序使主轴实现相关功能时，经常把逻辑处理结果输送到 PMC 的 G 地址，最终实现主轴功能，如要使第 1 主轴正转，需编制 PMC 程序使主轴实现相关功能时，要编制包含 M03 的加工程序，经过梯形图逻辑处理输到 G70.5，而 FANUC 公司规定 G70.5 地址信号用符号表示就是 SFRA，即只要第 1 主轴处于正转状态，就能在"控制输入信号"栏看到"SFR"，在"主轴"栏看到"S1"。常用的主轴控制信号一览表如表 4 - 5 - 2 所示。

表 4 - 5 - 2　常用的主轴控制信号一览表

信号符号：信号含义	信号符号：信号含义
TLML：转矩限制信号（低）	*ESP：急停（负逻辑）信号
TLMH：转矩限制信号（高）	SOCN：软启动/停止信号
CTH1：齿轮信号 1	RSL：输出切换请求信号
CTH2：齿轮信号 2	RCH：动力线状态确认信号
SRV：主轴反转信号	INDX：定向停止位置变更信号
SFR：主轴正转信号	HOTA：定向停止位置旋转方向信号
ORCM：主轴定向信号	NRRO：定向停止位置快捷信号
MRDY：机械准备就绪信号	INTG：速度积分控制信号
ARST：报警复位信号	DEFM：差速方式指令信号

若主轴某一功能没有实现，可以在图 4 - 5 - 9 所示主轴监控画面的"控制输入信号"栏检查有无信号显示。若有信号显示，就不需到梯形图中分析程序了；若某一实现功能的信号没显示，就必须借助梯形图来分析逻辑关系。

4）主轴控制输出信号

主轴控制输出信号的理解思路与主轴控制输入信号一样，当主轴控制处于某个状态时，由 CNC 把相关的状态输至 PMC 的 F 存储区，使维修人员很直观地了解主轴目前所处的控制状态。例如：当第 1 主轴速度达到运行转速时，CNC 就输出速度到达信号，信号地址是 F45.3，FANUC 定义的符号是 SARA，在"控制输出信号"栏可看到"SAR"，在"主轴"栏可看到"S1"。常用的主轴控制输出信号一览表如表 4 - 5 - 3 所示。

表 4 - 5 - 3　常用的主轴控制输出信号一览表

信号符号：信号含义	信号符号：信号含义
ALM：报警信号	LDT2：负载检测信号 2
SST：速度零信号	TLM5：转矩限制中信号
SDT：速度检测信号	ORAR：定向结束信号
SAR：速度到达信号	SRCHP：输出切换信号
LDT1：负载检测信号 1	RCFN：输出切换结束信号

在维修主轴时，可以从主轴监控画面的"控制输出信号"栏了解目前主轴运行状态。

实践指导

一、主轴电动机初始化

根据实训室现有设备实现主轴初始化操作。

步骤1：根据主轴驱动器和主轴电动机型号，查找主轴电动机代码。

步骤2：进入主轴设定画面，设置主轴参数。

步骤3：单击"设定"，重启后进行 PS 电源管理。

步骤4：查看 No. 4019#7 主轴是否初始化成功。

二、主轴电动机传感器断线故障

故障现象：某数控车床使用 FANUC 0i 数控系统，选用 βi 主轴电动机和 βiSVSP 伺服驱动器。机床一开机，就出现 SP9073 报警。

主轴电动机内部有主轴电动机转速和位置检测传感器以及温度检测传感器，该传感器信息通过电缆线进入主轴驱动器，主轴驱动器与 CNC FSSB 交换信息，CNC 不断地读取从主轴驱动器串行数据电缆传送过来的信息，包括主轴驱动器、主轴电动机及编码器等信息，当信息中有电动机传感器信号断线信息时，就在 CNC 上显示 SP9073 报警，7 段 LED 数码管上显示 73，如图 4 - 5 - 10 所示。

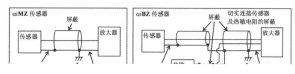

图 4 - 5 - 10　报警信号

故障原因：SP9073 报警信息是电动机传感器信号断线，但故障原因不仅限于反馈电缆线断线，此故障的产生包括几个环节，可能故障原因有以下几个方面。

①传感器参数设定错误。

②主轴驱动器控制印制电路板故障，或者连接错误导致反馈信号无法收到。

③主轴电动机内部传感器故障或位置调整故障。

④主轴电动机传感器反馈电缆故障。

⑤外部有高频干扰信号，造成反馈信号传输不正常。

故障分析：

①因为一般参数没有人为修改过，所以基本可以不考虑参数设定问题。

②首先检查传感器反馈电缆连接，连接位置正确。

③检查反馈电缆线是否有断线现象。经检查电缆线没有断线现象，但反馈电缆与动力电缆没有分开走线。

④重新把反馈电缆分开走线。再重新上电测试，运行正常。

故障解决：把主轴电动机传感器反馈电缆与主轴电动机动力电缆分开后重新走线，机床工作正常。

维修 FANUC 数控系统主轴驱动器与主轴电动机时，首先要根据 CNC 与串行主轴的硬件连接关系，把产生故障的原因尽可能罗列清楚，再对故障原因进行排除，有些故障与周围干扰有关系。当对主轴驱动器物理部件都做了分析排除后，若还有故障，就要考虑主轴驱动器周围以及电动机周围是否存在干扰，要注意主轴电动机的传感器反馈电缆和位置编码器信号线的屏蔽等处理。

 思考问题

1. 主轴电动机初始化应用场景有哪些？
2. 如何查阅主轴电动机代码？

项目五　FS-0i常见故障与处理

任务一　手动操作故障与处理

 知识目标

1. 了解 FANUC CNC 报警的分类。
2. 熟悉坐标轴手动操作的要求、运动条件及相关的 CNC 参数 PMC 信号。
3. 掌握手动运行的故障分析与处理方法。
4. 了解 FANUC CNC 的行程保护设定方法、CNC 参数和相关控制信号。

 能力目标

1. 能根据手动操作条件，分析手动运行不能进行的原因。
2. 能排除 JOG、MPG、INC、MPG 操作故障。
3. 能排除 FANUC CNC 的超程报警。

 相关知识

一、CNC 报警与分类

当数控机床发生故障时，在绝大多数情况下，LCD 均能显示相应的报警号与故障提示信息。根据 CNC 报警显示进行故障的维修处理，是数控机床维修过程中使用最广、最为基本的维修技术，也是维修人员所必须掌握的基本方法之一。

CNC 系统故障维修时，一般可先根据 CNC 所显示的报警号，大致确定故障部位，并由此来分析发生故障的可能原因，并进行相应的维修处理。当 CNC 显示功能故障，或出现的报警原因众多，或无报警显示但动作无法正常进行时，则需要根据系统各组成模块的状态指示灯、PMC 的 I/O 信号状态检查、PMC 程序分析等方法进行综合检查、分析，确定故障原因，并进行相应的维修处理。

根据报警显示的不同形式，FANUC CNC 报警可分为报警号显示与文本提示两类报警。前者既有报警号，还有相应的文本提示信息，CNC 的绝大部分报警都属于此类情况；后者只能显示提示文本，报警一般发生在 PMC 程序编辑与数据输入/输出时，在完成调试、已正常使用的机床上较少发生。

根据报警原因的不同，FANUC CNC 的报警可分 CNC 报警与机床报警（含机床操作者信息）两类，前者为 CNC 生产厂家所设计的报警，在所有 FANUC CNC 上都具有相同的意义；后者为机床生产厂家所设计的报警，只对特定的机床有效。由于机床报警无普遍意义，因此，维修时需要根据机床生产厂家所提供的使用说明书，对照 PMC 程序进行相关处理。表 5-1-1 所示为 FANUC CNC 的 CNC 报警分类一览表。

表 5-1-1　FANUC CNC 的 CNC 报警分类一览表

序号	故障类别	报警号	备注
1	程序错误或操作报警 1	000～253	P/S 报警
2	程序错误或操作报警 2	5010～5455	P/S 报警，系统网络配置出错
3	伺服系统位置检测报警	300～387	APC 与 SPC 报警
4	伺服系统警报	400～468	SV 报警
5	行程极限报警	500～515	OT 报警
6	伺服系统主回路报警或过热报警	600～613	SV 报警
7	CNC 伺服、主轴过热报警	700～704	OH 报警
8	主轴驱动系统报警	740～784	SP 报警
9	CNC 系统报警	900～999	SYS 报警
10	机床报警	1000～1999	取决于机床生产厂家的设计，参见机床制造厂提供的使用说明书
I1	机床操作者信息	2000～2999	
12	用户宏程序报警	3000～3999	
13	串行主轴报警	9000	—
14	PMC 报警	ER01～ER99	—
15	PMC 程序或控制软件报警	WN02～WN48	—
16	PMC 系统报警	PMC000—PMC200	—
17	PMC 用户程序出错文本提示	—	用户程序编辑、检查时出现
18	数据输入/输出错误文本提示	—	数据输入/输出时出现

以上报警中，PMC 报警一般发生在 PMC 程序编辑和初次调试时，在正常使用的机床上较少发生；机床报警和操作者提示信息来自用户 PMC 程序，它们是机床生产厂家所设计的报警，只对特定的机床有效，维修时需要对照 PMC 程序进行处理。编程错误、操作报警、

行程限位报警与加工程序编制、机床操作有关，属于简单报警，维修时可直接根据 CNC 报警号进行相关处理。

伺服报警、主轴报警、CNC 系统报警与系统连接、驱动器连接、参数设定、工作环境等诸多因素有关，需要认真分析原因和进行相应的维修处理。

二、坐标轴运动的基本条件

坐标轴运动控制是 CNC 最基本的功能，数控机床的绝大部分故障都与坐标轴运动有关。坐标轴运动是机械运动部件的实际移动，作为基本要求，机床必须满足以下条件。

（1）机床机械、液压、气动部件已准备就绪，设备符合开机的条件。

（2）机床可动部件已可自由运动，所停止的位置正确、恰当。

（3）各种检测开关、传感器已能可靠发信，位置调整合适。

（4）机床安全电路、保护电路全部可正常、可靠工作等。

在此基础上，可通过对 CNC/PMC 接口信号的状态诊断、PMC 梯形图动态监控等，分析故障原因，并进行相关处理。

1. CNC 工作状态

坐标轴运动时 CNC 必须已处于正常工作状态，这一状态可通过表 5-1-2 中的 CNC 工作状态信号 F＊.＊检查与确认。CNC 工作状态信号是坐标轴运动的必要条件，对手动或自动均有效，信号的具体要求如下。

（1）CNC 软硬件无故障，CNC 准备好信号 MA 为 "1"。

（2）CNC 的位置控制系统已建立，驱动器无故障，伺服准备好信号 SA 为 "1"。

（3）CNC 无报警，报警信号 AL 为 "0"。

（4）CNC 的后备电池电压正常，电池报警信号 BAL 为 "0"。

以上信号的地址与状态说明如表 5-1-2 所示。

表 5-1-2　CNC 工作状态信号一览表

地址	代号	意义	说明
F0001.0	AL	CNC 报警状态输出	"0"：CNC 无报警，允许工作；　"1"：CNC 报警
F0001.2	BAL	CNC 后备电池报警状态输出	"0"：CNC 无电池报警，允许工作；"1"：电池报警
F0001.7	MA	CNC 准备好	"1"：CNC 软硬件正常；"0"：CNC 自诊断出错
F0000.6	SA	伺服准备好	"1"：伺服准备就绪；"0"：伺服未准备好
F0172.6	PBATZ	绝对式编码器电池电压为 0	"1"：电池电压为 0；"0"：电池电压正常
F0172.7	PBATL	绝对式编码器电池电压过低	"1"：电池电压低；"0"：电池电压正常

2. CNC 控制

为了使坐标轴运动，必须通过 PMC 程序向 CNC 提供以下基本控制信号。

（1）取消 CNC 急停，信号 *ESP 为"1"。

（2）取消坐标轴互锁输入，信号 *IT、*ITn 为"1"。

（3）使轴在指定方向的移动允许，信号 +MITn、−MITn 为"0"。

（4）取消机床锁住状态，信号 MLK、MLKn 为"0"。

（5）取消坐标轴超程信号，* +Ln、* −Ln 为"1"。

（6）选择正确的操作方式，MD1、MD2、MD4、DNG1、ZRN 信号状态正确。

以上信号在 FANUC CNC 上的地址如表 5 − 1 − 3 所示。

G8. 0

表 5 − 1 − 3　坐标轴运动相关信号在 FANUC CNC 上的地址一览表

地址	代号	意义	说明
X0008. 4（G0008. 4）	*ESP	外部急停输入	"1"：允许工作；"0"：CNC 急停
G0008. 0	*IT	所有坐标轴互锁输入	"1"：允许工作；"0"：坐标轴禁止运动
G0008. 6	RRW	CNC 复位输入	"0"：允许工作；"1"：CNC 复位
G0008. 7	ERS	外部复位输入	"0"：允许工作；"1"：CNC 复位
G0130. 0 ~ G0130. 3	*ITn	各轴独立的互锁输入	"1"：允许工作；"0"：指定坐标轴禁止运动
G0132. 0 ~ G0132. 3	+MITn	各轴独立的正向互锁	"0"：允许工作；"1"：正方向禁止运动
G0134. 0 ~ G0134. 3	−MITn	各轴独立的负向互锁	"0"：允许工作；"1"：负方向禁止运动
G0044. 1	MLK	所有轴共同的机床锁住	"0"：允许工作；"1"：所有坐标轴禁止运动
G0108. 0 ~ G0108. 3	MLHn	各轴独立的机床锁住	"0"：允许工作；"1"：指定轴禁止运动
G0114. 0 ~ G0114. 3	* +Ln	各轴独立的正向超程	"1"：允许工作；"0"：正向超程，禁止运动
G0116. 0 ~ G0116. 3.	* −Ln	各轴独立的负向超程	"1"：允许工作；"0"：负向超程，禁止运动

表 5 − 1 − 3 中的部分控制信号可通过表 5 − 1 − 4 所示的参数设定取消。

表 5 - 1 - 4　坐标轴基本运动控制参数表

参数号	代号	意义	说明
3004.5	OTH	超程信号（ * + In、 * − Ln）取消	"1"：信号无效；"0"：信号有效
3003.0	ITL	坐标轴共同的互锁信号（ * IT）取消	"1"：信号无效；"0"：信号有效
3003.2	ITX	指定轴互锁信号（ * ITn）取消	"1"：信号无效；"0"：信号有效
3003.3	DIT	指定轴的互锁信号（ * MITn）取消	"1"：信号无效；" * 0"：信号有效
3003.4	DAU	轴共同互锁信号（ * IT）功能设定	"1"：手动、自动均生效；"0"：仅手动有效

三、坐标轴手动操作要求

FANUC CNC 的手动操作包括手动连续进给（JOG）、手动增量进给（INC）、手轮进给（MPG）和手动回参考点（ZRN）4 种。手动回参考点（ZRN）的要求将在任务二详述，JOG、INC、MPG 操作对 CNC 控制信号和参数的基本要求如下。

1. JOG 操作

手动连续进给（JOG）操作是通过方向键控制的手动轴连续运动，当单击方向键时，坐标轴以手动进给速度移动，松开后即停止；在运动过程中可随时用手动倍率开关调节运动速度；JOG 进给无法准确控制轴的运动距离。坐标轴 JOG 操作的基本要求如下：

（1）CNC 处于正常工作状态（参见表 5 - 1 - 2）。

（2）CNC 基本控制信号正确（参见表 5 - 1 - 3）。

（3）手动进给速度参数 PRM1423 设定正确（不能为 0）。

（4）PMC 向 CNC 提供的手动进给速度倍率信号 G0010.0 ~ G0011.7 不能为 "1111 1111 1111 1111" 或 "0000 0000 0000 0000"（倍率不为 0）。

（5）CNC 操作方式选择 JOG。

（6）轴方向选择信号 G0100.0 ~ G0100.3、G0102.0 ~ G0102.3 输入正确。

坐标轴 JOG 操作的动作过程如图 5 - 1 - 1 所示。

如果在 JOG 进给过程中，PMC 向 CNC 提供的手动快速选择信号 G0019.7 为 "1"，则坐标轴按参数 PRM1424 设定的手动快速速度运动，进给速度倍率信号对手动快速同样有效。

2. INC 操作

手动增量进给（INC）操作时可选择运动距离的定量进给方式，运动距离可通过操作面板，利用 PMC 向 CNC 提供的控制信号 MP2/MP1 选择。INC 操作时，轴方向键一旦被点击就可在指定方向上运动指定距离，其基本要求如下。

INC 操作（1）~（4）同 JOG 操作（1）~（4）。

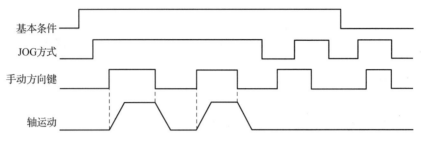

图 5 – 1 – 1　JOG 操作的动作过程

（5）CNC 操作方式选择 INC。

（6）PMC 向 CNC 提供的增量进给距离选择信号 G0019.4/G0019.5 已正确输入。

（7）轴方向选择信号 G0100.0～G0100.3，G0102.0～G0102.3 输入正确。坐标轴 INC 操作的动作过程和 JOG 类似，但每次单击方向键坐标轴总是移动相同的距离（与点击的时间长短无关）。

G100. 0 – G102

3. MPG 操作

手轮进给（MPG）操作是通过手轮控制运动方向与运动距离的进给方式，手轮每脉冲的运动距离可通过操作面板，利用 PMC 向 CNC 提供的控制信号 MP2/MP1 选择。FANUC CNC 最多可使用 3 个手轮，在不同坐标轴上 3 个手轮可同时工作。MPG 操作的基本要求如下：

MPG 操作（1）～（6）同 INC 操作，MPG 操作的方式选择、移动量选择信号和 INC 相同。

（7）手轮功能已选择（PRM8131.0 = "1"），手轮数量已设定（PRM7110 不为 "0"）。

（8）手轮连接正确，脉冲输入正常。

坐标轴 MPG 操作的动作过程和 INC 类似，但它不需要单击方向键，且其增量运动可利用手轮连续控制。

4. 手动进给控制信号

FANUC CNC 的手动进给（JOG）、增量进给（INC）和手轮进给（MPG）的主要控制信号如表 5 – 1 – 5 所示。

表 5 – 1 – 5　手动进给的主要控制信号一览表

地址	代号	意义	说明
G010. 0 ~ G011. 7	*JV0 ~ *JV15	16 位二进制手动进给速度	所有位为 "0" 或 "1"，速度为 0
G0018. 3 ~ G0018. 0	HSID – 1A	第 1 手轮轴选择 D – A	信号与轴的关系为 0000：手轮无效；0001 ~ 0100：依次选择第 1～4 轴
G0018. 7 ~ G0018. 4	HS2D – 2A	第 2 手轮轴选择 D – A	
G0019. 3 ~ G0019. 0	HS3D – 3A	第 3 手轮轴选择 D – A	
G0019. 5/G0019. 4	MP2/MP1	手轮每脉冲移动量或增量进给距离	"00"：×1（0.001 mm）；"01"：×10（0.010 mm）；"10"：×100（0.100）

续表

地址	代号	意义	说明
G0043.7 ~ G0043.0	操作方式选择	CNC 操作方式选择信号	—
G0019.7	RT	手动快速	JOG 方式输入 "1" 可手动快速
G0100.0 ~ G0100.3	+ Jn	轴正方向手动	JOG/INC 方式的手动方向输入
G0102.0 ~ G0102.3	– Jn	轴负方向手动	JOG/INC 方式的手动方向输入

注：MP2/MP1 为 10/11 时的手轮每脉冲移动量可通过参数 PRM7113/7114、PRM12350/12351 设定特殊值。

5. 手动进给参数

在坐标轴手动进给时，可通过 CNC 参数设定手动进给有关的功能、运动速度、移动距离等，其主要参数如表 5 – 1 – 6 所示。

G43 工作
方式解析

表 5 – 1 – 6　手动进给参数一览表

参数号	代号	意义	说明
1002.0	JAX	JOG、回参考点操作可同时移动的轴数	1：3 轴；0：1 轴
1401.0	RPD	回参考点前的手动快速操作	1：有效；0：无效
1423	—	倍率为 100% 时的 JOG 速度	0 ~ 32 767
1424	—	倍率为 100% 时的手动快进速度	30 ~ 240 000
8131.0	HPG	手轮进给功能选择	1：手轮有效；0：手轮无效
7102.0	HGNn	手轮运动方向的调整	0/1：改变手轮运动方向
7103.2	HNT	手轮进给、增量进给的移动单位	0：不变；1：倍乘 10
7110	—	CNC 实际安装的手轮数	0 ~ 3
7113	—	MP2/MP1 为 10 时的手轮每脉冲移动量	1 ~ 127
7114	—	MP2/MP1 为 10 时的手轮每脉冲移动量	1 ~ 1 000

实践指导

一、手动操作故障分析与处理

1. JOG 操作不能进行

如果 FANUC CNC 的手动连续进给操作不能正常进行，即在 JOG 方式下单击机床操作面板上的 + X、 + Y 等方向键，机床不能产生实际运动时，首先需要根据检查坐标轴运动的基本条件，如急停、机床准备好、伺服准备好等，然后按表 5 – 1 – 7 进行逐项检查，进行故障的综合分析与处理。

表 5 – 1 – 7　JOG 操作不能进行的故障分析与处理

项目	故障原因	检查步骤	处理方法
1	JOG 操作方式坐标轴无运动	检查 CNC 位置显示与机床实际运动情况	①显示变化、机床不动见第2项; ②位置不变、机床不动见第5项
2	机床锁住	确认轴锁住信号 MLK（G0044.1）和各轴独立的锁住信号 MLKn（G0108.0 ~ G0108.3）	检查 PMC 程序，撤销机床锁住信号
3	伺服关闭	确认伺服关闭 SVF1 ~ 4（G0126.0 ~ G0126.3）输入	检查 PMC 程序，撤销伺服断开信号
4	机械传动系统不良	检查电动机、丝杠和工作台的机械连接	重新调整机械传动系统
5	轴互锁生效	确认互锁信号 * IT（G008.0）、各轴独立的互锁信号 * ITn（G0130.0 ~ G0130.3），各轴独立的方向互锁信号 + MITn、 – MITn（G0132.0 ~ G0132.3，G0134.0 ~ G0134.3）	检查 PMC 程序；撤销轴互锁信号
6	JOG 方式未生效	确认操作方式选择信号 MD1、MD2、MD4 为 JOG（G0043.0 ~ G0043.2 = 101）	检查 PMC 程序，并确认操作方式选择开关的连接
7	运动方向没有给定	确认方向信号 + Jn、 – Jn（G0100.0 ~ G0100.3，G0102.0 ~ G0102.3）中的对应位为"1"。注意：方向信号必须在 JOG 方式选择后成为"1"才有效，如在方式选择前输入方向信号，则轴不会运动	检查 PMC 程序，并确认轴方向信号的连接
8	进给速度为"0"	检查参数 PRM1423，确认其值不为"0"；确认进给倍率输入信号 * JV0 ~ * JV15（G0010、G0011）不为"00000000"或"11111111"	修改参数或检查 PMC 程序，确认进给速度、倍率不为"0"
9	外部复位信号有效	确认信号 ERS、RRW（G0008.7、G0008.6）不为"1"	检查 PMC 程序，取消外部复位信号
10	CNC 复位中	确认 CNC 复位状态输出信号 ST（F0001.1）为"0"	等待 CNC 复位结束
11	CNC 不良	检查 CNC 主板的状态指示灯	进行相关处理或更换 CNC

2. 手轮操作不能进行

手轮操作的要求和手动连续进给基本相同。当 FANUC CNC 在手轮方式下操作不能正常工作时，可按表 5-1-8 进行故障的综合分析与处理。

表 5-1-8　手轮方式下操作不能进行的故障分析与处理

项目	故障原因	检查步骤	处理方法
1～5	MPG 坐标轴无运动	同 JOG 方式	同 JOG 方式
6	手轮功能未选择	确认 CNC 参数 PRM8131.0 设定为 1；参数 PRM7110（手轮数量）设定不为 0	检查、重新设定 CNC 参数
7	MPG 方式未生效	确认操作方式选择信号 MD1、MD2、MD4 为 HAN（G0043.0～G0043.2＝100）	检查 PMC 程序，并确认方式选择开关的连接
8	轴选择信号不正确	确认手轮轴选择信号 HSn（G0018、G0019）中的对应位为 1	检查 PMC 程序，确认手轮轴选择开关的连接
9	手轮增量选择错误	确认手轮的增量选择信号 MP1、MP2（G0019.4、G0019.5）和参数 PRM7113、PRM7114 的设定	修改参数；检查 PMC 程序，确认开关的连接
10	外部复位信号有效	确认输入信号 ERS.RRW（G0008.7、G0008.6）不为 1	检查 PMC 程序，取消外部复位信号
11	CNC 正在复位中	确认 CNC 复位状态输出信号 RST（F0001.1）	等待 CNC 复位结束
12	手轮连接不良	确认手轮与 I/O 单元的连接	确认开关的连接
13	手轮不良	利用示波器或诊断信号确认手轮脉冲的输出	更换手轮
14	CNC 不良	检查 CNC 主板的状态指示灯	进行相关处理或更换 CNC

3. 增量进给操作不能进行

增量进给的要求和手轮操作基本相同，当 FANUC CNC 在增量（INC）方式下操作不能正常工作时，可按表 5-1-9 进行故障的综合分析与处理。

表 5-1-9　增量进给方式下操作不能进行的故障分析与处理

项目	故障原因	检查步骤	处理方法
1～5	INC 坐标轴无运动	同 JOG 方式	同 JOG 方式

续表

项目	故障原因	检查步骤	处理方法
6	INC 方式未生效	确认操作方式选择信号 MD1、MD2、MD4 为 INC（G0043.0～G0043.2＝100，与手轮相同）	检查 PMC 程序，并确认方式选择开关的连接
7	运动方向未给定	确认方向信号 +Jn、−Jn（G0100.0～G0100.3、G0102.0～G0102.3）中的对应位为"1"	检查 PMC 程序，确认坐标轴运动方向信号的连接
8	增量距离选择错误	确认 INC 增量选择信号 MP1、MP2（G0019.4、G0019.5）和参数 PRM7113、PRM7114 的设定	修改参数并检查 PMC 程序，确认增量选择开关的连接
9	外部复位信号有效	确认输入信号 ERS. RRW（G0008.7、G0008.6）	检查 PMC 程序，取消外部复位信号
10	CNC 正在复位中	确认 CNC 的复位状态输出信号 RST（F0001.1）	等待 CNC 复位结束
11	CNC 不良	检查 CNC 主板的状态指示灯	进行相关处理或更换 CNC

二、超程报警与处理

由于操作不当使坐标轴运动到了被保护的区域，CNC 将发生相应的报警，并禁止轴运动。FANUC CNC 常见的超程报警及处理方法如下。

1. 软件限位报警

机床到达了软件限位区时，CNC 将发生 ALM500（正向软件极限）、ALM501（负向软件极限）报警，自动运行的所有坐标轴都将停止运动；在手动操作时，发生报警的坐标轴将被禁止运动。

FANUC CNC 发生软件限位报警的常见原因如下：

（1）操作不当，如在不正确的位置上执行了回参考点操作等。

（2）程序编制错误使定位终点或轮廓轨迹超出了软件限位位置。

（3）CNC 的软件限位参数设定存在错误。

发生软件限位报警时，通常可在手动操作方式下，通过坐标轴的反方向运动，退出软件限位位置，然后通过 MDI/LCD 键盘上的"RESET"键清除报警。

2. 硬件超程报警

当机床硬件极限开关动作时，CNC 将显示 ALM506（正向硬件极限）、ALM507（负向硬件极限）报警。CNC 发生硬件限位报警时，自动运行的所有坐标轴都将停止运动，在手动操作方式下，发生报警的坐标轴运动将被禁止。FANUC CNC 发生硬件限位报警的常见原因如下。

（1）机床参考点或软件限位的参数设定错误，导致坐标轴在无软件限位保护的情况下直接运动到了硬件极限。

（2）程序编制错误使定位终点或轮廓轨迹超出了硬件限位位置。

（3）操作不当，如在手动回参考点时，回参考点的起始位置选择不当，直接导致坐标轴的超程。

（4）机床未进行手动回参考点操作，导致坐标轴在无软件限位保护的情况下直接到达硬件限位的位置。

发生硬件限位报警时，通常可在手动操作方式下，通过坐标轴的反方向运动退出限位位置，然后通过 MDI/LCD 键盘上的"RESET"键清除报警。

3. 超极限急停

超极限急停需要通过控制系统的紧急分断安全电路实现，发生报警时，由于它直接切断了驱动器的主电源，CNC 将直接进入急停状态。因此，CNC 将显示"未准备好（NOT READY）"报警。

发生超极限急停报警时，正确的方法应是在切断机床总电源的情况下，通过手动的、纯机械的操作，将坐标轴反方向退出保护区域。然后，彻底查明故障原因，消除安全隐患，重新启动机床。超极限急停属于严重故障，除非万不得已，应禁止利用短接紧急分断安全电路、取消超程开关等非正常手段重新启动机床，更不允许在开机的情况下试图通过伺服电动机的运动使坐标轴退出保护区域。

三、行程限位与设定

1. 行程限位设定

原则上说，除可无限回转的回转轴外，数控机床的其他坐标轴都应按图 5-1-2 的要求设定超极限急停、硬件极限、软件限位保护。

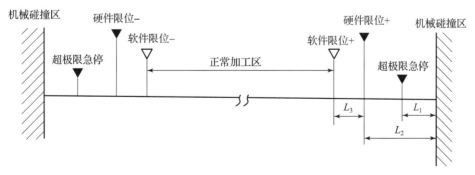

图 5-1-2　行程保护位置的设定

通常而言，软件限位应设定在略大于正常工作行程（1~2 mm）的位置，硬件限位和超极限急停的位置要求如下。

硬件限位：用于软件限位未生效或参数设定错误时的行程保护，开关动作点应保证坐标轴手动快速移动时的正常减速停止，而不会导致超极限急停保护的动作。

超极限急停：用来紧急分断伺服驱动主电源的最后一道保护，超极限急停开关的安装，应确保在任何情况下都不会产生机床坐标轴的机械碰撞。因此，超极限急停开关动作点到机械碰撞位置的距离应大于驱动器紧急制动所需的减速距离。

2. 相关参数

FANUC CNC 与行程保护功能相关的主要参数如表 5 – 1 – 10 所示。

表 5 – 1 – 10　行程保护功能相关的主要参数一览表

参数号	代号	意义	说明
1300.1	NAL	出现软件限位时的处理	1：仅输出 + OTn/ – OTn 信号；0：CNC 报警
1300.2	LMS	软件限位 1/软件限位 2 的转换	1：有效；0：无效
1300.6	LZR	回参考点前软件限位功能	1：无效；0：有效
1300.7	BFA	软件限位的报警方式	1：超程前；0：超程后
1301.0	DLM	各坐标轴独立的软件限位转换功能	1：有效；0：无效
1301.3	OTA	开机时已处于软件限位区的处理	1：移动时报警；0：立即报警
1301.4	OFI	软件限位报警的复位	1：用"RESET"键复位；0：退出后自动复位
1301.7	PLC	软件限位的移动前检查	1：移动前检查；0：不检查
3004.0	OTH	硬件限位功能选择	0：有效；1：无效
1320	软件限位 1 的正向位置	确认操作方式选择信号 MD1、MD2、MD4 为 INC（G0043.0 ~ G0043.2 =100，与手轮相同）	软件限位 1 的正向位置
1321	软件限位 1 的负向位置	软件限位 1 设定	软件限位 1 的负向位置
1326	软件限位 2 的正向位置	软件限位 2 设定	软件限位 2 的正向位置
1327	软件限位 2 的负向位置	软件限位 2 设定	软件限位 2 的负向位置

3. 保护信号

FANUC CNC 与行程保护功能相关的控制信号和状态信号如表 5-1-11 所示，控制信号需要 PMC 程序的设计提供，状态信号可用于 PMC 程序的控制。

表 5-1-11　行程保护功能相关的控制信号和状态信号一览表

地址	代号	意义	说明
G0114.0 ~ G0114.3	*+Ln	各坐标轴独立的正向硬件限位	1：正常工作区；0：超程
G0116.0 ~ G0116.3	*-Ln	各坐标轴独立的负向硬件限位	1：正常工作区；0：超程
G0007.6	EXLM	软件限位 1/2 转换控制	0：软件限位 1 有效；1：软件限位 2 有效
G0007.7	RLSOT	软件限位 1 的保护功能撤销	0：保护功能有效；1：功能无效
G0104.0 ~ G0104.3	+EXLn	各轴正向软件限位 1/2 转换	0：软件限位 1 有效；1：软件限位 2 有效
G0105.0 ~ G0105.3	-EXLn	各轴负向软件限位 1/2 转换	0：软件限位 1 有效；1：软件限位 2 有效
G0110.0 ~ G0110.3	+LMn	正向软件限位自动设定	0：无效；1：当前坐标作为正向限位输入
G0112.0 ~ G0112.3	-LMn	负向软件限位自动设定	0：无效；1：当前坐标作为负向限位输入
F0124.0 ~ F0124.3	+OTn	正向软件限位到达	0：正常加工区；1：正向软件限位区
F0126.0 ~ F0126.3	-OTn	负向软件限位到达	0：正常加工区；1：负向软件限位区

思考问题

简述手动方式下机床不能移动的原因。

任务二　回参考点故障与处理

1. 掌握减速开关回参考点的动作过程和条件。
2. 掌握回参考点的要求和相关参数。
3. 懂得回参考点报警的原因。
4. 掌握回参考点报警的故障分析与处理方法。
5. 掌握回参考点位置出错的故障分析与处理方法。

1. 能准确设定回参考点参数。
2. 能分析 ALM090 报警的原因，并排除故障。
3. 能分析 ALM091 报警的原因，并排除故障。
4. 能分析参考点定位不准的原因，并排除故障。

一、回参考点动作

1. 回参考点操作

回参考点操作是以增量式编码器（或光栅尺，下同）为位置检测元件的数控机床，是建立机床坐标系的必要条件。FANUC CNC 回参考点的方式有多种，其中减速开关回参考点是数控机床最常用的方法。

FANUC CNC 减速开关手动回参考点（以下简称手动回参考点）的动作过程如图 5 - 2 - 1 所示，操作要求与坐标轴运动情况如下：

（1）在手动连续进给"JOG"方式下，选择"回参考点"操作方式。

（2）单击对应轴运动方向键，如 +X、+Y、+Z 键。

（3）被选择的轴以参数设定的"回参考点快速"速度与"回参考点方向"向参考点快速移动。

（4）参考点减速挡块被压上后，来自机床的参考点减速信号（*DECn）生效，轴将减速至参数设定的"参考点搜索速度"，继续向参考点慢速移动。

（5）越过参考点减速挡块后，*DECn 信号恢复，轴继续以参考点搜索速度运动。

（6）在参考点减速挡块放开、脉冲编码器的第一个零脉冲到达后，CNC 开始进行参考点偏移量计数。

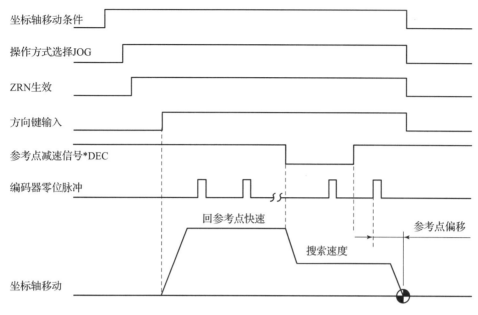

图 5 - 2 - 1 减速开关手动回参考点的动作图

（7）当坐标轴到达参数设定的参考点偏移量后，停止运动，CNC 发出参考点到达信号，回参考点运动结束。

2. 控制信号

FANUC CNC 手动回参考点对控制信号的要求如下：

（1）CNC 的操作方式必须选择"回参考点"（ZRN）方式。

（2）回参考点的运动方向必须正确指定。

（3）到达减速区后，必须有参考点减速信号 * DECn 输入。

（4）位置检测器件的零脉冲信号必须按要求输入。

例如：机床的坐标轴手动操作 JOG、INC、MPG 正常，可通过表 5 - 2 - 1 所示的诊断信号，检查手动回参考点控制信号。

表 5 - 2 - 1 回参考点信号一览表

信号名称	代号	诊断信号	信号状态要求
操作方式选择	MD1、MD2、MD4	G043.0 ~ G043.2	必须为"101"
回参考点选择	ZRN	INC 方式未生效	必须为"1"
回参考点方式确认	MREF	F004.5	必须为"1"
回参考点方向键	+ Jn	G100.0 ~ G100.3	必须有 1 个为"1"
回参考点方向键	− Jn	G102.0 ~ G102.3	
参考点减速信号	* DECn	X0009.0 ~ X0009.3	按回参考点要求提供

二、回参考点参数

在绝大多数 FANUC 数控系统上，作为手动回参考点的内部控制条件，为了保证坐标轴回参考点的可靠动作和准确定位，CNC 对回参考点减速区的运动速度、减速距离均有一定的要求，具体如下。

1. 减速距离要求

在参考点减速区，即从运动轴压上参考点减速挡块、参考点减速信号输入到脱离参考点减速挡块、参考点减速信号恢复的区间内，坐标轴必须能够减速至参考点减速速度（PRM1425 设定值）；并且，在以参考点减速速度运动的区间内，CNC 至少应接收 1 个来自检测器件（脉冲编码器）的零脉冲信号。因此，参考点减速区的长度必须满足以下条件：

$$L_{\mathrm{dec}} \geqslant L_{\mathrm{d}} + L_{\mathrm{R}}$$

式中　L_{dec}——参考点减速区长度，mm；

L_{d}——坐标轴从快速减速至参考点减速速度的距离，mm；

L_{R}——零脉冲检测距离，mm。

零脉冲检测距离 L_{R} 的长度取决于位置检测器件的零脉冲间距，零脉冲间距又称为参考点计数器容量或参考计数器容量，它实际上是以位置反馈脉冲数表示的零脉冲间距。因此，在以脉冲编码器作为位置检测器件的坐标轴上，进给轴必须移动大于编码器 1 转（360°）所对应的运动距离；在以光栅尺作为位置检测器件的坐标轴上，进给轴必须大于光栅尺零位检测信号间距。

由于减速开关回参考点的实际定位位置需要以减速信号恢复后的第 1 个零脉冲作为基准位置。因此，为了防止回参考点时出现超程报警，作为附加条件，坐标轴的软件限位、硬件限位位置离参考点减速信号恢复点的距离必须大于参考点计数器容量（编码器 1 转距离或光栅尺零位检测信号间距）。

2. 减速速度要求

参考点减速运动时，坐标轴的位置跟随误差应在 128 μm 以上。闭环位置控制系统的位置跟随误差与伺服进给系统的位置环增益、运动速度有关，其计算式如下：

$$e_{\mathrm{ss}} = \frac{16.67 \times F}{K}$$

式中　e_{ss}——位置跟随误差，μm；

F——运动速度，mm/min；

K——位置环增益，1/s。

3. CNC 参数

回参考点的运动方向、运动速度、运动距离、减速信号极性，以及参考点位置、参考点计数器容量等，均可通过 CNC 参数予以设定。FANUC CNC 与手动回参考点相关的主要参数如表 5-2-2 所示。

表 5-2-2　手动回参考点相关的主要参数一览表

参数号	代号	意义	说明
1002.0	JAX	可同时回参考点的轴数	0：1 轴；1：3 轴
1002.2	SFD	参考点偏移方式	0：栅格偏移；1：参考点偏置
1002.3	AZR	未手动回参考点的 G28 自动回参考点	0：执行；1：报警 ALM090
1005.0	ZRNn	未回参考点时的程序自动运行报警	0：报警 ALM224；1：无报警
1006.5	ZMIn	回参考点方向	1：负向；0：正向
1240	—	参考点坐标值	参考点在机床坐标系中的位置（坐标值）
1300.6	LZR	手动回参考点时的软件限位功能	0：有效；1：无效
1425	—	回参考点减速速度	
1821	—	参考点计数器容量	
1825	—	位置环增益 K	1~9 999（单位 0.01/s）
1836	—	手动回参考点时的最小跟随误差设定	1~127（最小移动单位）；0 代表 128
1850	—	参考点偏移	最小移动单位
3003.5	DEC	减速信号（＊DECn）极性设定	0：信号"0"减速；1：信号"1"减速

三、回参考点报警

FANUC CNC 的回参考点故障主要有坐标轴超程，CNC 发生 ALM090、ALM091 报警等。如果坐标轴在工作行程内无法完成回参考点动作，则产生坐标轴超程报警；如果回参考点的减速距离不满足前述的系统要求，CNC 将产生 ALM090 报警；如果减速速度不满足前述的系统要求，则 CNC 产生 ALM091 报警。回参考点故障的常见原因如下。

1. 坐标轴超程

坐标轴超程的原因是 CNC 无法在工作行程内完成回参考点动作，其故障原因主要有以下几种。

（1）手动回参考点的起始位置选择不当。起始位置选择不当将导致系统无法实现正常的回参考点动作。例如：如果手动回参考点的起始位置位于减速信号恢复点以后，回参考点时将检测不到参考点减速信号，坐标轴将直接超程；如果起始位置直接位于减速区上，回参考点时同样可能检测不到参考点减速信号，导致坐标轴直接超程。

（2）减速信号不良。减速信号不良将导致回参考点不能正常减速，从而导致回参考点动作不能正常完成。

减速信号不良的原因主要有减速开关损坏或动作不良、电气连接故障、减速开关或减速挡块固定不可靠等。减速开关损坏、冷却液进入、铁屑污染是导致减速开关动作不良的常见原因；电气连接线接触不良、连接线断开是导致电气连接故障的主要原因；同样，如果减速开关或减速挡块的安装、固定不可靠，就可能改变回参考点减速区，甚至无减速，而发生坐标轴超程报警。

（3）减速挡块长度不足或参数设定不合理。减速挡块的长度和参考点快速移动速度，决定了坐标轴的减速行程，如果减速挡块长度不足或参考点快速移动速度参数设定过高，都将导致坐标轴在减速开关动作区不能降至参考点减速速度，或者不能在减速速度运动期间检测到零脉冲信号，而发生坐标轴超程报警。

（4）位置检测器件的零脉冲信号不良。位置检测器件损坏（编码器或光栅）或冷却液润滑油污染、编码器或光栅的电源电压过低、编码器或光栅连接不良、反馈电缆屏蔽不良、伺服驱动器的编码器接口电路故障或外置式位置检测单元故障等，都可能影响零脉冲信号的正常输出和接收，从而导致 CNC 无法检测零脉冲信号，从而发生坐标轴超程报警。

（5）软件限位、硬件限位位置设定不合理。由于减速开关回参考点的实际定位位置，需要以减速信号恢复后的第 1 个零脉冲作为基准位置，如果坐标轴的软件限位、硬件限位位置离参考点减速信号恢复点的距离小于参考点计数器容量（编码器一转距离或光栅尺零位检测信号间距），则 CNC 将发生坐标轴超程报警。

2. ALM090 报警原因

ALM090 报警是由于回参考点时，在减速运动区间上，没有检测到编码器的零位脉冲所引起的不能正常回参考点报警，其故障原因主要有以下几种。

（1）减速信号不良。减速开关动作不良、电气连接故障、减速开关或减速挡块固定不可靠、冷却液或铁屑污染等因素，均将导致回参考点不能正常减速或改变回参考点减速区长度，使 CNC 无法在参考点减速移动的区间内检测到零脉冲信号。如果 CNC 在坐标轴超程前检测到这一故障，CNC 将发生 ALM090 报警。

（2）位置检测器件的零脉冲信号不良。位置检测器件（编码器或光栅）损坏或冷却液润滑油污染、编码器或光栅的电源电压过低、编码器或光栅连接不良、反馈、电缆屏蔽不良、伺服驱动器的编码器接口电路故障或外置式位置检测单元故障等因素，均可能导致 CNC 无法检测到编码器或光栅的零脉冲信号。如果 CNC 在坐标轴超程前检测到这一故障，CNC 将发生 ALM090 报警。

（3）参考点计数器容量设定错误。参考点计数器是确定 CNC 检测零脉冲检测区间的依据，如果位置检测器件输入的脉冲数到达参考点计数器所设定的值，但 CNC 仍然没有检测到零脉冲信号，则认为零脉冲存在故障，从而发生 ALM090 报警。

（4）减速挡块长度不足或参数设定不合理。如果减速挡块长度不足或参考点快速移动速度参数设定过高，将导致坐标轴在减速开关动作区不能降至参考点减速速度，或者不能在减速速度运动期间检测到零脉冲信号。如果 CNC 在坐标轴超程前检测到这一故障，CNC 将发生 ALM090 报警。

3. ALM091 报警原因

ALM091 报警是 CNC 回参考点减速时伺服系统的位置跟随误差过低所引起的报警，其常见原因如下。

（1）系统位置环增益设定值过大。伺服系统的位置跟随误差与系统的位置环增益成反比，位置环增益越大，同样速度所对应的位置跟随误差就越小。因此，如系统位置环增益设定值过大，以致坐标轴在参考点减速时的位置跟随误差不足 128 μm，从而导致系统发生 ALM091 报警。

（2）回参考点减速速度设定过低。伺服系统的位置跟随误差与坐标轴运动速度成正比，运动速度越低，同样位置环增益所对应的位置跟随误差就越小。因此，如果系统回参考点减速速度设定过低，同样会造成参考点减速时的位置跟随误差不足 128 μm，从而导致系统发生 ALM091 报警。

 实践指导

一、回参考点报警与处理

FANUC CNC 回参考点时发生坐标轴超程，ALM090、ALM091 报警的原因可参见前述内容。ALM090、ALM091 报警的检查步骤及处理方法如表 5-2-3 所示。

表 5-2-3　ALM090、ALM091 报警的检查步骤及处理方法

故障原因	检查步骤	处理方法
ALM091 报警，回参考点速度过低	在与发生报警相同的条件下，再次进行回参考点操作，并通过检查 CNC 诊断参数 DGN300，确认轴的位置跟随误差	1. 如参考点减速前的位置跟随误差值小于 128，参见第 2 项； 2. 如参考点减速后的位置跟随误差值小于 128，参见第 6 项； 3. 如位置跟随误差值大于 128，参见第 8 项
进给速度设定不当	检查 CNC 参数 PRM1420（快进速度），PRM1425（手动快进速度）的设定值	正确设定速度参数，使参考点减速前的位置跟随误差值大于 128
位置环增益设定错误	检查 CNC 参数 PRM1825 的设定值	设定正确的位置环增益参数，保证回参考点减速前的位置跟随误差理论值大于 128
伺服系统调整不当	检查伺服参数中的速度反馈设定	调整速度反馈参数，保证回参考点减速前的位置跟随误差理论值大于 128
快速倍率信号或倍率参数设定不当	检查快速倍率信号的状态、倍率开关的位置与 CNC 的倍率设定参数	利用 I/O 诊断检查快速倍率控制信号 ROV1（G0014.0）、ROV2（G0014.1）的状态，确认 PMC 程序正确。检查和调整快进速度设定参数 PRM1421（快进速度 F0 设定），使 F0 速度下的位置跟随误差值大于 128

续表

故障原因	检查步骤	处理方法
参考点减速信号输入不正确或参考点搜索速度设定不当	利用I/O诊断功能检查参考点减速信号X0009.0~X0009.3的状态变化。检查参考点搜索速度的参数设定值	确认参考点减速信号 X0009.0~X0009.3 符合要求。CNC 在参数PRM1425所设定的参考点搜索速度下的位置跟随误差值大于128
外部减速信号输入错误	利用I/O诊断功能检查外部减速信号的输入状态	确认在回参考点时，无其他外部减速信号（G0118.0~G0118.3，G0120.0~G0120.3）的输入
起始点选择不当	检查回参考点时的起始位置	保证回参考点的开始位置位在压上减速开关前
减速距离不足	利用手轮或手动连续进给方式移动坐标轴，同时用I/O诊断功能检查参考点减速信号的动作区间	调整、更换参考点减速挡块，使参考点减速的区间足够长（长度一般应在丝杠螺距的4倍以上）
零脉冲不良	利用示波器等仪器或利用I/O诊断信号，测量、检查编码器零脉冲输入	如编码器零脉冲信号正常，见11项；零脉冲信号不正常，见14项
编码器电源电压过低	直接在脉冲编码器的输入连接端检查，编码器的电源电压应大于4.75 V	增加+5 V电源连接线，确保编码器+5 V电源的线路压降在0.2 V以下
编码器电缆连接不良	检查驱动器、电动机上的编码器电缆连接	重新安装，确保连接可靠
驱动器调整不当	检查伺服驱动器的参考点计数器容量、电子齿轮比等参数的设定	设定与调整参数，确保CNC参数正确
轴控制模块不良	检查CNC主板的状态指示灯	更换轴控制模块
CNC 不良	检查CNC主板的状态指示灯	进行相关处理或更换CNC
编码器不良	利用示波器测量编码器脉冲输出	必要时更换脉冲编码器

二、参考点位置出错与处理

FANUC CNC 执行回参考点操作时，如 CNC 未发生 ALM090/091 报警，但参考点停止时的定位位置不正确，则应根据参考点误差的不同情况，按照以下方法进行故障的原因分析、检查及处理。

1. 参考点发生整螺距偏离

当回参考点结束后，如果参考点位置发生了整螺距的偏离，可按表5-2-4进行故障的原因分析、检查及处理。

表5-2-4　参考点整螺距偏离的故障分析检查及处理

项目	故障原因	检查步骤	处理方法
1	参考点减速挡块调整不当	①在手轮或手动连续进给JOG方式下，慢速将坐标轴从参考点位置退出； ②通过I/O诊断画面，观察参考点减速信号的状态变化； ③当参考点减速信号状态变化时，坐标轴停止后，记录该点的坐标值（即回参考点减速挡块重新放开位置）； ④根据CNC的位置显示，计算参考点位置和减速挡块重新放开位置间的距离	调整参考点减速挡块位置，使减速挡块重新放开的位置位于距离参考点约1/2螺距的位置上，固定参考点减速挡块。在需要时，可按本项作多次调整，以保证上述要求
2	参考点减速挡块长度不足	①利用手轮或手动连续进给JOG方式，沿回参考点方向，使坐标轴慢速接近参考点减速挡块； ②通过I/O诊断画面，观察参考点减速信号的状态变化； ③记录参考点减速信号动作和恢复点的CNC位置显示值，并计算两者的距离	更换参考点减速挡块或调整其长度，使参考点减速区间的长度大于电动机转动3~4转所对应的距离

2. 参考点发生偶然偏离

机床在执行回参考点操作时，如果参考点位置偶然出现偏离，可按表5-2-5进行故障的原因分析、检查及处理。

表5-2-5　参考点偶然偏离的故障分析检查及处理

项目	故障原因	检查步骤	处理方法
1	零脉冲受干扰	检查反馈电缆的屏蔽线连接是否正确，屏蔽接地是否良好，脉冲编码器的电缆布置是否合理等	通过必要的措施，减小反馈电缆的干扰
2	编码器电源电压过低	直接在脉冲编码器的输入连接端检查，编码器的电源电压应大于4.75 V	更换编码器电池
3	伺服电动机与丝杠的连接不良	分别在电动机轴、丝杠上做同步标记，利用快速定位指令，使坐标轴运动一定的距离，然后检查电动机轴和丝杠是否存在滑移现象	紧固机械连接件，如联轴器、齿轮、带轮等，消除电动机轴和丝杠间的滑移

续表

项目	故障原因	检查步骤	处理方法
4	脉冲编码器不良	利用示波器检查编码器的输出脉冲，确认全部信号的波形正常、完整、清晰	必要时更换编码器
5	减速信号发信不良	检查参考点减速挡块的固定是否可靠；检查参考点减速挡块上是否有铁屑等；检查参考点减速开关的动作是否可靠	保证减速开关的动作正常
6	CNC 不良	检查 CNC 主板的状态指示灯	进行相关处理或更换 CNC

3. 参考点出现微小偏离

如果回参考点动作完成后，参考点位置存在微小的偏离时，可按表 5 - 2 - 6 进行故障的原因分析、检查及处理。

表 5 - 2 - 6　参考点微小偏离的故障分析检查及处理

项目	故障原因	检查步骤	处理方法
1	电缆安装、接触不良	检查电缆与连接器的连接情况	确保连接可靠
2	电源电压波动	检查 CNC 的 DC 24 V 电源电压变化情况	确保 DC 24 V 电源电压在 CNC 允许的范围内，必要时更换稳压电源
3	零脉冲信号存在干扰	检查反馈电缆屏蔽线是否连接正确，接地是否良好，脉冲编码器的电缆是否布置合理等	通过必要的措施，减小零位脉冲信号干扰
4	机械传动系统不良	检查电动机与丝杠、丝杠与工作台间的机械连接，检查机械传动部件的间隙	重新安装、调整机械传动系统
5	CNC 不良	检查 CNC 主板的状态指示灯	进行相关处理或更换 CNC

三、绝对式编码器参考点设置

1. 绝对式编码器与设定

真正意义上的绝对式编码器是指绝对值编码器（Absolute - value Rotary Encoder），是可直接检测 360°范围内的绝对角度的编码器，它需要有多通道物理刻度与相应的光电器件，圆周位置用二进制或格雷编码数据表示。由于体积、制造、成本等原因，这种编码器的位置检测分辨率通常只能做到 0.044°左右。

目前数控机床所使用的绝对式编码器，实际上都是一种通过后备电池保存位置数据的增量式编码器，但它也可起到绝对值编码器同样的效果，故亦称作绝对式编码器（Absolute Rotary Encoder或 Absolute Rotary Pulse Coder）。这种绝对式编码器的内部安装有存储零脉冲计数值与增量计数值等位置数据的存储器，当外部断电时，位置数据仍然可通过后备电池保持，CNC 在开机时能够自动读入位置数据，故不需要进行回参考点操作。因此，从严格意义上说，它只是一种能保存位置数据的增量式编码器，如不安装后备电池，就成了串行输出增量式编码器，因而在绝大多数场合两者可以通用。

FANUC CNC 使用绝对式编码器时，需要在驱动器上安装后备电池，并设定如下 CNC 参数。

PRM1815.5：使用绝对式编码器的坐标轴，设定为"1"。

PRM1815.6：如回转轴使用绝对式编码器，设定为"1"（仅回转轴需要）。

PRM1819.1：伺服报警时的位置数据保存。设定为"1"，发生位置跟随超差、编码器断线报警时，需要重新设置参考点；设定为"0"，发生以上报警时，可保存位置数据，无须进行参考点的重新设定。

2. 参考点设置

绝对式编码器的参考点只需要在机床生产厂家首次调试、后备电池被断开或故障后进行重新设定，正常开机时无须进行手动回参考点操作。绝对式编码器的参考点通常也利用减速开关回参考点的方法设定，其步骤如下。

（1）将 CNC 参数 PRM1815.4 设定为"0"，取消现有参考点，CNC 显示 DS0300 报警，内容为"APC 报警：需回参考点"。

（2）关闭 CNC 电源，重启 CNC。

（3）进行通常的手动回参考点操作，使坐标轴定位于参考点上。

（4）回参考点完成后，CNC 参数 PRM1815.4 自动成为"1"。

（5）按操作面板的"RESET"键清除报警，参考点设置完成。

绝对式编码器也可通过手动操作强制设定，方法如下。

（1）将 PRM1815.4 设定为"0"，取消现有参考点，CNC 显示 DS0300 报警。

（2）关闭 CNC 电源，重启 CNC。

（3）利用 JOG、INC 或手轮操作，使坐标轴准确定位到参考点位置上。

（4）强制设定 CNC 参数 PRM1815.4 为"1"，CNC 显示 PWOOO 报警，内容为"必须关断电源"。

（5）关闭 CNC 电源，重启 CNC，完成参考点设置。

 思考问题

1. 能否在相对式编码器上实现绝对式回参？为什么？

2. 和参考点相关的参数和信号有哪些？

任务三　自动运行故障与处理

 知识目标

1. 熟悉程序自动运行方式及相关的 CNC 参数、PMC 信号。
2. 熟悉程序自动运行的控制信号及相关的 CNC 参数。
3. 掌握自动运行的故障分析与处理方法。
4. 掌握常见伺服、主轴报警的处理方法。

 能力目标

1. 能区分自动运行互锁、进给保持、运行停止、CNC 复位动作。
2. 能区分机床锁住、空运行、单段、选择跳段、程序重新启动功能。
3. 能分析 ALM401、ALM404 报警原因，并排除故障。
4. 能分析 ALM410、ALM411 报警原因，并排除故障。

 相关知识 >>>

一、程序自动运行控制

1. 程序运行方式

FANUC CNC 的程序自动运行可在 MDI、AUTO 及 DNC 操作方式下进行，程序自动运行时可利用操作面板上的按钮，通过 PMC→CNC 的控制信号，选择"机床锁住""空运行""单段执行""选择跳段""程序重新启动"等不同运行方式。FANUC CNC 的程序运行方式的用途及控制要求如下。

1）机床锁住

"机床锁住"用于程序的模拟运行，机床锁住生效后 CNC 的位置显示变化，实际坐标轴无运动，但 M/S/T/B 等辅助机能指令仍然正常执行。"机床锁住"可通过 PMC→CNC 的控制信号 MLK（全部轴锁住）、MLKn（指定轴锁住）控制，信号状态为"1"时，电动机减速停止；信号恢复为"0"后，坐标轴立即恢复运动。由于"机床锁住"将导致 CNC 位置和机床实际位置不符，为了防止发生危险，在程序自动运行的中间位置，原则上不应实施机床锁住操作，更不能在程序模拟的中间位置取消机床锁住信号。

2）空运行

空运行用于程序的运行检查，空运行有效时可以直接用手动进给速度代替程序中的所有或部分切削进给速度，以加快程序执行速度。空运行可通过 PMC→CNC 的控制信号 DRN 控制，信号状态为"1"时，空运行有效；信号为"0"时，按正常切削速度运动。空运行时

CNC 位置和机床实际位置保持一致，在程序自动运行的中间位置生效或撤销 DRN 信号不会发生危险，这是一种常用的程序检查运行方式。

3）单段运行

单段运行时，CNC 将逐段执行加工程序，每一加工程序段都需要循环启动信号予以启动，因此，可以用于程序的正确性检查。单段运行可通过 PMC→CNC 的控制信号 SBK 控制，信号状态为"1"时，单段运行有效；信号为"0"时，连续执行加工程序。但是，如果在螺纹加工或攻螺纹循环执行过程中生效了单段控制信号，则一般需要在螺纹加工或攻螺纹循环完成后才能生效单段功能；而在其他固定循环有效期间加入单段控制信号，原则上每一步的运动均可独立停止。

4）选择跳段

选择跳段可将程序段号前带有跳段标志"/"的程序段忽略。对于需要在不同情况下选择不同程序段跳过的场合，可通过"/1"～"/9"进行分别标识。选择跳段可通过 PMC→CNC 的控制信号 BDT1～BDT9 控制，信号状态为"1"时，选择跳段有效；信号为"0"时，执行所有加工程序段。

5）程序重新启动

程序重新启动可使程序直接从指定的位置（一般为中断点）开始运行。程序重新启动可对指定段前的程序进行模拟运行，并动态改变模态 G 代码、刀具补偿值、工件坐标系等编程数据，使中断点以后的程序运行能够在中断点以前程序运行状态的基础上继续，避免重复加工。程序重新启动可通过 PMC→CNC 的控制信号 SRN 控制，信号状态为"1"时，程序重新启动有效。

2. 程序执行控制

FANUC CNC 程序自动运行时，可以通过以下方式控制程序的执行过程。

1）程序启动

自动运行方式一旦被选择，CNC→PMC 的状态信号 OP 将为"1"，此时，所选定的加工程序就可通过 PMC→CNC 的循环启动信号 ST 启动运行。ST 信号一般由操作面板上的"START"按钮产生，信号为下降沿有效。自

G7.2

动运行启动后，CNC→PMC 的循环启动状态信号 STL 为"1"，进给保持状态输出信号 SPL 为"0"。程序的自动运行可通过 PMC 控制信号停止，根据需要自动运行可选择用启动互锁、进给保持、运行停止和 CNC 复位等方式停止。

2）启动互锁

如果程序运行期间，自动启动互锁信号 STLK 为"1"，CNC 将中断坐标轴的运动，电动机减速停止，程序段的剩余行程保留；但 F、S、T、M 指令仍可正常执行。自动互锁信号 STLK 恢复为"0"后，程序的自动运行将继续，无须用 ST 信号进行重新启动。

坐标轴互锁信号 *IT、*ITn 的作用与 STLK 信号类似，但 STLK 只能用于自动运行，而 *IT、*ITn 对手动操作和自动运行同时有效。

3）进给保持

进给保持（Feed Hold）亦称进给暂停，它可以暂时中断自动运行的所有动作，保留现行程序执行状态信息，这是自动运行最常用的停止控制方式。

G8.5

进给保持一般由操作面板的"F. HOLD"按钮控制，并通过将 PMC→CNC 的进给保持信号 *SP 置"0"实现；但是，如果自动运行时，CNC 的操作方式被强制转换到了 JOG、INC、MPG、REF、TJOG、THND 等方式，CNC 将强制进入进给保持状态。

进给保持有效期间，循环启动状态信号 STL 为"0"、进给保持状态输出信号未被转换，程序的自动运行可在取消进给保持信号后（*SP 重新置 1），用循环启动信号 ST 的下降沿，重新启动。

对于不同的 CNC 加工程序段，进给保持的动作有如下区别。

轴运动程序段：立即中断轴运动，电动机减速停止，程序段的剩余行程保留。

辅助机能段：辅助机能的执行由 PMC 控制，CNC 在现行辅助机能执行完成，PMC→CNC 的 FIN 信号返回后，进入进给保持状态。

螺纹切削或攻螺纹循环段：螺纹加工、攻螺纹循环的中间中断可能导致刀具、工件甚至机床的损坏，因此，一般需要等待当前程序段执行完成后，CNC 才进入进给保持状态。

用户宏程序：在当前用户宏程序段执行完成后，进入进给保持状态。

以上进给保持的动作，也可通过 CNC 的参数设定改变。

4）运行停止

自动运行停止将结束程序运行，保留状态信息。在以下情况下，CNC 将进入自动运行停止状态：

①自动运行选择了"单程序段"工作方式，当前程序段已经执行完成；

②CNC 的工作方式为 MDI，MDI 程序段已经执行完成；

③CNC 出现了故障和报警；

④当前程序段已执行完成，CNC 的操作方式由 AUTO 转换到 EDIT 或 MDI 等。

CNC 进入自动运行停止状态后，循环启动状态信号 STL 和进给保持状态信号 SPL 均为"0"，自动运行状态信号 OP 保持为"1"。自动运行停止后，需要用循环启动信号 ST 才能继续运行，部分情况（如报警）还需要进行 CNC 复位。

5）CNC 复位

CNC 复位将直接结束自动运行，并清除状态信息。在以下情况下，自动运行将进入CNC 复位状态：

CNC 的急停输入信号 *ESP 被置为"0"；

PMC 提供 CNC 的外部复位信号 ERS 或倒带信号 RRW 被置为"1"；

MDI/LCD 键盘上的 CNC 复位键"RESET"被点下。

CNC 复位时，循环启动信号 STL、进给保持信号 SPL、自动运行状态输出信号 OP 将全部成为"0"；CNC 提供 PMC 的 MF/SF/TF/BF 等辅助机能选通信号也被取消。

二、运行控制信号与参数

1. 控制信号

FANUC CNC 与程序自动运行相关的主要控制信号与状态信号如表 5–3–1 所示。

表 5 – 3 – 1　自动运行相关的主要控制信号与状态信号一览表

地址	代号	意义	说明
X0008.4/G0008.4	*ESP	急停输入信号	0：CNC 急停；1：正常
G0006.0	SRN	程序重新启动信号	1：重新启动有效；0：无效
G0007.1	STLK	自动启动互锁信号	1：禁止坐标轴运动；0：允许运动
G0007.2	ST	自动运行启动信号	下降沿启动程序自动运行
G0008.5	*SP	进给保持信号	0：进给保持；1：正常
G0008.7	ERS	外部复位信号	1：CNC 复位；0：无效
G0008.6	RRW	外部复位与倒带信号	1：CNC 复位与倒带；0：无效
G0044.0	BDTI	选择跳段控制信号 1	1：有效，"/""/1"程序段跳过；0：无效
G0044.1	MLK	机床锁住信号	1：机床锁住，坐标轴移动禁止；0：无效
G0045.0 ~ G0045.7	BDT2 ~ BDT9	选择跳段信号 2 ~ 9	1：有效，"/""/2"~"/9"程序段跳过；0：无效
G0046.1	SBK	单段运行控制信号	1：单段运行；0：连续执行
G0046.7	DRN	空运行控制信号	1：空运行有效；0：空运行无效
G0108.0 ~ G0108.3	MLK1 ~ MLK4	各轴独立锁住信号	1：对应轴运动禁止；0：无效
F0000.0	RWD	CNC 复位状态信号	1：CNC 复位和倒带；0：正常
F0000.4	SPL	进给保持状态信号	1：进给有效；0：非进给保持状态
F0000.5	STL	循环启动状态信号	1：程序自动运行中；0：自动运行停止
F0000.7	OP	自动运行状态输出信号	1：自动运行中
F0001.1	RST	CNC 复位输出	1：CNC 复位；0：无效
F0002.4	MRNMV	程序重新启动输出	1：重新启动有效
F0002.7	MDRN	空运行状态输出	1：空运行有效
F0004.0	MBDTI	选择跳段 1 输出	1：选择跳段 1 有效
F0004.1	MMLK	机床锁住状态输出	1：机床锁住
F0004.3	MSBK	单段运行状态输出	1：单段运行
F0005.0 ~ F0005.7	MBDT2 ~ MBDT9	选择跳段 2 ~ 9 输出	1：选择跳段 2 ~ 9 有效

2. 相关参数

FANUC CNC 与自动运行相关的主要参数如表 5 – 3 –2 所示。

表 5 –3 –2　自动运行相关的主要参数一览表

参数号	代号	意义	说明
0020	—	DNC 运行程序接口选择	0/1：JD36A；2：JD36B；4：存储器卡接口
0100.5	ND3	DNC 运行的程序读入方式	0：逐段读入；1：连续读入，直到存储器满
0101.3	ASI	输入代码格式	1：ASCII；0：EIA/ISO
0102	—	I/O 接口设备选择	设定设备代号
0103	—	I/O 接口设备波特率	设定 1 ~ 12，波特率为 50 ~ 19 200
0138.7	MDN	存储器卡的 DNC 运行	1：有效；0：无效
1401.5	TDR	攻螺纹循环与螺纹加工空运行	0：有效；1：无效
1401.6	RDR	空运行对快速的影响	1：有效；0：无效
1410	—	100% 倍率的空运行速度	6 ~ 12 000
3001.2	RWM	RRW 信号功能设定	0：输出 RWD 信号；1：输出 RWD 信号、程序回到起点
3017	—	RST 信号输出延时	设定 RST 信号在 CNC 复位完成后的保持时间
3402.6	CLR	急停、复位、倒带信号	0：CNC 复位；1：CNC 清除
3404.4	M30	M30 处理方式	1：运行停止；0：CNC 复位、程序回到起始点
3404.5	M02	M02 处理方式	1：运行停止；0：CNC 复位、程序回到起始点
3404.6	EOB	自动运行对%的处理方式	1：CNC 复位；0：报警 ALM5010
3406.1 ~ 3408.4	G01 ~ G20	CNC 复位对模态 G 代码影响	1：保留 01 ~ 20 组模态 G 代码；0：清除模态 G 代码
3409.7	CFH	CNC 复位对 F/H/D/T 的影响	1：保留；0：清除

续表

参数号	代号	意义	说明
6000.5	SBM	用户宏程序的单段控制方式	0：变量#3003 控制；1：信号 SBK 控制
6000.7	SBV	变量#3000 的单段控制功能	0：变量#3003 无效；1：变量#3003 有效
6001.6	CCV	宏程序变量 #100 ~ #149 复位	0：CNC 复位后成为"空"变量；1：保留
6001.7	CLV	宏程序变量#1 ~ #33 复位	0：CNC 复位后成为"空"变量；1：保留
6200.7	SKF	空运行对 G31 的影响	1：有效；0：无效
7300.3	SJG	程序重新启动时的返回速度	0：空运行速度；1：手动进给速度
7300.6	MOA	程序重启的辅助机能选择	0：最后的代码；1：全部辅助机能代码
7300.7	MOU	程序重启的辅助机能输出	0：禁止；1：允许
7310	—	程序重启的坐标轴移动次序	1 ~ 4

三、伺服故障诊断参数

伺服报警是程序自动运行过程中可能出现的常见故障，FANUC CNC 的 CNC 诊断参数可用于伺服的故障分析与诊断。

1. 驱动器诊断

FANUC CNC 的 CNC 诊断参数 DGN200 ~ DGN204 可用于伺服驱动器的故障分析与诊断，诊断参数所代表的意义如表 5 – 3 – 3 所示；诊断参数 DGN200 ~ DGN204 伺服调整显示画面的信号 ALM1 ~ ALM5 显示内容与之完全一致。

表 5 – 3 – 3　伺服驱动器诊断参数一览表

诊断参数号	位/bit	代号	含义
DGN200（ALMI）	7	OVL	1：驱动器过载
	6	LV	1：驱动器输入电压过低
	5	OVC	1：驱动器过电流
	4	HCA	1：驱动器电流异常

诊断参数号	位/bit	代号	含义
DGN200 （ALM1）	3	HVA	1：驱动器过电压
	2	DCA	1：驱动器直流母线故障
	1	FBA	1：测量反馈连接不良
	0	OFA	1：计数器溢出
DGN201 （ALM2）	7	ALD	1：电动机过热或反馈连接不良
	4	EXP	1：分离型编码器连接不良
DGN202 （ALM3）	6	CSA	1：编码器硬件不良
	5	BLA.	1：绝对式编码器电池电压过低
	4	PHA	1：反馈电缆连接不良或编码器故障
	3	RCA	1：编码器零脉冲信号不良
	2	BZA	1：绝对式编码器电池电压为0
	I	CKA	1：编码器信号
	0	SPH	1：编码器计数信号不良
DGN203 （ALM4）	7	DTE	1：编码器通信不良（无应答信号）
	6	CRC	1：编码器通信不良（CRC校验出错）
	5	STB	1：编码器通信不良（停止位出错）
	4	PRM	1：驱动器参数设定错误
DGN204 （ALM5）	6	OFS	1：A/D转换出错
	5	MCC	1：驱动器主接触器无法断开
	4	LDA	1：编码器光源不良
	3	PMS	1：编码器故障或连接不良

2. 其他故障诊断

如CNC发生的伺服报警与驱动器无关，如位置超差、CNC配置出错、参数设定出错、通信出错、分离型（外置）位置检测单元故障等，其故障诊断可借助其他的CNC诊断参数进行。FANUC CNC常用的伺服故障诊断参数如表5-3-4所示。

表5-3-4　其他伺服故障诊断参数一览表

诊断数据	位/bit	代号	含义
DGN205	7	OHA	1：分离型编码器过热
	6	LDA	1：分离型编码器光源不良

续表

诊断数据	位/bit	代号	含义
DGN205	5	BLA	1：分离型编码器电池电压过低
	4	PHA	1：分离型编码器测量反馈电缆连接或编码器故障
	3	CMA	1：分离型编码器计数信号不良
	2	BZA	1：分离型编码器电池电压为0
	—	PMA	1：分离型编码器故障或连接不良
	0	SPH	1：分离型编码器计数信号不良
DGN206	7	DTE	1：分离型编码器通信不良（无应答信号）
	6	CRC	1：分离型编码器通信不良（CRC校验出错）
	5	STB	1：分离型编码器通信不良（停止位出错）
DGN280	6	AXS	1：电动机代码参数设定错误（PRM2020）
	—	DIR	1：电动机每转速度反馈脉冲数参数设定错误（PRM2023）
	3	PLS	1：电动机每转位置反馈脉冲数参数设定错误（PRM2024）
	2	PLC	1：电动机旋转方向参数设定错误（PRM2023）
	0	MOT	1：伺服轴号参数设定错误（PRM1023）
DGN308	—	—	伺服电动机当前温度,℃
DGN309	—	—	编码器当前温度,℃
DGN352	—	—	错误参数指示
DGN358 （1字长）	14	SRDY	CNC准备好
	13	DRDY	驱动器准备好
	12	INTL	驱动器直流母线（DB）关闭状态信号
	11	RLY	驱动器直流母线（DB）开通状态信号
	10	CRDY	CNC输出的轴控模块准备好
	9	MCOFF	CNC输出的MCOFF（主接触器关闭）信号
	8	MCONA	来自驱动器的MCON（主接触器已接通）信号
	7	MCONS	CNC输出的MCON（主接触器接通）信号
	6	*ESP	来自驱动器的CX4急停输入状态
	5	HRDY	来自驱动器的硬件准备好

续表

诊断数据	位/bit	代号	含义
DGN700	1	HOK	HRV 控制生效
	0	HON	HRV 硬件配置生效

 实践指导

一、自动运行故障分析与处理

当 FANUC CNC 在手动方式下工作正常，但程序自动运行不能正常工作时，可以按表 5 – 3 – 5 自动运行故障的综合分析与处理。

表 5 – 3 – 5　自动运行故障的综合分析与处理

项目	故障原因	检查步骤	措施
1	故障的分析	①循环启动指示灯（STL）灯不亮	见第 2 项
		②循环启动指示灯（STL）灯亮，但轴不运动	见第 5 项
2	方式选择不正确	确认操作方式选择信号 MD1、MD2、MD4 为 MDI（G0043.0 ~ G0043.2 = 000）或 MEM（G0043.0 ~ G0043.2 = 001）	检查 PMC 程序，确认方式选择开关的连接
3	循环启动信号未生效	点下"循环启动"按键，G0007.2 应为 1；放开后为 0	检查 PMC 程序，确认循环启动信号连接
4	进给保持已生效	确认进给保持信号 ＊SP 输入 G0008.5，正常为 1	检查 PMC 程序，确认进给保持信号连接
5	CNC 指令执行互锁	通过 CNC 诊断，检查 CNC 是否为以下状态：①进给倍率为 0；②轴互锁信号接通；③到位检查中；④暂停指令执行中；⑤M、S.T 功能执行中；⑥等待主轴到达信号；⑦数据输入/输出在工作	进行相关处理
6	启动互锁信号生效	确认启动互锁信号 STLK（G0007.1）	检查 PMC 程序，确认 STLK 信号连接

续表

项目	故障原因	检查步骤	措施.
7	切削互锁信号生效	确认切削启动互锁信号 * CS（G0008.1）	检查 PMC 程序，确认 * CSL 信号连接
8	程序段启动禁止信号生效	确认程序段启动禁止 * BSL（G0008.3）	检查 PMC 程序，确认 * BSL 信号连接

二、常见伺服/主轴报警与处理

1. ALM401 报警

故障原因：ALM401 为驱动器未准备好报警。CNC 启动后，如果来自驱动器的"伺服准备好"信号 VRDY（有时也称 DRDY）为"0"，将显示本报警。

分析处理：驱动器准备好信号为"0"的原因较多，但以硬件故障最为常见，报警原因可通过 CNC 诊断参数 DGN200 进一步确认；在配套 αi、βiSVSP 系列驱动器的机床上，还可通过驱动器的状态指示灯、数码管的报警显示确认故障原因。如果驱动器无报警，原则上只要接通驱动器主电源，驱动器准备好信号即为"1"，因而，ALM401 报警还需要进行如下检查。

（1）检查主电源电压、连接是否正确，断路器是否已经动作。

（2）检查驱动器的主接触器（MCC）是否已接通，电源是否已加入驱动器。

（3）检查驱动器的急停输入是否已撤销等。

驱动器主接触器不能接通的原因还可通过诊断参数 DGN358 诊断。DGN358 可显示伺服系统各个组成部件（CNC、轴控模块、驱动器）的状态，以及驱动器的急停输入信号、直流母线的通断情况等，以便迅速确定 MCC 不能正常接通的原因。

2. ALM404 报警

故障原因：CNC 尚未输出主接触器接通信号，或在输出了主接触器断开信号后，来自驱动器的准备好信号 VRDY 为"1"状态。

分析处理：出现 ALM404 报警应首先检查驱动器的主接触器是否已断开。如未断开，其原因一般与驱动器主接触器及其控制电路有关，如主接触器的主触点因熔焊等原因不能正常断开，或主接触器的通断电路未使用驱动器的主接触器通断控制触点进行控制等。如果主接触器已断开，原因多属于驱动器控制板或 CNC 的轴控模块不良。

3. ALM410/411 报警

故障原因：ALM410/411 是数控机床最常见的伺服报警。全功能 CNC 的伺服系统是一种利用误差控制的闭环控制系统，为了监控坐标轴的定位位置及动态跟随性能，FANUC CNC 可通过参数 PRM1829 设定轴停止时的最大允许跟随误差值，以及通过参数 PRM1828 设定轴移动时的最大允许跟随误差值。

如果坐标轴停止时，由于外力作用或元器件发生故障，如机械撞击、反馈连接断开、电动机相序连接错误、电枢断线等，使定位点偏离理论位置的值超过了参数 PRM1829 设定的误差值，CNC 将发生 ALM410 报警。而当坐标轴运动时，如果因机械干涉、驱动器故障等原因使位置跟随误差超过了参数 PRM1828 设定的范围，CNC 将发生 ALM411 报警。

分析处理：位置跟随超差报警是数控机床维修过程中最常见的伺服报警，它可能在 CNC 开机时、手动移动坐标轴时、坐标轴快速移动时、机床实际加工时等情况下发生，故障原因很多。此外，驱动器发生了故障，在 CNC 上也可能以 ALM410/411 报警的形式出现，维修时应仔细分析故障原因，加以解决。

FANUC CNC 发生 ALM410/411 报警的主要原因分析、检查步骤与处理方法如表 5 - 3 - 6 所示。

表 5 - 3 - 6　ALM410/411 报警的主要原因分析、检查步骤与处理方法

项目	原因分析	检查步骤	处理方法
1	位置跟随允差设定不当	检查参数 PRM1829/1828 的设定	设定正确的参数
2	加减速能力不足或负载惯量太大	伺服电动机无法提供足够的加、减速转矩	①调整加减速时间或改变加减速方式；②增加速度环增益，或降低快速运动速度；③减轻负载，或检查机械传动系统
3	输入电压过低	检查输入电压和主电源连接	保证输入电压正确
4	连接不良	检查电动机动力线、反馈线连接	确保电线、电缆连接良好
5	驱动器不良	检查驱动器是否存在报警	排除驱动器故障
6	电动机不良	检查电动机是否存在局部短路	更换、维修电动机
7	机械负载过大	检查机床传动系统及负载情况	①保证制动器和重力平衡系统正常；②保证导轨润滑良好，防护罩等部件的移动正常，机械传动系统无故障；③减轻负载，改善工作条件
8	切削力过大	检查切削情况	改变切削参数，减轻切削负载

4. ALM417 报警

故障原因：ALM417 是驱动系统参数设定错误的报警，这一故障通常发生于首次调试或更换驱动器后。

分析处理：由于驱动系统参数较多，对于重要的参数，可通过前述的诊断参数 DGN280 检查出错的参数号；对于其他参数的错误，在发生报警时，可直接通过驱动器的初始化操作

进行简单的处理。

5. ALM430 报警

故障原因：ALM430 是 CNC 检测到伺服电动机过热信号所引起的报警，电动机温度可以通过诊断参数 DGN308、DGN309 检查确认。

分析处理：FANUC CNC 发生 ALM430 报警的主要原因分析、检查步骤与处理方法如表 5-3-7 所示。

表 5-3-7 ALM430 报警的主要原因分析、检查步骤与处理方法

项目	原因分析	检查步骤	处理方法
1	电动机过载	检查电动机外表温度与实际状态	①减轻切削负载；②确认机械传动系统无故障；③确认电动机表面清洁，散热良好；④确认工作环境符合规定要求
2	电动机绕组绝缘不良	检查电枢连接线的绝缘情况	重新连接或更换、维修电动机
3	电动机绕组短路	检查、测量电动机绝缘情况	更换、维修电动机
4	电动机输出转矩不足	检查电动机实际工作电流与相关参数	更换电动机，进行驱动器初始化操作
5	电动机风机不良	检查风机、滤网	更换风机，清洁滤网
6	制动器或重力平衡系统不良	对制动器单独通电试验，确认制动器能完全松开；检查重力平衡系统	维修或更换制动器；确保重力平衡系统工作正常
7	电动机温度传感器不良	检查温度传感器连接，测量温度传感器在正常情况下的电阻	确保连接正确，更换温度传感器

6. ALM749 报警

故障原因：ALM749 报警是 CNC 与串行主轴驱动间的 I/O Link 总线通信错误而引起的报警，发生报警时通常在主轴模块（SPM）上可显示报警 A、A1 或 A2 等。出现 ALM749 报警的常见原因如下：

（1）I/O Link 总线（连接电缆或 JA7A 接口）不良，导致数据传输不能正常进行，此时主轴模块将显示报警 24。

（2）主轴驱动模块的 ROM 故障，使驱动器与 CNC 之间的通信无法正常建立，此时主轴模块将显示报警 A、A1、A2。

（3）主轴驱动模块（SPM）上的串行通信接口电路故障，需要更换驱动器控制板。

（4）CNC 的串行主轴通信接口电路故障，需要更换 CNC。

分析处理：ALM749 报警一般是由 CNC 与主轴驱动器之间的串行接口连接电缆 JA7A 连接不良引起的，应首先检查电缆连接。检查时需要注意电缆规格和干扰，应使用双绞屏蔽线，屏蔽与接地连接必须正确，电缆线的布置应合理等。

7. ALM750 报警

故障原因：ALM750 报警同样是 CNC 与串行主轴驱动间的 I/O Link 总线通信错误，但报警通常只在驱动器启动时发生。报警发生时通常伴随有主轴模块 SPM 上的 18、19、20、24、32 等错误显示。出现 ALM750 报警的常见原因如下：

（1）串行接口连接电缆 JA7A 连接不良，导致数据通信不能正常建立，此时主轴模块将显示报警 24。

（2）主轴驱动模块（SPM）的 CPU 内部数据错误（主轴模块显示报警 32 等）。

（3）主轴驱动模块（SPM）的控制程序出错（主轴模块显示报警 18）。

（4）在开机时，主轴驱动器模块（SPM）上已经存在报警，如 U、V 相电流检测出现异常等（驱动主轴模块显示报警 19、20）。

（5）主轴驱动模块参数设定错误。

（6）主轴驱动模块（SPM）上的串行通信接口电路故障，需要更换驱动模块控制板。

（7）CNC 的串行主轴通信接口电路故障，需要更换 CNC。

分析处理：对于原因（4），可以通过重新启动驱动器清除报警。对于其他原因，可通过 CNC 的诊断参数 DGN409 进行如下检查。

βit3（SPE）＝1：第 1 串行主轴参数设定错误，启动条件不满足。

βit2（S2E）＝1：第 2 串行主轴启动条件不满足。

βit1（S1E）＝1：第 1 串行主轴启动条件不满足。

βit0（SHE）＝1：CNC 侧串行通信模块不良。

维修时可以根据以上原因分别进行不同的处理。

三、驱动器故障分析与处理

1. 驱动器过流

当驱动器发生过载、过流报警时，诊断参数 DGN200.7（OVL）、DGN200.5（OVC）的状态将显示"1"，报警的可能原因及检查与处理方法如表 5 – 3 – 8 所示。

表 5 – 3 – 8　驱动器过电流报警的可能原因及检查与处理方法

项目	可能原因	故障检查	处理
1	CNC 参数设定错误	检查 CNC 参数 PRM2040 ~ PRM2042、PRM2056、PRM2057 等的设定	设定正确的参数

续表

项目	可能原因	故障检查	处理
2	电动机相序错误或连接错误	检查电动机相序和电枢连接	重新连接
3	输出电流过大	检查负载电流，确认电流是否超过额定值的1.4倍	超过见第4项；未超过见第13项
4	负载过大	检查过电流故障是否在快速运动、切削加工、加减速时出现	仅在快速运动时出现，见第5项；仅在切削加工时出现，见第6项；仅在加减速时出现，见第7项
5	机械负载过大	①检查制动器是否已经可靠松开；②检查机械部件调整是否正常；③检查运动部件的润滑是否良好；④检查垂直轴平衡系统是否正常；⑤检查运动件是否存在干涉；⑥检查传动部件是否有损坏	根据检查情况，对机械部件进行重新调整或维修
6	切削负载过重	检查负载与切削条件、切削参数	减轻切削负载；改善切削条件
7	加减速参数设定错误	检查快速、切削进给与手动进给加减速时间的设定	重新设定正确的参数
8	进给速度参数设定错误	检查快速、切削进给、手动快速进给速度的设定	设定正确的参数
9	摩擦阻力过大	同第4项	同第4项
10	运动部件质量过大	检查工作台上的载重是否超过了允许范围	减轻工作台载重
11	电动机不良	检查电动机连接和绝缘	维修、更换电动机
12	电动机的连接不良	检查连接	进行正确的连接
13	驱动器不良	检查驱动器	更换驱动器
14	CNC的轴控制板不良	检查控制板的安装与连接	重新安装或更换轴控制板

2. 驱动器电流异常报警

当驱动器发生电流异常报警时，诊断参数DGN200.4（HCA）的状态将显示"1"，报警的可能原因及检查与处理方法如表5-3-9所示。

表 5 - 3 - 9　驱动器电流异常报警的可能原因及检查与处理方法

项目	可能原因	故障检查	处理
1	CNC 参数设定错误	检查 CNC 参数 PRM2040 ~ PRM2042、PRM2056、PRM2057 等的设定	设定正确的参数
2	电动机相序错误	检查电动机连接，确保相序无误	重新连接
3	驱动器输出短路	检查驱动器输出，测量对地电阻	有电阻见第 4 项；否则见第 6 项
4	电动机或线路存在短路	检查线路和电动机绕组绝缘	重新连接或进行电动机维修处理
5	驱动器逆变回路短路	测量驱动器逆变回路，确认不良部件	维修或者更换驱动器
6	电动机存在局部短路	测量电动机电枢线，确认短路部位	维修或者更换电动机

3. 过电压报警

当驱动器发生过电压、直流母线报警时，诊断参数 DGN200.3（HVA）、DGN200.2（DCA）的状态将显示"1"，报警的可能原因、检查与处理方法如表 5 - 3 - 10 所示。

表 5 - 3 - 10　驱动器过电压报警的可能原因、检查与处理方法

项目	可能原因	故障检查	处理
1	直流母线电压过高	测量伺服主电源，确认输入电压	不正确见第 2 项；正确见第 3 项
2	外部输入电压过高	检查伺服变压器输入和连接	重新连接
3	加减速参数设定错误或加减速过于频繁	检查 CNC 的加减速时间参数设定和机床工作情况	设定正确的加减速时间参数，改善机床工作条件
4	驱动器放电回路不良	检查再生放电单元与连接	重新连接或更换再生放电单元
5	机械平衡系统不良	检查平衡系统	调整机械平衡系统
6	运动部件惯量过大	检查工作台上的载重是否过大	减轻工作台载重
7	电动机不良	检查电动机	维修或更换电动机
8	驱动器不良	检查驱动器	维修或更换驱动器

4. 驱动器电压过低报警

当驱动器发生电压过低报警时，诊断参数 DGN200.6（LV）的状态将显示"1"，报警的可能原因、检查与处理方法如表 5 - 3 - 11 所示。

表5-3-11 驱动器电压过低报警的可能原因、检查与处理方法

项目	可能原因	故障检查	处理
1	主电源输入缺相	检查驱动器的主电源	排除缺相原因
2	主电源输入电压过低	测量伺服驱动器输入电压	不正确见第3项；正确见第4项
3	外部电压过低	检查伺服变压器连接和容量	重新连接或增加变压器容量
4	驱动器整流回路不良	检查整流器件	更换不良整流模块
5	驱动器放电回路不良	检查再生放电单元与连接	重新连接或更换再生放电单元
6	驱动器其他器件不良	检查驱动器控制板、功率板	更换驱动器

 故障综合分析与维修案例

[例1] 一台配套FS-0iMC、αi驱动器的龙门加工中心，在开机时一切正常，但一旦移动X轴，即产生尖叫，但CNC和驱动器均无任何报警。

故障分析：在故障出现时，触摸电动机可明显感觉X轴伺服电动机在以很小的幅度、极高的频率振动。

由于坐标轴的停止位置、速度正确，检查振动的发生与移动速度、运动距离等无关，而且无论是在运动或停止时均发生振动，故可以基本排除机械传动系统、编码器等硬件损坏的可能性。

分析故障最大可能的原因是伺服驱动系统的参数设定、调整不当，由于坐标轴的停止位置、速度正确，故基本判定电子齿轮比、位置反馈脉冲数、参考计数器容量等参数设定正确无误，发生故障最大可能的原因在位置环增益、速度调节器增益和积分时间等参数的设定上。

故障处理：检查该机床CNC的伺服调整画面，发现其位置环增益的设定为3 000，这一设定对于普通的中小型机床是合适的，但对于龙门加工中心X轴这样的大型、重载机床，其设定过高。降低增益、重新调整伺服后，振动和尖叫消失，机床可正常运行。

需要注意的是，由于位置环增益的调整将影响轮廓加工，当降低X轴增益后，Y轴也需要进行相应的调整。

[例2] 某采用FS-0iMC、αi驱动器的立式加工中心，开机后只要移动Y轴，机床就出现剧烈振荡，但CNC、驱动器均无报警。

故障分析：经仔细观察、检查，发现该机床的K轴在小范围（2.5 mm以内）内移动时，其工作正常，运动平稳、无振动，定位准确；但一旦超过以上距离，机床即发生剧烈振动。

根据这一现象，可以初步判定CNC及伺服驱动器的硬件不应存在故障，故障最大可能发生在位置检测元件，即编码器上。考虑到该机床为半闭环结构，且X轴和Y轴的驱动电

动机规格相同，维修时将两者进行了更换，确认故障发生在电动机上。

为了深入分析故障原因，维修时做了以下分析与试验。

（1）在驱动器主回路断电的情况下，手动转动电动机轴，检查 CNC 的显示，发现无论电动机正转、反转，所显示的实际位置值都正确，这表明编码器的连接正确。如果再进行进一步的分析，可以判定编码器的 A/ * A、B/ * B 信号正确无误。

（2）由于 Z 轴丝杠螺距为 10 mm，而在 2.5 mm 范围内运动正常。因此，故障原因可能与电动机转子的编码器位置检测有关。

故障处理：根据以上分析，直接更换脉冲编码器后，机床恢复正常。

[**例 3**]　某台采用 FS－0iMC、αi 驱动器，带液压夹具、液压尾架和液压刀架的高档数控车床，开机时全部动作正常，进给系统高速运动平稳、低速无爬行，加工零件的精度全部达到要求。但当机床工作 5~7 h 后（时间不定），Z 轴出现剧烈振荡，CNC 报警，机床无法正常工作。这时，即使关机后再启动，如果移动 Z 轴，不论速度和距离多大，都将发生剧烈振荡。但是，如果关机时间足够长（如第二天开机），机床又可正常工作 5~7 h，并再次发生以上故障。

故障分析：根据故障现象，从大的方面考虑，故障原因不外乎机械、电气两个方面。鉴于该机床为半闭环控制，为了分清原因，维修的第一步是松开 Z 轴伺服电动机和滚珠丝杠间的连接，在 Z 轴电动机空转的情况下，运行加工程序。试验发现，故障仍存在，但发生的时间有所延长。因此，可以确认故障原因在电气上，且和负载、温升等因素有关。

为了进一步分清故障原因，维修的第二步是将 X 轴和 Z 轴的电动机进行互换，更换后发现，Z 轴（换成 X 轴电动机后）运动正常，但 X 轴（换成 Z 轴电动机后）运动时出现振荡。由此可知，故障原因应在 Z 轴伺服电动机上。

故障处理：在故障范围确认后，对 Z 轴伺服电动机进行了仔细检查，最终发现电动机的 V 相绝缘电阻在故障时变小，但当放置较长时间后又可以恢复正常，因此，初步判定电动机绕组的局部短路是导致故障的最大可能原因。

拆开电动机，经检查发现，该电动机的绕组引出线的中间连接部分由于冷却水的渗入，绝缘已经老化，经过重新连接、处理后，机床恢复正常。

维修说明：在数控机床维修过程中，有时会遇到一些比较特殊的故障，如本例的机床在开机时工作正常，但工作一段时间后出现了故障。此类故障有的可直接通过关机清除，开机后可恢复正常；有的需要经过较长的关机时间才能重新工作。此类故障常被称为"软故障"。

由于故障的不确定性和发生故障的随机性，机床时好时坏，这给检查、测量带来了相当大的困难，因此，"软故障"的维修通常是数控机床维修中最难解决的问题之一。维修人员必须具备相当高的业务水平和丰富的实践经验，才能判定故障部位并加以解决，盲目更换 CNC、驱动器等部件往往于事无补，而利用互换法来逐步缩小故障范围，判定故障的真正所在才是解决问题的根本办法。

思考问题 》》

自动方式下，机床不按控制指令移动的原因是什么？

项目六　机械系统故障维修

任务一　主传动系统故障维修

知识目标

1. 了解数控机床主传动系统的基本结构和变速方式。
2. 熟悉数控机床主电动机和主轴的常用连接形式。
3. 熟悉数控车床主轴的典型结构。
4. 熟悉数控镗铣床、加工中心主轴的典型结构。
5. 掌握数控主传动系统常见故障的处理方法。

能力目标

1. 能区分数控机床主传动系统的结构形式。
2. 能分析数控机床主轴产生噪声的常见原因，并处理故障。

相关知识 >>

一、数控机床主传动系统的基本结构

1. 数控机床主传动的变速方式

数控机床的主传动系统是机床的主运动，它可以将主电动机的动力变成刀具切削加工所需要的切削转矩和切削速度。数控机床的主传动系统一般采用交流主轴驱动器、变频器进行无级变速，其机械结构比普通机床简单，传动件数量少，但部件的加工、装配精度要求高。

数控机床主传动的变速系统主要有以下 4 种形式。

（1）交流主轴驱动系统：交流主轴驱动系统的驱动器、主电动机均为特殊设计的专用部件，系统的调速范围宽、调速性能好、最高转速高、低速输出转矩大，是目前全功能数控机床的标准变速方式。在高速加工机床上，还可使用主轴和电动机一体化的电主轴作为驱

动，其主轴转速可达每分钟数万转。

（2）通用变频调速系统：变频调速系统的变频器、驱动电动机均为通用部件，系统的调速范围、调速性能、最高转速、低速输出转矩等指标均大大低于交流主轴驱动系统，故多用于国产经济型、普及型数控机床。

（3）纯机械变速系统：纯机械变速系统采用普通感应电动机驱动，利用齿轮带变速，其传动系统结构和普通机床完全相同，系统只能进行有级变速，最高转速低，但低速输出转矩大，常用于数控改造机床。

（4）辅助机械变速系统：交流主轴驱动、变频调速系统的调速范围宽、最高转速高，且可实现无级变速，但也存在低速输出转矩低、恒功率调速范围小的不足。因此，在大中型数控机床上，为了提高主轴低速输出转矩、扩大恒功率调速范围，经常采用机械辅助变速系统，在交流主轴驱动、变频调速系统的基础上，补充 2～4 级机械变速机构，通过交换传动级来提高主轴低速输出转矩，扩大恒功率调速范围，以满足机床高速和重切削要求。

例如：图 6-1-1 所示为 22 kW/140 N·m、额定最高转速为 1 500/6 000 r/min 的交流主轴驱动系统，补充 1∶1 和 1∶4 两级机械变速后所得到的主轴输出特性。由图可见，主轴的低速输出转矩提高到电动机额定输出转矩的 4 倍；恒功率调速范围由 1∶4 增加到 1∶16；而主轴最高转速仍能保持在 6 000 r/min。

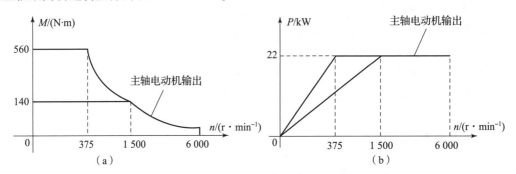

图 6-1-1　主轴输出转矩、功率曲线

（a）输出转矩；（b）输出功率

数控机床的机械变速机构原理和普通机床相同，但为了实现自动控制，一般需要采用电磁离合器、液压或气动滑移齿轮等方式控制。

2. 主轴和主电动机的连接方式

数控机床主轴和主电动机的连接方式主要有以下 3 种。

（1）直接连接：主传动系统主电动机和主轴通过联轴器连接或直接采用电主轴驱动，其传动系统结构最简单，但主电动机的安装位置固定，主轴输出转矩、功率、调速范围完全取决于电气调速系统。此外，主电动机发热对机床主轴精度也有一定的影响。因此，该连接多用于主轴转速为 8 000～15 000 r/min 的轻切削的中小型数控铣床、加工中心或高速、车铣复合加工机床。

（2）带连接：定传动比的主电动机和主轴采用 V 带或同步带连接，带传动的结构简单、主轴转速高、噪声低、振动小、安装调试方便，但主轴的输出特性完全取决于主电动机，因此，主轴驱动系统需要配套调速范围大、低速性能好、恒功率调速区宽的交流主轴驱动系统。带连接通常用于最高转速为 6 000～10 000 r/min 的中小型高速数控车床、数控铣床或加工中心。

（3）齿轮连接：齿轮连接多用于纯机械变速与辅助机械变速系统，齿轮连接的主传动系统结构较复杂，传动系统需要有齿轮、电磁离合器或液压、气动滑移部件，但其主轴的低速输出转矩大、恒功率调速范围宽。因此，一般用于主轴转速在 6 000 r/min 以下、对低速输出转矩有要求的大中型重切削数控机床，以及通用型数控车床、数控镗铣床或加工中心。

二、数控车床主传动系统

1. 带连接主传动系统

主轴和主电动机采用带连接的定比传动是数控车床最常用的结构形式，其主传动系统典型结构如图 6 – 1 – 2 所示。

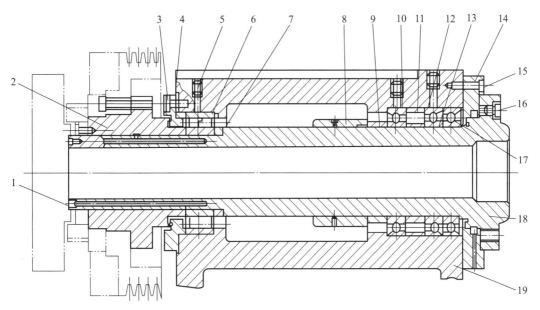

图 6 – 1 – 2　数控车床带连接主传动系统典型结构

1、3、5、15、16—螺钉；2—带轮连接盘；4—端盖；6—圆柱滚子轴承；7、9、11、12—挡圈；8—热调整套；
10、13、17—角接触球轴承；14—卡盘过渡盘；18—主轴；19—主轴箱箱体

该主传动系统的主轴和电动机采用了带连接，传动比固定，主轴上的带轮位于主轴后端，电动机可以直接安装在车床的床身下部。

主传动系统的轴承、挡圈等传动件均采用了先进的热套工艺进行安装和调整，因而主轴上无键槽和螺纹，这样既增强了主轴的刚度，又最大限度地降低了主轴的不平衡，对降低振动和噪声均十分有利。主轴轴承的间隙调整需卸下主轴部件，通过修磨挡圈 11 和 12，调整热调整套的轴向位置进行。热调整套的内孔与主轴外圆采用小锥度配合，以便调整。

主轴采用双支承方式，前支承采用了成组的角接触球轴承，后支承为双列圆柱滚子轴承。前端的三个角接触球轴承，前两个轴承的大口朝向主轴前端，第三个轴承的大口朝向主轴后端，前支承可以同时承受径向和轴向力。切削加工时，向左的轴向力由主轴前端，通过轴承 17、轴承 13、挡圈 11、轴承 10 的外圈传到箱体上；向右的轴向力由热调整套 8、挡圈

9、轴承 10、挡圈 11、轴承 13 和 17 的外圈、卡盘过渡盘 14、螺钉 15 传到箱体上。后支承为双列圆柱滚子轴承，间隙调整可通过热套工艺，调整带轮连接盘 2 的轴向位置和修磨挡圈 7 来实现。

2. 电主轴驱动系统

电主轴直接驱动系统用于高速、高精度加工的全功能数控车床或车削中心，其典型结构如图 6–1–3 所示。

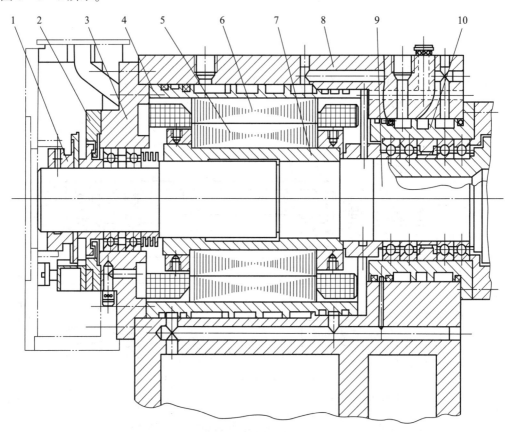

图 6–1–3　电主轴驱动主传动系统典型结构

1—连接盘；2—密封盖；3，10—轴承座；4—电主轴外套；5—中空转子；

6—定子；7—内套；8—箱体；9—主轴

电主轴一般由电主轴外套 4、中空转子 5、带绕组的定子 6、内套 7 等部件组成，外套及定子通过轴承座 3、10 与箱体连接；中空转子、内套与主轴 9 连接后，使主轴和电动机转子成为一体。

为了保证高速性能，电主轴的前后支承轴承均采用了角接触球轴承组合。前支承为 4 只角接触球轴承对称组合，后端为 2 只角接触球轴承支承。同样，为了保证高速时的动平衡，主轴上无键槽和螺纹，传动系统的所有旋转零件均需要采用完全对称和平衡的结构设计。

电主轴直接驱动系统不仅结构简单，而且所有部件都经过严格动平衡，故可在极高的转速下运行。但是，由于主轴和电动机集成为一体，因此，电动机运行时的发热将直接影响主轴精度，为此，主轴的轴承座、电主轴外套等均需要通入高压冷却水强制冷却。

三、数控镗铣床主传动系统

1. 电动机直连主传动系统

电动机和主轴直接连接的主传动系统一般用于主轴转速 8 000 ~ 15 000 r/min 的数控镗铣床或加工中心，图 6 – 1 – 4 所示为电动机直连主传动系统典型结构。

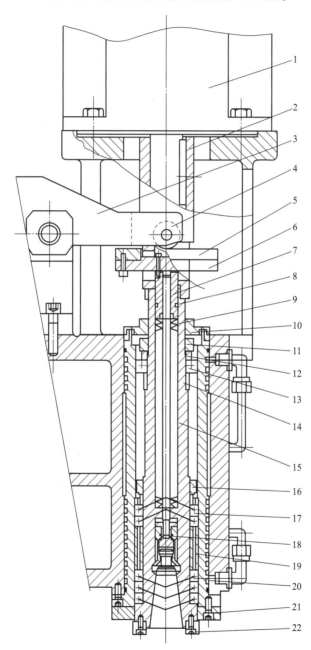

图 6 – 1 – 4　电动机直连主传动系统典型结构

1—主电动机；2—联轴器；3—杠杆；4—滚轮；5—压盘；6—销杆；7—连接套；8—拉杆；
9—碟形弹簧；10—后端盖；11，16—锁紧螺母；12，14，19—隔套；13，17，20—轴承；
15—主轴；18—弹性夹头；21—前端盖；22—键

该主传动系统的主电动机 1 同轴安装在主轴 15 的上方，电动机和主轴间通过联轴器 2 直接连接。主轴前部采用前 3 后 2 的推力角接触球轴承 20、17 支承，后部以轴承 13 作为辅助支承，外侧通过强制水冷冷却。

电动机和主轴直连主传动系统的刀具松夹气缸布置在主轴侧面（图中未画出），气缸通过杠杆 3、滚轮 4 及压盘 5、销杆 6、连接套 7 组成的杠杆机构实现松刀。刀具松开时，杠杆 3 向下运动，滚轮 4 将通过压盘 5、销杆 6、连接套 7，压缩碟形弹簧 9，并推动拉杆 8 下移；主轴前端的弹性夹头 18 松开并顶出刀柄。刀具夹紧时，杠杆 3、滚轮 4 和压盘 5 不受气缸力作用，拉杆 8 可在碟形弹簧的作用下，连同压盘 5、销杆 6、连接套 7 整体上移，主轴前端的弹性夹头 18 将夹住刀柄并拉紧。

2. 带连接主传动系统

带传动的典型结构如图 6−1−5 所示，它通常用于最高转速为 6 000～10 000 r/min 的高速数控镗铣加工机床。

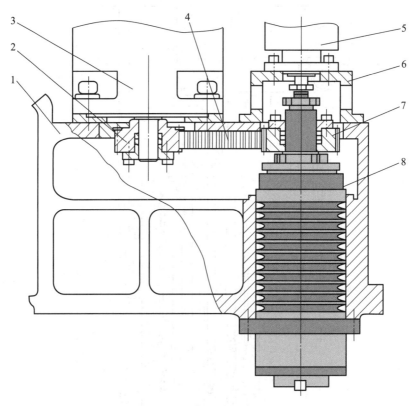

图 6−1−5　带传动的典型结构

1—箱体；2，7—带轮；3—主电动机；4—V 带；5—松夹刀气缸；6—支架；8—主轴单元

带连接主传动系统的结构十分简单，主轴箱内只需要安装主电动机 3 和主轴单元 8 间的传动带 4 和带轮 2、7，以及刀具松/夹气缸 5。在多数国内生产的产品上，主轴单元 8 一般直接选配专业生产厂家生产的功能部件。采用带传动的传动比固定，如机床使用同步带传动，并选择带有零位检测编码器的主轴电动机，机床便可实现刚性攻螺纹、主轴定向准停或定位等功能，这样的主传动系统同样可用于立式加工中心。

以上主轴单元安装简单、调整方便，且可根据用户要求选配各种规格，故在国产的高速、轻切削数控镗铣床及加工中心上使用较广。

3. 齿轮变速主传动系统

齿轮变速主传动系统典型结构如图 6 - 1 - 6 所示，它一般用于主轴转速 6 000 r/min 以下、对低速输出转矩有要求的立式数控铣床。

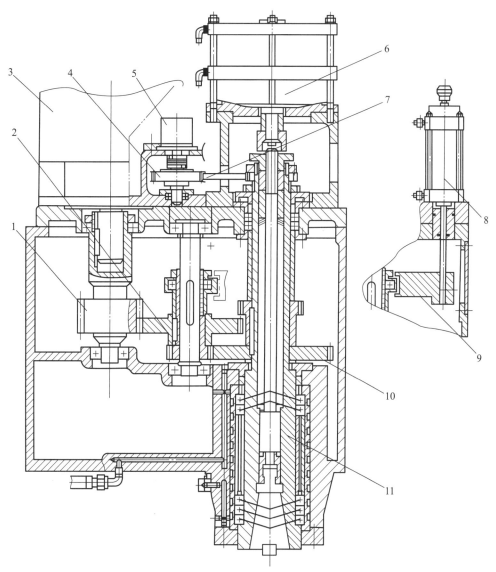

图 6 - 1 - 6 齿轮变速主传动系统典型结构

1—齿轮；2—双联滑移齿轮；3—主电动机；4—同步带轮；5—主轴编码器；6—松刀气缸；

7—同步带；8—换挡气缸；9—拨叉；10—双联齿轮；11—主轴

图 6 - 1 - 6 所示的主传动系统使用了 2 级齿轮变速，变速挡交换可通过气缸 8、拨叉 9、双联滑移齿轮 2 实现。在需要刚性攻螺纹功能的机床上，主轴需要安装 1∶1 连接的位置检测编码器 5，实现 Z 轴和主轴的同步进给；编码器和主轴间多采用同步带连接，这样的主轴系统也可直接用于立式加工中心，实现刀具自动交换所需要的主轴定向准停功能。

实践指导

一、主传动系统的常见故障及处理

数控机床主传动系统的常见故障及处理方法如表 6 – 1 – 1 所示。

表 6 – 1 – 1　主传动系统的常见故障及处理方法

序号	故障现象	常见原因	故障处理
1	主轴发热	主轴轴承预紧力调节过大	重新预紧
		轴承研伤或损坏	更换新轴承
		润滑油脏或有杂质	清洗主轴箱重新换油
		轴承润滑油脂耗尽或润滑油脂过多	重新涂抹润滑脂
2	主轴在强力切削时停转	电动机与主轴的连接带过松	张紧连接带
		带表面有油	用汽油清洗
		带使用过久而失效	更换新带
		摩擦离合器调整过松或磨损	调整离合器，修磨或更换摩擦片
3	刀具不能正常夹紧	碟形弹簧压缩量过小	调整碟形弹簧行程长度
		弹簧夹头损坏	更换新弹簧夹头
		碟形弹簧失效	更换新碟形弹簧
		刀柄上拉钉过长	更换拉钉，并正确安装
4	刀具夹紧后不能松开	松刀油缸或气缸的压力不足	调整液压或气动的压力
		松刀油缸行程不足	调整行程
		碟形弹簧压缩量过大	调整碟形弹簧，减小弹簧压缩量
5	主轴不能机械变速	变挡油缸或气缸压力不足	检测与调整压力
		变挡油缸或气缸研损或卡死	修去毛刺和研伤，清洗后重装
		变挡电磁阀卡死	检修电磁阀并清洗
		变挡油缸或气缸拨叉脱落	修复或更换
		变挡油缸或气缸内泄	更换密封圈
		变挡检测开关失灵	更换新开关
6	主轴噪声过大	主轴部件动平衡不良	重做动平衡
		齿轮磨损	修理或更换齿轮
		轴承拉毛或损坏	更换轴承
		传动带松弛或磨损	调整或更换传动带
		润滑不良	调整润滑油量，保证主轴箱清洁度

在以上故障中，噪声过大是数控机床主传动系统最常见的故障之一，它与主传动形式、主轴系统结构、支承方式等因素密切相关，需要根据不同情况进行不同分析，说明如下。

二、齿轮噪声的分析与处理

1. 齿轮噪声的分析

在齿轮变速传动的主传动系统上，主轴噪声是机床维修常见问题之一，齿轮啮合不良是其主要的噪声源。齿轮加工精度差、啮合不良、负载波动，以及其他零部件影响、传动系统共振、润滑不良等因素，都会导致齿轮产生噪声。

机床主传动系统齿轮噪声通常有以下几类。

（1）冲击噪声：当齿轮啮合不良时，主轴旋转时将出现齿与齿间的连续冲击，使齿轮产生受迫振动，而产生冲击噪声；如齿面凸凹不平，将出现快速、周期性冲击噪声。

（2）振动噪声：当外部负载波动或出现冲击时，齿轮将受到外界激振力作用产生瞬态自由振动，从而产生振动噪声。

（3）共鸣噪声：如齿轮、传动轴、轴承等传动部件装配不良，出现了由偏心引起的旋转不平衡，使主传动系统产生与转速一致的低频振动；低频振动将随主轴的旋转，每转发出一次共鸣噪声。

（4）摩擦噪声：这是由于齿与齿之间的摩擦而产生的齿轮自激振动，使主传动系统发出摩擦噪声。

2. 齿轮噪声处理

产生齿轮噪声可能有多方面原因，而且还可能与传动系统、齿轮的设计有关，它需要机床制造厂家才能解决。对于机床维修时产生的噪声，可根据齿轮噪声的特点，通过以下修整和改进使之降低。

（1）齿形修缘：由于齿形误差和法向基节的影响，在齿轮承载产生弹性变形后，齿轮啮合时产生瞬时顶撞和冲击。因此，为了减小齿轮在啮合时因齿顶凸出而造成的啮合冲击，可进行齿顶的修缘处理。

齿顶修缘的目的是校正齿的弯曲变形和补偿齿轮误差，从而降低齿轮噪声。修缘量取决于法向基节误差和承载后齿轮的弯曲变形量、弯曲方向等。齿形修缘时，可根据齿轮的具体情况，选择只修齿顶或只修齿根。一般情况下，只有在仅修齿顶或仅修齿根达不到良好效果时才需要进行齿顶和齿根的同时修缘。

（2）控制齿形误差：齿形误差越大，产生的噪声也就越大，因此提高齿轮加工质量是降低齿轮噪声的有效途径。齿形误差是由多种因素造成的，良好的运行条件、良好的润滑、平稳的移位、避免齿轮撞击等，也是控制齿形误差的重要措施。

（3）控制啮合齿轮的中心距：啮合齿轮的中心距变化将引起压力角的改变，如啮合齿轮的中心距出现周期性变化，其压力角也将发生周期性变化，从而产生周期性噪声。

实验表明，如齿轮中心距偏大，一般不会对噪声产生明显的影响，但当齿轮中心距偏小时，其噪声就会明显增大。因此，装配维修时应尽可能合理调整啮合齿轮的中心距，使齿轮、传动轴的弯曲变形及传动轴、齿轮、轴承的配合都处于较为理想的状态，尽可能消除由于啮合中心距不合理而出现的噪声。

（4）良好的润滑：润滑油不仅具有润滑、冷却的作用，而且还能产生一定的运动阻尼，在一般情况下，齿轮噪声可随润滑油数量和黏度的增加而减小。因此，在数控机床使用时，若能在齿面上维持一定厚度的油膜，能有效防止啮合齿面的直接接触，衰减振动能量，降低噪声。

如果仅仅为了齿轮润滑，所需的油量实际上并不多，主传动系统之所以采用大剂量给油主要是为了冷却。实验证明，齿轮润滑以输出侧的给油方式为最佳，它既可起到冷却作用，又可在齿轮啮合前在齿面上形成油膜。如果能控制润滑油直接进入齿轮啮合区，其降噪效果更为显著。因此，合理布置油管，使润滑油按理想状态溅入齿轮，是控制由于润滑不良而产生噪声的良好途径。

三、轴承噪声的分析与处理

1. 轴承噪声分析

主轴支承轴承所产生的噪声是数控机床主传动系统的另一主要噪声源，特别是在主轴高速旋转时的影响更大。

主轴支承轴承的结构和轴径、支承部件的装配和预紧、轴承的安装精度、轴承的润滑条件，以及作用在轴承上的负荷、轴承的径向间隙等，都对主轴轴承的噪声有很大影响。此外，由于滚动轴承的零件都有相应的公差范围，故选配的轴承精度等级和轴承本身的制造精度也在很大程度上就决定了轴承的噪声。轴承的精度等级越高，轴承本身所产生的偏摆就越小，其噪声也就越小。

滚动轴承最易产生变形的部位是内外环。内外环在外部因素和自身精度的影响下，有可能产生摇摆和振动，轴承的轴向振动、径向振动、轴承环的径向振动和轴向弯曲振动都将导致主轴轴承出现噪声。

数控机床的主传动系统支承轴承以内环旋转、外环固定的情况居多，故内环径向偏摆所引起的旋转不平衡，是出现轴承振动噪声的主要原因，特别是当内环与外环端面、侧面存在较大的跳动时，还会导致轴承内环相对外环产生歪斜，而产生振动噪声。同时，若轴承的外环与安装孔的形状、位置公差不合适，外环也将产生径向摆动，导致轴承部件同心度的偏差，因而导致轴承噪声的增加。

2. 轴承噪声处理

数控机床的轴承噪声一般可从以下几个方面进行控制。

（1）控制内外环质量。选用高精度轴承可减小轴承内外环几何形状误差，降低内外环滚道的波纹度和表面粗糙度值；提高轴承安装部位的加工精度；在装配过程中避免滚道表面磕伤、划伤；这些都是降低轴承振动和噪声的有效途径。

（2）控制轴承与安装孔、轴的配合精度。轴承配合部位的形位公差和表面粗糙度应与轴承精度等级相一致，如果配合部位的加工、装配精度不合适，其误差会传递给轴承内外环的滚道，导致噪声的增大。

（3）数控机床主传动系统的轴承与轴、孔配合时，应保证轴承有一定的径向间隙。最佳的径向间隙值与内环在轴上和外环在孔中的配合方式，以及在轴承运行时内环和外环间的温差等因素有关，径向间隙过大时，将导致轴承低频噪声的增大；径向间隙过小，将导致轴承高频噪声的增加。因此，轴承安装时的间隙调整对控制轴承的噪声具有重要意义。

此外，外环在安装孔中的配合形式也会影响噪声的传播。配合过紧不但能提高传声性、加大噪声，而且还会导致滚道变形，加大轴承滚道的形状误差。因此，过小的径向间隙，会导致轴承噪声的增加。但是，如果轴承外环与安装孔的配合间隙过大，则容易造成轴承的振动，同样会引发噪声。只有松紧适当的配合才能使轴承与安装孔接触处的油膜对外环的振动产生阻尼，从而起到降低噪声的效果。

故障分析与维修案例

[例1]　加工中心的主传动系统结构如图 6 – 1 – 4 所示，机床经长时间使用，主轴出现较大的噪声。

故障分析：由图 6 – 1 – 4 可见，该机床主轴采用了主轴和主电动机直接连接的结构，故不存在齿轮、带噪声等问题，主轴轴承是产生主轴噪声的最主要原因。

测试检测主轴驱动器的负载，发现在空载情况下，主轴负载在 40%~50% 间波动。为了分析故障原因，维修时直接取下了主电动机进行单独电动机运行实验，发现电动机在高速、低速时均运行平稳、无噪声，主轴负载小于 5%。手动旋转主轴，发现其转动十分困难，由此确认故障原因为主传动系统机械部件不良。

故障处理：取下主轴并检查，发现该机床的主轴前轴承已经损坏，更换轴承之后，噪声消失，机床恢复正常工作状态。

[例2]　加工中心的主传动系统结构如图 6 – 1 – 6 所示，在自动换刀时出现主轴定向不良的故障，导致换刀无法正常进行。

故障分析：该加工中心故障在刚出现时，其频率较低，一般只需重新开机便可恢复正常工作，但隔一段时间后故障又重复出现。到了后期，故障发生的频率逐渐增加，直至无法正常工作。

在故障出现时，经过对机床的仔细观察，发现故障的原因是主轴的定向准停位置发生了偏移，且在偏移点附近手动旋转主轴，可很轻松地将主轴移动到定位点。如果移动位置过大，则可明显感觉到主轴存在反向恢复定位点的转矩。

根据以上现象可判定该机床的主轴驱动定向准停的闭环位置调节功能正常（具有反方向恢复定位点的转矩），因此，故障原因可能来自机械部件装配和调整。由图 6 – 1 – 6 可见，该主传动系统的定向准停位置检测编码器和主轴间采用的是同步带连接，故障原因最大可能是同步带传动部件连接不良。

故障处理：检查主轴侧的同步带轮安装，未发现连接问题，且带轮和主轴无间隙；检查编码器和带轮的连接，发现连接套上的紧定螺钉松动、编码器输出轴和连接套间存在明显的间隙；重新固定紧定螺钉后，间隙消除，机床恢复正常。

[例3]　加工中心的主传动系统结构如图 6 – 1 – 6 所示，机床运行时出现主电动机正常旋转，但主轴不转的故障。

故障分析：由于主电动机旋转正常，故障原因非常明确，它必然属于机械传动系统故障。打开主轴箱侧盖检查，发现主电动机输出轴上的齿轮旋转正常、固定牢固，但滑移齿轮已脱离啮合位置，造成了传动链的中断。

由图 6 – 1 – 6 可见，该主传动系统的滑移齿轮由气缸推动，气缸还起到滑移齿轮定位的作用；检测拨叉和气缸固定可靠，由此判断，滑移齿轮脱离啮合位置的原因是气缸不能准确定位。

进一步检查发现，该气缸的活塞杆可正常移动，因此故障应来自气动阀。检查气动阀发现，该气动阀为三位四通换向阀，但中间位置不能闭锁，导致前后两腔气路的渗漏，使上腔推力大于下腔推力，活塞杆下移，致使滑移齿轮脱离啮合位置。

故障处理：更换换向阀，机床恢复正常。

[例4]　加工中心的主传动系统结构如图6-1-6所示，在CNC发出主轴换挡指令后，主轴一直处于慢速摇摆状态，无法完成传动级交换动作。

故障分析：在使用机械辅助变速的主传动系统上，为保证齿轮能顺利啮合，CNC在输出主轴换挡指令后，需要主电动机进行慢速来回摇摆（换挡抖动），避免出现换挡"顶齿"现象。该机床的主轴有换挡抖动动作，证明主轴驱动系统无故障，故障应来自气动系统、机械传动系统或其他方面。在气动系统方面，气动阀的阀芯卡住、电磁铁故障，均可能导致气路不能切换，气缸无法正常动作；在机械传动系统方面，拨叉或滑移齿轮脱落，也会引起齿轮不能正常啮合；在其他方面，则可能是挡位检测信号不良，使CNC无法结束辅助功能指令。

故障处理：打开主轴箱侧盖，检查发现滑移齿轮的动作完全正确，但挡位检测信号不能正常发信，重新调整检测开关位置使其正常发信后，机床恢复正常。

[例5]　加工中心的主传动系统结构如图6-1-6所示，机床经长时间使用，发现主轴箱噪声变大。

故障分析：检查齿轮噪声，发现该主传动系统的齿轮齿面存在损伤，重新更换齿轮后，噪声恢复正常。使用几天后，主轴箱噪声又变大，齿面又损伤。检查机械换挡动作，发现滑移齿轮运动平稳、主轴换挡抖动正常，由此判定故障来自齿轮本身的制造质量。

鉴于重新更换齿轮后噪声可恢复正常，可排除齿轮加工精度方面的问题，由此推断，齿面的硬度不足是导致齿轮损伤的最大可能原因。

故障处理：调整齿轮的热处理工艺，使齿面硬度大于55HRC，经长时间运转，机床齿轮噪声恢复正常。

　思考问题

主轴运行时异常发热的原因是什么？

任务二　进给传动系统故障维修

　知识目标

1. 熟悉滚珠丝杠传动系统的基本结构。

2. 熟悉滚珠丝杠的外形与原理。

3. 掌握滚珠丝杠常见故障的维修方法。

4. 熟悉直线导轨的结构与原理。

5. 掌握直线导轨常见故障的维修方法。

 能力目标

1. 能进行滚珠丝杠、直线导轨的安装调整。

2. 能进行滚珠丝杠、直线导轨的日常维护。

3. 能进行滚珠丝杠、直线导轨的常见故障处理。

 相关知识

一、进给传动系统的形式

数控机床的进给传动系统用来驱动刀具或工作台运动，它一般采用伺服电动机驱动，在现代高速、高精度数控机床上，直线电动机、直接驱动电动机已得到应用。

数控机床的进给运动分直线运动和圆周运动两类。直线进给运动的主要形式有丝杠螺母副传动、齿轮齿条副传动和直线电动机直接驱动等；圆周运动可采用蜗杆蜗轮副或直接驱动电动机驱动。直线运动是所有数控机床都必然具有的基本运动，其主要形式有以下几种。

1. 滚珠丝杠传动

滚珠丝杠螺母副具有传动效率高、间隙小、刚度好、摩擦阻力小、使用寿命长、精度保持性好等优点，而且其静摩擦力几乎与运动速度无关，也不易产生低速爬行现象，因此，它是目前中小型数控机床直线轴最常用的传动形式，在数控机床上的应用极广。

滚珠丝杠螺母副具有运动可逆性，它既能将旋转运动转换为直线运动，也能将直线运动转换为旋转运动，因此，驱动受重力作用的负载或高速大惯量负载时，必须安装制动器。

高精度加工数控机床有时采用静压丝杠螺母副传动，这种丝杠螺母副可通过压力油在丝杠和螺母的接触面产生一层一定厚度的压力油膜，使边界摩擦变为液体摩擦，其摩擦系数仅为普通滚珠丝杠的 1/10，传动系统灵敏度更高、间隙更小。此外，由于油膜层、油液流动还具有吸振、散热、均化误差的效果，因此，其运动更平稳、热变形更小、传动精度更高。静压丝杠螺母副的制造成本高，且还需要配套高清洁度、高可靠性的供油系统，因此多用于高精度加工的磨削类数控机床。

2. 齿轮齿条与静压蜗杆传动

大型数控机床不宜采用丝杠传动，这是因为长丝杠不仅制造非常困难，而且易弯曲下垂影响传动精度，加上惯量大、轴向刚度、扭转刚度较低。因此，一般需要采用静压蜗杆蜗母条副或齿轮齿条副。齿轮齿条传动具有结构简单、传动比大、刚度好、效率高、进给行程不受限制、安装调试方便等一系列优点，但与滚珠丝杠相比，其传动不够平稳、定位精度较低，一般用于工作行程很长、定位精度要求不高的大型数控机床传动，如龙门式数控火焰切割机、大型数控镗铣床、数控龙门刨床、数控平面或导轨磨床的往复运动等。为了提高传动精度，数控机床进给传动的齿轮齿条需要利用"消隙"机构消除齿轮侧隙。

静压蜗杆蜗母条副的摩擦阻力小、传动效率高、使用寿命长、轴向刚度大、精度保持好、抗振性能好，即使在极低的速度下也能平稳运动。由于蜗母条理论上可无限接长，故可用于大型高精度数控机床的长行程传动。

3. 直线电动机驱动

随着科学技术的发展，高速、超高速切削加工技术已日趋成熟。高速切削时，随着主轴转速的提高，进给速度也必须同步提高，但传统的滚珠丝杠螺母副由于受到转速特征值的制约，其最大进给速度、加速度很难超过 100 m/min、1 g（9.8 m/s^2），为此人们已逐步在数控机床上应用直线电动机驱动技术。

直线电动机可直接带动工作台做直线运动，它完全取消了滚珠丝杠、齿轮齿条等传动系统所存在的旋转运动转换为直线运动的部件，实现了进给系统的零传，其进给速度、加速度很容易达到 100 m/min（9.8 m/s^2）以上。

直线电动机驱动系统具有结构简单、传动效率高、无间隙、惯性小、无磨损、定位精度高、行程不受限制等一系列优点，但与伺服电动机相比，其效率和功率因数很低、大推力和大功率电动机制造还存在一定困难，系统防磁、冷却等诸多问题突出，因此其大范围普及还有待进一步研究。

二、滚珠丝杠传动系统

1. 结构原理

滚珠丝杠螺母副简称滚珠丝杠，其制造工艺成熟、生产成本低、安装维修方便，是进给行程 6 m 以下的中小型数控机床使用最广泛的传动形式。

滚珠丝杠是以滚珠为滚动体的螺旋式传动元件，其外形和原理如图 6-2-1 所示。滚珠丝杠螺母副主要由丝杠、螺母和滚珠三大部分组成。

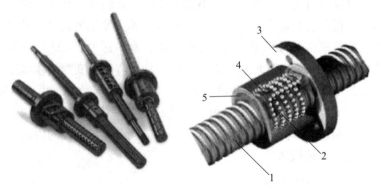

图 6-2-1　滚珠丝杠的外形和原理

1—丝杠；2—滚珠；3—螺母；4—反向器；5—密封圈

丝杠实际上是一根加工有半圆螺旋槽的螺杆，螺母上加工有和丝杠螺旋槽同直径的半圆螺旋槽，当它们套装在一起时，便成了圆形的螺旋滚道。螺母上还安装有滚珠的回珠滚道

（反向器），它可将螺旋滚道的两端连接成封闭的循环滚道。

滚珠安装在螺母滚道内，当丝杠或螺母旋转时，滚珠在滚道内自转的同时又可沿滚道进行螺旋运动；运动到滚道终点后，可通过反向器上的回珠滚道返回起点，形成循环，使丝杠和螺母相对产生轴向运动，从而带动工作台做直线运动。

滚珠丝杠螺母上的回珠滚道形式称为滚珠丝杠的循环方式，它有图 6 - 2 - 2 所示的内循环和外循环两种。

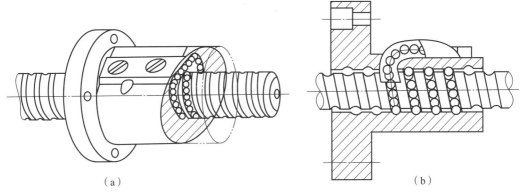

图 6 - 2 - 2　滚珠丝杠的循环方式
（a）内循环；（b）外循环

内循环滚珠丝杠的回珠滚道布置在螺母内部，滚珠在返回过程中与丝杠接触，回珠滚道通常为腰形槽嵌块，一般每圈滚道都构成独立封闭循环。内循环滚珠丝杠的结构紧凑、定位可靠、运动平稳，且不易发生滚珠磨损和卡塞现象，但其制造较复杂，此外也不可用于多头螺纹传动丝杠。

外循环丝杠只有一个统一的回珠滚道，因此，结构简单、制造容易；但它对回珠滚道的结合面要求较高，滚道连接不良，不仅影响滚珠平稳运动，严重时甚至会发生卡珠现象。此外，外循环丝杠运行时的噪声也较大。

2. 安装形式

滚珠丝杠有丝杠旋转和螺母旋转两种基本安装形式，由于丝杠直径小于螺母，可达到的转速高，因此，中小型数控机床多采用丝杠旋转、螺母固定安装，丝杠通过支承轴承安装成轴向固定的可旋转结构；螺母固定在运动部件上，随同运动部件轴向运动。丝杠的安装形式主要有如图 6 - 2 - 3 所示的 4 种。

（1）G - Z 支承：G - Z 支承又称 F - O 支承，这是一端固定，一端自由的安装方式，丝杠一端安装有可承受双向轴向载荷和径向载荷、能进行轴向预紧的支承轴承，但另一端完全自由，不作支撑。G - Z 支承结构简单，但承载能力较小、刚度较低，且随螺母位置的变化而变化，因此，它通常用于丝杠长度、行程不长的直线轴传动。

（2）G - Y 支承：G - Y 支承又称 F - S 支承，这是一端固定，一端游动的安装方式，它在 G - Z 支承的基础上，在丝杠的另一端（后端）安装了向心球轴承作径向支承，以避免高速旋转时的弯曲，但轴向可游动。G - Y 支承提高了临界转速和抗弯强度，可防止丝杠高速旋转时的弯曲变形，它可用于丝杠长度、行程中等的直线轴传动。

（3）J - J 支承：J - J 支承是一种简单的两端支承安装方式，丝杠的轴向载荷由滚珠丝

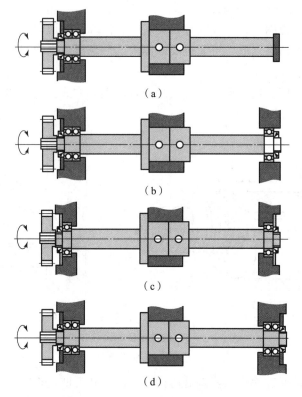

图 6 - 2 - 3　滚珠丝杠的安装形式

(a) G-Z 支承；(b) G-Y 支承；(c) J-J 支承；(d) G-G 支承

杠两端的支承轴承分别承担，预拉伸后的传动刚度较高，但在丝杠热变形伸长时会使轴承去载而产生轴向间隙。

（4）G-G 支承：G-G 支承又称为 F-F 支承，这是一种两端固定的安装方式，丝杠采用两端双重支承，可进行丝杠预拉伸，其刚度最高；此外，它还可将丝杠的热变形伸长转化为轴承的预紧力。因此，其动静态刚度、精度均很高，可用于高速、高精度加工机床及大型机床的长行程直线轴传动。

立柱移动式机床或龙门加工中心的行程长，运动部件质量大，为了保证行程、刚度和精度，丝杠长度长、直径大，丝杠旋转对驱动电动机转矩、丝杠支承刚度等方面的要求很高，为此需要采用图 6 - 2 - 4 所示的丝杠固定、螺母旋转的传动结构。

螺母旋转的进给传动系统，丝杠的轴向、径向均不产生运动，因此，它可通过锁紧螺母预拉伸提高其支承刚度，减小丝杠直径，降低生产制造成本。同时，由于丝杠无须旋转，驱动电动机的负载大大降低，系统的快速性和精度都可得到提高。

三、导轨支承系统

1. 数控机床导轨的形式

导轨为机床直线运动部件提供导向和支承，导轨的性能对机床的运动速度和定位精度有着重要的影响。数控机床常用的导轨可分为滑动导轨、滚动导轨和静压导轨三类。

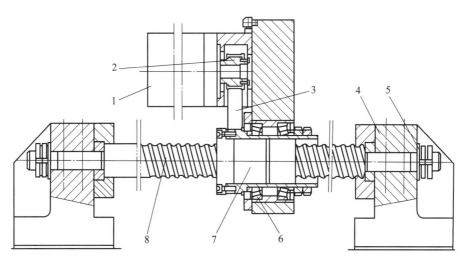

图 6 - 2 - 4 丝杠固定的传动系统结构

1—电动机；2—同步带轮；3—同步带；4—安装座；5—锁紧螺母；6—轴承；7—丝螺号；8—丝杠

1）滑动导轨

滑动导轨具有结构简单、制造方便、刚度高、抗振性好等优点，是传统数控机床使用最广泛的导轨形式。但是，普通机床所使用的铸铁/铸铁、铸铁/淬火钢的导轨摩擦系数大，且动摩擦系数随速度变化，低速运动易出现爬行，因此通常只用于国产普及型数控机床或数控化改造设备，正规生产的数控机床较少使用。滑动导轨通过表面贴塑材料，可以大幅降低摩擦阻力提高耐磨性和抗振性，同时因其制造成本低、工艺简单，故在数控机床上得到了广泛的应用。

2）滚动导轨

滚动导轨的导轨面上放置滚珠、滚柱、滚针等滚动体，它可使导轨由滑动摩擦变为滚动摩擦。与滑动导轨相比，滚动导轨不仅可以大幅降低摩擦阻力，提高运动速度和定位精度，还可以减小磨损、延长使用寿命。但是，其抗振性相对较差。因此，多用于切削载荷较小的高速、高精度加工数控机床。

根据滚动体的形状，滚动导轨有滚珠导轨、滚柱导轨和滚针导轨 3 类。滚珠导轨以滚珠作为滚动体，其摩擦系数最小，快速性和定位精度最高，但其刚度较低，承载能力较差，故多用于运动部件质量较轻、切削力较小的高速、高精度加工机床。滚柱导轨的承载能力和刚度均比滚珠导轨大，但它的安装要求较高，故多制成标准滚动块，以镶嵌的形式安装在导轨上，这是大型、重载的龙门式、立柱移动式数控机床使用较多的导轨。滚针导轨常用于数控磨床，其滚针比同直径的滚柱长度更长，支承性能更好，但对安装面的要求更高。

3）静压导轨

静压导轨的滑动面开有油腔，当压力油通过节流口注入油腔后，可在滑动面上形成压力油膜，使运动部件浮起后成为纯液体摩擦，因此其摩擦系数极低、运动磨损极小、精度保持性非常好，且其承载能力大、刚度和抗振性好、运动速度更高、低速无爬行，但其结构复杂，安装要求高，并且需要配套高清洁度的供油系统，因此多用于高精度的数控磨削机床。

2. 直线导轨的结构与原理

直线滚动导轨简称直线导轨或滚动导轨、线轨,目前它是高速、高精度数控机床最常用的导轨,其功能部件由专业生产厂家生产,随着数控机床运动速度的提高,其使用已经越来越普遍。直线导轨的结构原理如图 6 – 2 – 5 所示。

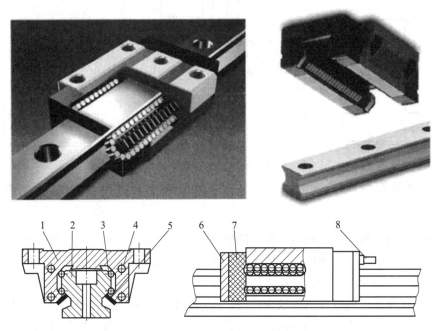

图 6 – 2 – 5　直线导轨的结构原理

1—滑块；2—导轨；3—滚动体；4—回珠孔；5—侧密封；6—密封盖；7—挡板；8—润滑油杯

使用滚珠和滚柱的直线导轨原理相同,它们都由导轨、滑块、滚动体、反向器、密封端盖、挡板等部分组成。导轨 2 的上表面加工有一排等间距的安装通孔,可用来固定导轨,导轨上有经过表面硬化处理、精密磨削加工制成的 4 条滚道。滑块 1 上加工有 4~6 个安装通孔,用来固定滑块,其内部安装有滚动体,当导轨与滑块发生相对运动时,滚动体可沿着导轨和滑块上的滚道运动。滑块的两端安装有连接回珠孔 4 的反向器,滚动体 3 可通过反向器反向进入回珠孔,并返回滚道后循环滚动。滑块的侧面和反向器的两端均装有防尘的密封端盖,可以防止灰尘、切屑、冷却水等污物的进入。滑块的端部还安装有润滑油管或加注润滑脂的油杯,以便根据需要通入液体润滑油或加注油脂。

由于直线导轨的特殊结构,使其可以承受上下、左右方向的载荷,其刚性较好,抗颠覆力矩能力较强,可适用于各种方向载荷的直线运动轴。

3. 直线导轨的主要技术参数

直线导轨是适用于高速运动的导向部件,其运动速度、加速度理论上可达到 500 m/min、250 m/s,但考虑到使用寿命,实际上在 300 m/min、50 m/s^2 以下使用较为合适。直线导轨的灵敏度好,其摩擦系数一般只有 0.002~0.003。

直线导轨主要技术参数有精度等级、预载荷、使用寿命、额定载荷等,其中精度等级、预载荷与安装调整密切相关,说明如下。

直线导轨的精度分为 6 个等级，以 1 级精度为最高。工业机器人的直线运动系统通常使用 4、5 级精度，高精度工业机器人可使用 3、4 级。

直线导轨需要根据承载要求进行预载，预载荷分 P0、P1、P2、P3 共 4 个等级，P0 为重预载，P1 为中预载，P2 为普通预载，P3 为无预载（间隙配合）。

根据不同的使用要求，直线导轨的精度和预加载荷等级一般按表 6 - 2 - 1 选用，表中的 C 为直线导轨的额定动载荷。

表 6 - 2 - 1　推荐的精度和预载荷等级

使用场合	精度等级	预载荷等级	预载荷值
刚度高、有冲击和振动的大型、重型进给	4、5	P0	0.1C
精度要求高、承受侧悬载荷、扭转载荷的进给	3、4	P1	0.05C
精度要求高、冲击和振动较小、受力良好的进给	3、4	P2	0.025C
无定位精度要求的输送机构	5	P3	0

实践指导

一、滚珠丝杠的使用与维修

1. 滚珠丝杠的防护

滚珠丝杠和其他滚动摩擦传动元件一样，也应避免硬质灰尘或切屑污物进入，因此必须安装防护装置。机床使用和维修时应避免碰击防护装置，损坏的防护装置需要及时更换。

对于外露在机床上的滚珠丝杠，应单独采用螺旋弹簧钢带套管、波纹管、折叠式套管等封闭防护罩。防护罩的安装方法如图 6 - 2 - 6（a）所示。防护罩的一端连接在螺母的侧面，另一端固定在滚珠丝杠的支承座上，如果处于隐蔽的位置，则可采用图 6 - 2 - 6（b）所示的密封圈防护，密封圈装在螺母的两端。

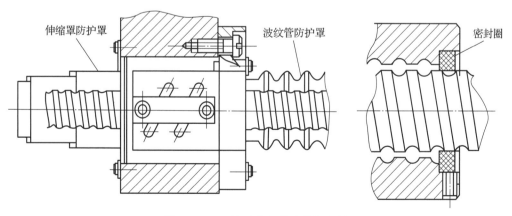

图 6 - 2 - 6　滚珠丝杠的防护与密封

（a）丝杠防护；（b）螺母密封

257

密封圈有接触式和非接触式两类。接触式的弹性密封圈用耐油橡胶或尼龙制成，其内孔做成与丝杠螺纹滚道相配的形状。接触式密封圈的防尘效果好，但由于存在接触压力，使摩擦力矩略有增加。非接触式密封圈又称为迷宫式密封圈，它采用硬质塑料制成，其内孔与丝杠螺纹滚道的形状相反，并稍有间隙，这样可避免摩擦力矩，但防尘效果差。

2. 滚珠丝杠的润滑

润滑可提高滚珠丝杠的耐磨性及传动效率，使用维修时必须保证润滑良好。滚珠丝杠的润滑分油润滑和脂润滑两类。

润滑油一般采用普通机油，90~180号透平油或140号主轴油，润滑油可经壳体上的油孔直接注入螺母的壳体空间内，滚珠丝杠的润滑油必须保证清洁和足够。机床工作前应检查润滑油的液位；机床工作时应通过间隙润滑，保证丝杠具有良好的润滑条件；控制系统应有润滑缺油报警显示，在无润滑的情况下应停止机床工作。

润滑脂一般可采用锂基润滑脂，通常加在螺纹滚道和安装螺母的壳体空间内。机床正常使用时，应每半年对滚珠丝杠上的润滑脂进行一次更换，更换时应清洗丝杠上的旧润滑脂，然后才能涂上新的润滑脂。

3. 常见故障与处理

滚珠丝杠副常见故障与处理方法如表6-2-2所示。

表6-2-2　滚珠丝杠副常见故障与处理方法

序号	故障现象	故障原因	处理方法
1	滚珠丝杠噪声大	支承轴承的安装调整不良	调整轴承压盖，使其压紧轴承端面
		支承轴承损坏	检查或更换轴承
		联轴器松动	紧固联轴器
		润滑不良	改善润滑条件，使润滑油充足
		滚珠破损	更换新滚珠
2	丝杠运动不灵活	轴向预载太大	减小预载荷
		丝杠与导轨不平行	调整丝杠支座，保证丝杠与导轨平行
		螺母轴线与导轨不平行	调整螺母座的安装位置
		丝杠弯曲变形	排除弯曲变形原因，进行丝杠的矫直
3	定位精度不足	丝杠连接或润滑不良	见第1条
		丝杠安装不良	见第2条
		丝杠调整不良	调整轴向间隙和预载荷
		丝杠磨损	更换滚珠或丝杠

二、直线导轨的使用与维修

1. 导轨的防护与润滑

使用直线导轨时，应注意工作环境与装配过程中的清洁，导轨表面不能有铁屑、杂质、灰尘等污物黏附。当安装环境可能使灰尘、冷却水等污物进入时，除导轨本身的密封外，还应增加防护装置。

良好的润滑可减少摩擦阻力和减轻导轨磨损，防止导轨发热。直线导轨可采用润滑脂润滑和润滑油润滑两种方式。

（1）润滑脂润滑：润滑脂润滑不需要供油管路和润滑系统，也不存在漏油问题，一次加注可使用 1 000 h 以上，因此，对于运动速度小于 15 m/min 或采用特殊设计的高速润滑系统，为了简化结构、降低成本，可使用脂润滑。直线导轨的脂润滑应按照生产厂家提供的型号选用，数控机床以锂基润滑脂最为常用。

（2）润滑油润滑：润滑油润滑得均匀、效果好，可用于高速装置；一般而言，对于常规的润滑系统设计，如果直线导轨的运动速度超过 15 m/min，原则上需要润滑油。直线导轨的润滑油可使用 N32 等油液；润滑系统可与轴承、丝杠等部件一起，采用集中润滑装置进行统一润滑。

2. 常见故障及处理

导轨直接影响机床的导向精度。导轨间隙、导轨的直线度和平行度、导轨间隙调整和预紧及导轨的润滑、防护装置都对整机精度有较大的影响。通常而言，导轨的常见故障及处理方法如表 6 – 2 – 3 所示。

表 6 – 2 – 3　导轨的常见故障及处理方法

故障现象	故障原因	处理方法
导轨磨损或研伤	机床使用时间长、床身水平调整不良使导轨局部负荷过大	定期检查，及时调整机床的水平，修复或更换导轨
	长期进行局部范围加工，负荷过分集中，使导轨局部磨损	合理布置工件的安装位置，避免负荷过分集中
	导轨润滑不良	调整导轨润滑，保证润滑充足
	导轨材质或热处理不良（滑动导轨）	按照规定进行热处理
	刮研质量不符合要求（滑动导轨）	提高刮研修复的质量
	机床防护不良，脏物进入导轨	加强机床保养，保护好导轨防护装置
导轨运动不畅或不能移动	导轨面研伤	修磨机床与导轨面上的研伤
	压板配合不良（滑动导轨）	调整压板与导轨间隙
	镶条配合不良（滑动导轨）	调整镶条，使运动灵活

续表

故障现象	故障原因	处理方法
工件有明显接刀痕	导轨直线度超差	调整、修刮滑动导轨面或直线导轨安装面，通常应保证直线度在 0.015/500 mm 以下
	镶条松动或弯曲（滑动导轨）	调整镶条，镶条弯曲在自然状态下一般应小于 0.05 mm/全长
	机床水平调整不良	调整机床水平，一般应保证平行度、垂直度在 0.02/1 000 mm 内

 故障分析与维修案例

[例1] 某闭环控制的卧式加工中心，在正常使用过程中出现 X 轴快速移动时，CNC 发生位置跟随误差超差报警，机床无法自动工作的故障，但重新启动后，X 轴手动、回参考点运动正常。

故障分析：CNC 发生位置跟随误差超差报警，表明 X 轴的实际位置和 CNC 指令的位置不符，其误差超过了 CNC 所允许的范围。对于全闭环控制的数控机床，由于位置检测系统直接检测工作台的实际位置，因此，伺服驱动系统、位置测量光栅、进给传动系统的故障以及运动部件的干涉、CNC 参数设定错误等都将导致本故障。

在本加工中心上，由于 X 轴在手动、回参考点运动时 CNC 无报警，一般而言，其伺服驱动系统、位置测量光栅故障的可能性相对较小；而且故障在正常运行时出现，也可以排除 CNC 参数设定方面的原因，由此初步判定故障应与 X 轴进给传动系统有关。

故障处理：检查本机床的伺服电动机和滚珠丝杠连接，发现机床采用的是联轴器直接连接，而高速进给时联轴器打滑是导致本故障最常见的原因。检查发现该机床的联轴器胀紧套与丝杠连接松动，重新紧固连接螺钉后故障消除。

[例2] 某加工中心在使用一段时间后，出现 Z 轴方向的加工尺寸不稳定，误差无规律，CNC 及伺服驱动器无任何报警的故障。

故障分析：由于该加工中心采用的是半闭环控制，机床出现故障时 CNC 未发生位置跟随误差超差报警，表明 CNC 指令的位置和位置测量系统的检测位置（电动机转角）相符，因此，故障与伺服驱动系统无关，其原因应在进给传动系统上。

故障处理：检查本机床的伺服电动机和滚珠丝杠同样通过联轴器直接连接，根据故障现象分析，其故障原因可能是联轴器连接松动，导致滚珠丝杠或伺服电动机间产生滑动。检查发现，该联轴器的 6 只紧定螺钉均有所松动，紧固螺钉后故障排除。

[例3] 某加工中心 Y 轴移动过程中出现明显的机械抖动和噪声，但故障发生时 CNC 无报警。

故障分析：由于该加工中心采用的是半闭环控制，考虑故障发生时 CNC 无报警，为尽快找到故障部位，可直接拆下电动机与滚珠丝杠间的弹性联轴器，单独检查伺服驱动系统的运行情况。检查表明，伺服电动机运转平稳、无振动，而手动旋转丝杠，感觉到其负载存在明显的不均匀，且在丝杠的全行程范围均有异常。由此可以初步判定故障部位与伺服驱动系统无关，故障原因在进给传动系统上，而丝杠本身或支承部件的不良是导致丝杠的全行程负载不均匀的主要原因。

故障处理：检查滚珠丝杠的支承，发现该滚珠丝杠的支承轴承已经损坏，换上同型号规格的轴承后故障排除。

[例 4] 某加工中心 X 轴在快速移动过程中出现明显的噪声，加工工件的 X 向定位精度超差。

故障分析：通过使用与 [例 3] 同样的方法，在拆下电动机与滚珠丝杠间的弹性联轴器后检查，发现伺服驱动系统在高速运行的情况下，伺服电动机运转平稳、无振动；但手动旋转丝杠时，感觉在某些位置存在负载突然增加的现象，但故障位置不定。由此可以初步判定故障部位应与伺服驱动系统无关，故障原因在进给传动系统上。

故障处理：由于故障位置不定，需要对滚珠丝杠和支承轴承进行全面检查。检查结果表明该滚珠丝杠螺母在转动时存在不畅和卡死现象，拆开丝杠螺母，检查发现该螺母内的反向器内有小铁屑，导致钢球流动不畅和卡死。经过清洗和修理，重新装好后故障排除。

[例 5] 某采用滑动导轨的立式加工中心，在短时间内运行正常，但连续加工时 Z 轴发生过热报警。

故障分析：故障发生时，检查电动机温度发现外壳温升十分明显，表明电动机温升事实上过高。伺服驱动系统短时间运行正常、连续加工时发生过热报警的原因一般与伺服系统负载过大有关，在本机床上，试验表明即使机床空运行，到达一定时间后 Z 轴仍然发生过热报警，故可以排除切削负载过重的原因，故障应来自进给传动系统。

因此，脱开伺服电动机和丝杠连接的联轴器，并在断电情况下通过强制松开 Z 轴电动机的制动器检查，发现电动机的转动顺畅，从而排除了制动器干涉的原因。但是，通过手动旋转丝杠检查发现，该 Z 轴在全行程范围内运动阻力均过大，但一旦松开 Z 轴压板、镶条，便可轻松运动，由此判定故障原因是导轨间隙调整不良。

故障处理：本机床的 Z 轴为垂直运动轴，机床装配时为了避免重力产生的自落，生产厂家对 Z 轴导轨间隙的调整一般较小，本机床进给重新调整后故障排除。

[例 6] 某加工中心在加工长工件时发现，在 Y 轴方向行程终点附近的工件位置精度超差，机床和 CNC 均无异常。

故障分析：由于机床和 CNC 均无异常，工件其他位置的尺寸精度合格，判定故障应在进给传动系统上。测量 Y 轴反向间隙，发现该机床的 Y 轴越靠近行程终点，其反向间隙越大，以此判定丝杠或导轨的装配、调整不良是导致定位精度超差的原因。

故障处理：拆下 Y 轴工作台，检查发现 Y 轴的导轨平行度严重超差，导致了运动阻力的显著增加、滚珠丝杠弹性变形、反向间隙增大。重新调整后故障排除。

 思考问题

机床进给爬行，请尝试分析原因。

任务三　自动换刀系统故障维修

知识目标

1. 熟悉数控车床电动刀架的结构与原理。
2. 熟悉液压刀架的结构与原理。
3. 熟悉斗笠刀库的结构与原理。
4. 熟悉凸轮机械手换刀装置的结构与原理。

能力目标

1. 能进行电动刀架、斗笠刀库的常见故障处理。
2. 能分析凸轮机械手换刀装置的故障。

相关知识 >>>

一、电动刀架结构与原理

1. 结构与特点

电动回转刀架简称电动刀架，是国产普及型数控车床最常用的换刀装置，其外形如图6－3－1所示。电动刀架通常为水平布置，其抬起、回转、夹紧可以通过刀架电动机的正反转实现。电动机正转时，可实现刀架的抬起和回转运动；电动机反转时，则可实现刀架的定位和锁紧。刀架具有结构简单、控制容易、制造成本低等优点，但缺点是不能实现捷径选刀、换刀时间长、刀位数少（一般为4~6刀位），且其定位精度也较低，因此，适用于结构简单、精度和效率都不高的低价位、普及型国产数控车床。

　　　　　（a）　　　　　　　　　　　　　　　　　（b）

图6－3－1　普及型数控车床与电动刀架

（a）机床；（b）电动刀架

4 刀位电动机刀架的结构原理如图 6 – 3 – 2 所示。刀架由电动机 1、蜗轮蜗杆副 3/4、底座 5、刀架体 7、转位套 9、刀位检测装置 13 等基本部件组成。方柄车刀可通过安装在刀架体上部的 9 个固定螺钉，将刀具夹紧于刀架体上，电动机正转时，刀架体可在蜗轮蜗杆的带动下抬起、回转，进行换刀；电动机反转时，刀架体可通过蜗轮蜗杆、粗定位盘落下、夹紧。刀架的刀位检测一般使用霍尔元件，刀架的精确定位利用齿牙盘实现。

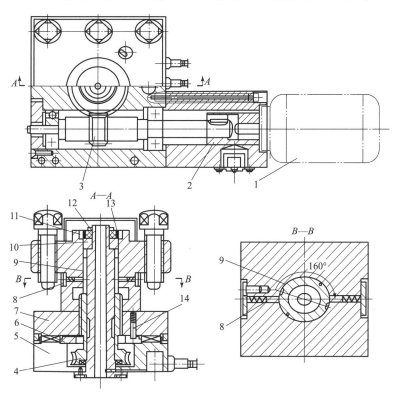

图 6 – 3 – 2　电动机刀架的结构原理

1—电动机；2—联轴器；3—蜗杆；4—蜗轮轴；5—底座；6—粗定位盘；7—刀架体；8—球头销；
9—转位套；10—检测盘安装座；11—发信磁体；12—固定螺母；13—刀位检测装置；14—粗定位销

2. 换刀原理

电动刀架各部件的作用与换刀原理如下：

（1）刀架抬起：当 CNC 执行换刀指令 T 时，如现行刀位与 T 指令要求的位置不符，CNC 将输出刀架正转信号 TL +，刀架电动机 1 将启动并正转。电动机可通过联轴器 2、蜗杆 3，带动上部加工有外螺纹的蜗轮轴 4 转动。

蜗轮轴 4 的内孔与中心轴外圆采用动配合，外螺纹与刀架体 7 的内螺纹结合；中心轴固定在底座 5 上，用于刀架体的回转支承。当电动机正转时，蜗轮轴 4 将绕中心轴旋转，由于正转刚开始时，刀架体 7 上的端面齿牙盘处在啮合状态，故刀架体不能转动；因此，蜗轮轴的转动将通过其螺纹配合，使刀架体 7 向上抬起，并逐步脱开端面齿牙盘而松开。

（2）刀架转位：当刀架体 7 抬到一定位置后，端面齿牙盘将被完全脱开，此时，与蜗轮轴 4 连接的转位套 9 将转过 160°左右，使转位套 9 上的定位槽正好移动至与球头销 8 对准的位置，因此，球头销 8 将在弹簧力的作用下插入转位套 9 的定位槽中，从而使转位套带动刀架体 7 进行转位，实现刀具的交换。

刀架正转时，由于粗定位盘 6 上端面的定位槽沿正转方向为斜面退出，因此，正转时刀架体 7 上的粗定位销 14 将被逐步向上推出，而不影响刀架的正转运动。

（3）刀架定位：刀架体 7 转动时，将带动刀位检测的发信磁体 11 转动，当发信磁体转到 T 代码指定刀位的检测霍尔元件上时，CNC 将撤销刀架正转信号 TL＋，输出刀架反转信号 TL－，使刀架电动机 1 反转。

电动机反转时，粗定位销 14 在弹簧的作用下将沿粗定位盘 6 上端面的定位槽斜面反向推入定位槽中，刀架体的反转运动将被定位销所禁止，刀架体粗定位并停止转动。此时，蜗轮轴 4 的回转将使刀架体 7 通过螺纹的配合垂直落下。

（4）刀架锁紧：随着电动机反转的继续，刀架体 7 的端面齿牙盘将与底座 5 啮合，并锁紧。当锁紧后，电动机停止。CNC 经过延时，撤销刀架反转信号 TL－，结束换刀动作。

二、液压刀架结构与原理

1. 结构与特点

全功能型数控车床多采用图 6－3－3 所示的液压回转刀架换刀（简称液压刀架）。

液压刀架的种类繁多，结构各异。大致而言，液压回转多采用卧式布置，刀架的抬起和定位锁紧通过液压系统控制，刀架的回转由回转油缸或伺服电动机驱动；刀架可安装的刀位数多（8 刀位以上），并可实现捷径选刀，刀架的定位准确、换刀快捷，但其结构较复杂，制造成本较高。因此，一般用于功能、精度和效率要求高的全功能数控车床。

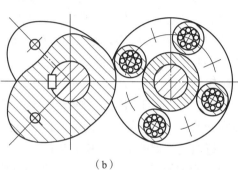

图 6－3－3　液压刀架

2. 共轭凸轮分度原理

共轭凸轮分度是用于分度数为偶数的间隙机械运动机构，它可产生分度回转、定位静止运动，实现分度和粗定位。以位置分度为例，其共轭凸轮、滚轮盘的结构与分度原理如下。

位置分度的共轭凸轮、滚轮盘结构如图 6－3－4 所示。滚轮盘上均匀布置有与分度位置

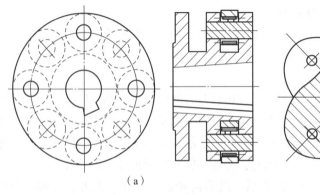

（a）　　　　　　　　　　　　　　（b）

图 6－3－4　共轭凸轮分度原理

（a）滚轮盘；（b）凸轮啮合

数相同的滚柱，滚柱分上下两层错位均布。上下层滚柱可分别与共轭凸轮的上下凸轮交替啮合，以驱动滚轮盘实现间隙分度运动。共轭凸轮每转动一周（360°），滚轮盘可转过一个分度角，因此，改变滚轮盘尺寸和滚柱安装数量，便可改变分度位置数。由于滚柱需要均布于滚轮盘的上下层，故这种分度机构只能用于偶数位置的分度。

共轭凸轮运动轨迹如图 6 - 3 - 5 所示。驱动滚轮盘回转的共轭凸轮由上下两个形状完全一致、对称布置的凸轮组成，两凸轮的夹角为当共轭凸轮回转时，上下凸轮可交替与滚轮盘的上下层啮合，实现平稳的加减速和间隙分度定位运动。共轭凸轮正反转时，滚轮盘具有完全相同的分度运动轨迹。

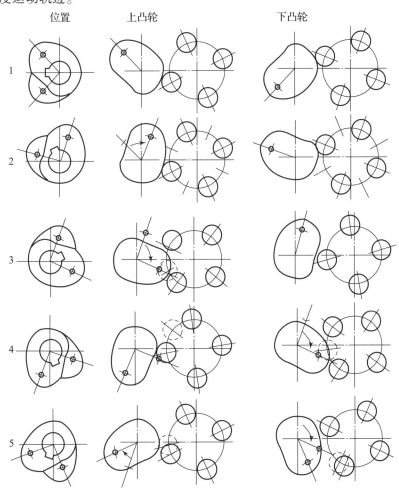

图 6 - 3 - 5　共轭凸轮运动轨迹

假设位置 1 为共轭凸轮的起始位置，当凸轮顺时针回转到位置 2 时，由于上下凸轮的半径均保持不变，滚轮盘不产生回转，刀塔处于粗定位的静止状态。当凸轮从位置 2 继续顺时针回转时，上凸轮将拨动滚轮盘的上层滚柱，使滚轮盘逆时针旋转到位置 3。在位置 2 到位置 3 的区域内，下凸轮的半径保持不变，不起驱动作用。

凸轮到达位置 3 继续顺时针回转时，下凸轮开始拨动滚轮盘的下层滚柱、带动滚轮盘继续逆时针旋转到位置 4。在位置 3 到位置 4 的区域内，上凸轮不起驱动作用。

凸轮到达位置 4 继续顺时针回转时，上凸轮将再次拨动滚轮盘的上层滚柱、带动滚轮盘继续逆时针旋转到位置 5。在位置 4 到位置 5 的区域内，下凸轮不起驱动作用。

凸轮到达位置 5 后，从位置 5 直到位置 2 的整个区域，上下凸轮的半径均保持不变，滚轮盘不再回转，刀塔将处于静止的粗定位状态。

以上共轭凸轮驱动的间隙分度运动，其连续运动的区间比传统的槽轮分度机构大大增加；在多刀位连续分度时，已无明显的中间停顿，其分度回转更加平稳。

三、斗笠式刀库结构与原理

1. 换刀原理

加工中心的自动换刀需要有安放刀具的刀库及进行主轴刀具装卸的机构。在刀库容量不大、换刀速度不高的普通中小规格加工中心上，图 6 - 3 - 6 所示的悬挂式刀库移动换刀是最常用的形式，由于其刀库形状类似斗笠，故又称为斗笠式刀库。

图 6 - 3 - 6　加工中心与斗笠式刀库

斗笠式刀库的换刀动作可直接通过刀库、主轴的移动实现，无须机械手；换刀前后刀具在刀库中的安装位置不变，自动换刀装置的结构简单、控制容易、动作可靠。斗笠式刀库换刀时，需要先将主轴上的刀具取回刀库，然后通过回转刀库、选刀塔的平稳加减速。

择新刀具，并将其装入主轴，其换刀时间通常大于 5 s，换刀速度较慢。此外，斗笠式刀库必须与主轴平行安装；换刀时，整个刀库与刀具都需要移动，故刀库容量不能过大，刀具长度和质量受限；在全封闭防护的机床上，刀库的刀具安装和更换也不方便，因此，多用于 20 把刀以下、对换刀速度要求不高的普通中小规格加工中心。

在采用斗笠式刀库的加工中心上，主轴上的刀具装卸既可通过气缸控制刀库上下实现，也可通过主轴箱（Z 轴）的上下移动实现（主轴移动式）。主轴移动式换刀的动作过程如图 6 - 3 - 7 所示，具体如下。

（1）换刀准备：机床正常加工时，刀库应处于后位，刀库后移电磁阀一般需要保持接通状态。执行自动换刀指令前，首先需要进行主轴的定向准停，使主轴上的刀具键槽方向和刀库刀爪上的定位键一致；同时，主轴箱（Z 轴）运动到图 6 - 3 - 7 （a）所示的起始点 O，使主轴和刀库上的刀具处于水平等高位置，为刀库前移做好准备。

（2）刀库前移抓刀：换刀开始后，刀库前移电磁阀接通，刀库向右移到图 6 - 3 - 7 （b）所示主轴下方的换刀位置，使刀库上的刀爪插入主轴刀具的 V 形槽中，完成抓刀动作。

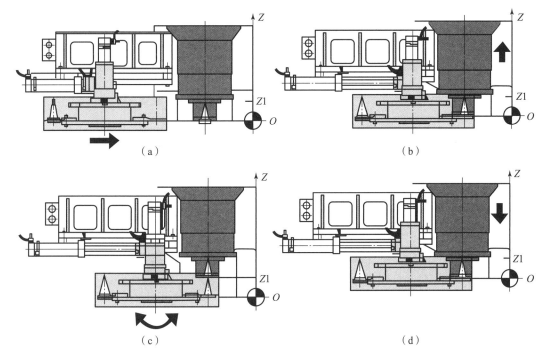

图 6 - 3 - 7　主轴移动式刀库动作

（3）刀具松开、吹气：刀库完成抓刀后，用于刀柄清洁的主轴吹气电磁阀和主轴上刀具松开的电磁阀同时接通，主轴上的刀具被松开。

（4）Z 轴上移卸刀：主轴上的刀具松开后，Z 轴正向移到图 6 - 3 - 7（c）所示的卸刀点 + $Z1$，将主轴上的刀具从主轴锥孔中取出，完成卸刀动作。

（5）回转选刀：Z 轴上移到位、完成卸刀后，刀库的回转电动机启动，并通过槽轮分度机构驱动刀库回转分度，将需要更换的新刀具回转到主轴下方的换刀位。刀库可通过驱动电动机的正反转，实现双向回转、捷径选刀，旋转停止后可通过槽轮机构实现自动定位。

（6）Z 轴下移装刀。回转选刀完成后，Z 轴向下回到图 6 - 3 - 7（d）所示的起始点，将新刀具装入主轴的锥孔。

（7）刀具夹紧。Z 轴下移到位后，主轴吹气电磁阀和松刀电磁阀同时断开，主轴上的刀具可通过碟形弹簧自动夹紧。

（8）刀库后移。刀具夹紧后，刀库后移电磁阀接通，刀库后移到图 6 - 3 - 7（a）所示的初始位置，换刀结束；主轴箱（Z 轴）可向下运动，进行下一工序的加工。

2. 刀库结构

斗笠式刀库的典型结构如图 6 - 3 - 8 所示，它由前后移动机构、回转定位机构和刀具安装盘三大部分组成。

刀库的前后移动机构主要由导向杆和气缸组成，刀库通过安装座悬挂在导向杆 15、16 上，通过气缸 14 的控制，整个刀库可在导向杆上进行前后移动。

刀具安装盘组件用来安装刀具，它主要由刀盘 1、端盖 3、平面轴承 4、弹簧 8、卡爪 9 等部件组成。平面轴承 4 是刀盘的回转支承，它与刀库轴连成一体。刀盘 1 和定位盘 6 连成

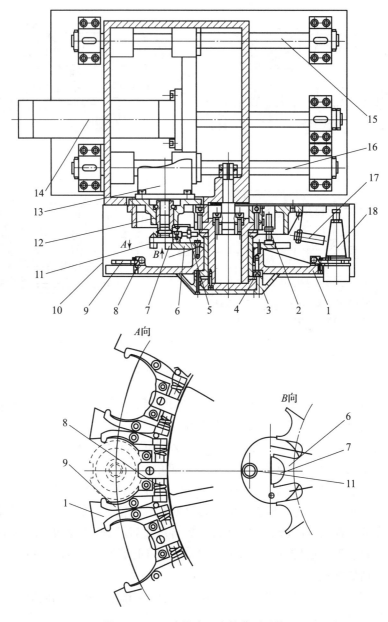

图 6-3-8　斗笠式刀库的典型结构

1—刀盘；2，5，17—接近开关；3—端盖；4—平面轴承；6—定位盘；7—定位块；8—弹簧；9—卡爪；
10—罩壳；11—滚珠；12—联轴器；13—回转电动机；14—气缸；15，16—导向杆；18—刀具

一体，定位盘 6 回转时，可带动刀盘 1、端盖 3 绕刀库轴回转；刀盘 1 和弹簧 8、卡爪 9 用来安装和固定刀具。

　　刀具 18 垂直悬挂在刀盘 1 上，并可利用刀柄上的 V 形槽和键槽进行上下和左右定位。刀盘的每一刀爪上都安装一对卡爪 9 和弹簧 8，卡爪可在弹簧 8 的作用下张开和收缩，当刀具 18 插入刀盘 1 时，卡爪 9 通过插入力使刀柄上的圆弧面强制张开。刀具安装到位后，卡爪自动收缩，以防止刀具在刀盘回转过程中，由于离心力的作用产生位置偏移。

刀库的回转定位机构主要由回转电动机 13、联轴器 12 及由定位盘 6、滚珠 11、定位块 7 组成的槽轮定位机构组成。当刀库需要进行回转选刀时，刀库回转电动机 13 通过联轴器 12 带动槽轮回转，槽轮上的滚珠 11 将插入定位盘 6 上的直线槽中，拨动定位盘回转；槽轮每回转一周，定位盘将拨过一个刀位。当滚珠 11 从定位盘的直线槽中退出时，槽轮上的半圆形定位块 7 将与定位盘上的半圆槽啮合，使定位盘定位。由于定位块 7 与定位盘上的半圆槽为圆弧配合，即便定位块 7 的位置稍有偏移，定位盘也可保持定位位置不变。

槽轮定位机构结构简单、定位可靠、制造容易，但定位盘的回转为间隙运动，回转开始和结束时存在冲击和振动，另外，其定位块和半圆槽的定位也存在间隙，因此，它只能用于转位速度慢、对定位精度要求不高的普通加工中心刀库。

接近开关 2 用于刀库的计数参考位置检测，该位置一般为 1 号刀位。接近开关 5 用于刀位计数，槽轮转动 1 周，刀库转过 1 个刀位，开关输出 1 个计数信号。接近开关 17 用于换刀位刀具检测，如换刀位有刀，刀库前移将与主轴碰撞，必须禁止刀库的前移运动。

四、凸轮机械手结构与原理

1. 结构与特点

采用机械手换刀的立式加工中心如图 6 - 3 - 9 所示，刀库一般布置于机床的侧面；由于刀库上的刀具轴线和主轴轴线垂直，故刀库的容量可较大，允许的刀具长度也较长。机械手换刀可在换刀前，先将下次需要更换的刀具提前回转到刀库换刀位，实现刀具预选；自动换刀时只需要执行换刀位刀套翻转、机械手回转和伸缩等运动，其换刀速度非常快。因此，它是目前高速加工中心常用的自动换刀方式。

机械手换刀装置的机械手运动，可通过机械凸轮或液压、气动系统控制。机械凸轮驱动的换刀装置结构紧凑、换刀快捷、控制容易，但它对机械部件的安装位置、调整有较高的要求，故多用于中小规格加工中心。液压、气动控制的换刀装置需要配套相应的液压或气动系统，其结构

图 6 - 3 - 9　机械手换刀
的立式加工中心

部件较多，生产制造成本较高，但其使用方便、动作可靠、调试容易，且可满足不同结构形式的加工中心换刀要求，故多用于中、大型加工中心。

立式加工中心的机械手换刀装置，目前已经有专业生产厂家作为功能部件专业生产，机床生产厂家一般直接选用标准部件。

2. 换刀动作

中小规格加工中心常用的机械凸轮驱动换刀装置如图 6 - 3 - 10 所示，换刀装置主要由刀库回转系统和机械手驱动系统两大部分组成。

刀库回转系统由回转电动机、减速器、蜗杆凸轮回转机构、刀库、刀套、换刀位刀套翻转机构等部件组成，它主要用来安装刀具、实现刀具预选和换刀位刀套翻转。机械手驱动系统由机械手驱动电动机、弧面/平面组合凸轮、弧面凸轮驱动的机械手回转机构、平面凸轮驱动的刀臂伸缩机构等部件组成，它用来实现机械手的回转、刀臂伸缩等动作，进行刀库换

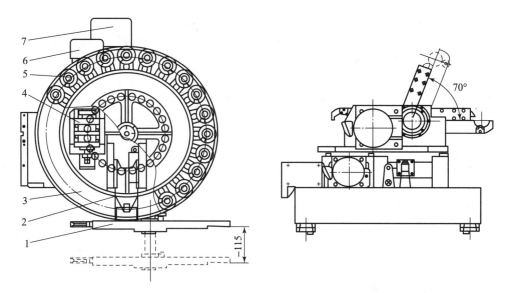

图 6 – 3 – 10　机械凸轮驱动换刀装置

1—刀臂；2—刀套翻转机构；3—刀库；4—回转机构；5—刀套；6—回转电动机；7—机械手驱动电动机

刀位和主轴上的刀具交换。机械凸轮换刀装置的刀库回转，一般通过蜗杆凸轮分度机构进行分度定位。

机械手驱动系统的换刀动作如图 6 – 3 – 11 所示，换刀时机械手的动作过程如下。

①刀具预选放在刀具交换前，机械手应位于上位、0°的初始位置，机床可以在加工的同时，通过 T 代码指令，将刀库上安装有下一把刀具的刀座（刀套）事先回转到刀库的刀具交换位上，做好换刀准备，完成刀具预选动作。执行自动换刀指令（M06）前，主轴应先进行定向准停；Z 轴应快速运动到换刀位置。

②机械手回转抓刀。换刀开始后，首先通过气动（或液压）系统，将刀库换刀位的刀套连同刀具翻转 90°，使刀具轴线和主轴轴线平行。然后，启动机械手驱动电动机，机械手可在弧面凸轮的驱动下进行 70°左右的回转（不同机床有所区别），使两侧的手爪同时夹持刀库换刀位和主轴上的刀具刀柄，完成抓刀动作。

③卸刀。机械手完成抓刀后，机械手驱动电动机停止；然后，利用气动（或液压）系统松开主轴上的刀具，进行主轴吹气。刀具松开后，再次启动机械手驱动电动机，机械手将转换到平面凸轮驱动模式，刀臂在平面凸轮的驱动下伸出（SK40 为 115 mm 左右），刀库和主轴上的刀具被同时取出。

④刀具交换。卸刀完成后，机械手重新转换到弧面凸轮的驱动模式，进行 180°旋转，将刀库和主轴侧的刀具互换。

⑤装刀。刀具交换完成后，机械手又将转换到平面凸轮驱动模式，刀臂自动缩回，将刀具同时装入刀库和主轴。接着，停止机械手驱动电动机，并利用气动（或液压）系统夹紧主轴上的刀具，关闭主轴吹气。

⑥机械手返回。主轴上的刀具夹紧完成后，第 3 次启动机械手驱动电动机，机械手在弧面凸轮的驱动下返回 180°位置，机械手换刀动作结束。此时，可利用气动（或液压）系统，将刀库刀具交换位的刀套连同刀具向上翻转 90°，回到水平位置。

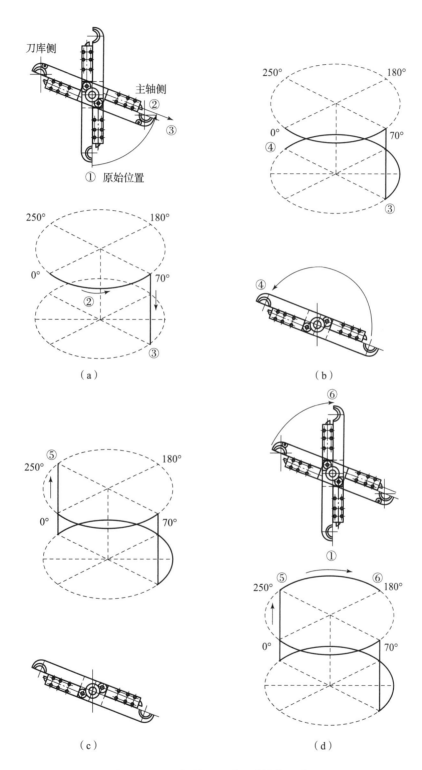

图 6 - 3 - 11　机械手驱动系统的换刀动作

(a) 装刀；(b) 机械手返回

由于机械手的结构完全对称，因此，其180°位置和0°位置并无区别，故可在180°位置上继续进行下一刀具的交换。在部分机床上，换刀位刀套的90°翻转动作有时还可在预选完成后直接进行，但这种控制方式在加工程序中连续指令T代码时会产生刀套翻转的多余动作。

 实践指导

一、车床刀架常见故障与维修

1. 电动刀架常见故障及处理

电动刀架由于本身结构简单、零部件少，其故障诊断与维修相对较容易。

从实际使用的情况来看，电动刀架的故障以使用不当、连接不正确及刀位检测装置霍尔元件损坏的情况居多，而机械部件发生损坏与故障的情况不常见。表6-3-1所示为电动刀架常见故障及处理方法。

表6-3-1 电动刀架常见故障及处理方法

故障现象	故障原因	处理方法
刀架不能旋转	电动机和蜗杆的联轴器连接不良	检查联轴器连接
	蜗杆轴承损坏	检查、维修或更换蜗杆轴承
	球头销卡死	检查球头销和弹簧
	电动机转向错误	交换电动机相序，改变转向
	电动机缺相	确保电气连接正确
	CNC的刀架正转不能正常输出	检查CNC参数设定和到位检测信号
	电动机损坏	检查、维修或更换电动机
刀架不能锁紧或定位不准	电动机和蜗杆的联轴器连接不良	检查联轴器连接
	粗定位销卡死	检查定位销和弹簧
	反转延时时间过短	延长反转锁紧时间
	电动机不能反转	检查电气线路

2. 液压刀架常见故障及处理

全功能数控车床使用的液压刀架结构可能不同，但刀架的基本原理和工作过程类似，即换刀包括刀架抬起、旋转、落下夹紧这些基本动作。液压刀架常见故障及处理方法可见表6-3-2。

表6-3-2 液压刀架常见故障及处理方法

故障现象	故障原因	处理方法
刀架不能抬起	液压系统故障	检查液压系统的压力、电磁阀和管路
	电气系统故障	检查液压电磁阀的控制电路
	动作互锁	检查 PMC 程序梯形图，确认刀架抬起松开输出
	抬起油缸不良	检查抬起油缸是否存在窜油泄漏
	机械调整不良	检查抬起行程调整是否正确
刀架不能旋转	机械传动系统不良	检查刀架回转部件，确认机械连接件回转部件正常
	回转驱动装置不良	检查回转驱动部件，如伺服电动机液压回转油缸、回转齿条等部件是否能够正常工作
	机械调整不良	检查抬起行程是否足够
	抬起到位信号不正确	检查抬起信号连接，检测开关的调整和工作状态
	回转信号输出不正确	检查 PMC 程序和输出连接，确认回转信号输出
	液压系统故障	检查液压系统的压力、电磁阀和管路
	电气系统故障	检查回转控制电路
刀架不能夹紧	机械传动系统不良	检查刀架夹紧相关的部件，确认机械部件正常
	液压系统故障	检查液压系统的压力、电磁阀和管路
	粗定位不良	检查回转是否已到位，到位信号是否已正常发信
	机械调整不良	检查粗定位位置，齿牙盘是否存在顶齿或错齿
	电气系统故障	检查落下、夹紧电磁阀控制电路
	夹紧信号输出不正确	检查 PMC 程序和输出连接，确认夹紧信号输出

二、加工中心换刀故障与维修

1. 使用和维护要点

加工中心的自动换刀装置结构复杂、运动频繁，是故障易发部位，因此，其使用和维护显得十分重要。作为一般要求，加工中心换刀装置的使用、维护要点如下。

（1）随时保持刀具、刀柄和刀套的清洁，严禁将超重、超长的刀具装入刀库，以防止换刀时掉刀、刀具与工件或夹具等发生碰撞和干涉。

（2）采用刀库移动直接换刀的加工中心，要确保刀具安装得准确无误；采用机械手换刀的加工中心，则需要注意正确设定刀具数据，防止换刀错误而发生事故。

（3）手动装刀时，要确保刀具安装到位、固定可靠，保证刀具被锁紧在刀爪或刀库上。在部分机床上，所使用的刀具定位键有方向要求，必须确保其正确。

（4）经常检查刀库的参考位置、主轴的换刀位置是否正确，一旦发现定位有所偏移，必须及时调整，以防产生事故。

（5）维修完成后进行换刀试验时，应先在无刀具的情况下进行空运行试验，以检查各部分动作、位置、速度的正确性，必要时进行检测开关和气动液压的调整。

（6）经常检查机械手的气动、液压系统压力，刀具在刀库或机械手上的锁紧装置，发现不正常时应及时处理。

2. 刀库常见故障与处理

刀库不能转动或定位不准、刀具不能夹紧、刀座翻转位置不正确等是刀库的常见故障，需要根据不同的情况进行如下检查与处理。

（1）检查驱动电动机轴和刀库回转机构连接的联轴器、槽轮机构、键等机械连接部件是否存在脱落或松动。

（2）检查电气控制系统的刀库电动机驱动器、PLC 程序是否存在错误，刀库检测开关位置调整是否正确或存在损坏等。

（3）检查刀库回转机构的机械部件是否存在卡死、间隙调整过紧或轴承等部件的损坏。

（4）当刀套、刀爪不能夹紧刀具时，需要检查刀套的调整是否正确，刀爪的弹簧是否太松，刀柄上的键槽方向是否正确，拉钉尺寸是否符合要求等。

3. 机械手常见故障与处理

（1）掉刀：机械手上的刀具不能可靠夹紧的原因可能是卡紧爪的弹簧压力过小或弹簧调整螺母松动；或刀具超重；或机械手卡紧装置损坏等。

（2）刀具不能松开：机械手上的刀具不能松开的原因可能是弹簧压合过紧或卡死，应进行必要的调整。

（3）主轴掉刀：如果换刀时 Z 轴没有到达换刀位置或换刀位置不正确，机械手还没有抓住刀，就开始松刀、拔刀，都会导致主轴掉刀。这时应重新调整 Z 轴的换刀位置，确保机械手抓住刀后才能松开刀具。

4. 斗笠刀库调整

斗笠刀库的结构较为简单，维修时可以按照以下步骤进行重新调整。

（1）将压缩空气气源连接到刀库及主轴上的刀具松夹控制回路，用电磁阀上的手动控制杆，试验刀库前后、上下动作；动作正常后，将刀库运动到上位、下位，然后，通过手动旋转 Z 轴滚珠丝杠，上下移动 Z 轴，确认主轴箱与刀库间无运动干涉。

（2）根据刀具规格，查得主轴端面至刀柄卡槽中心的距离；或在主轴上安装刀具并夹紧后通过测量得到这一值。

（3）松开并取下主轴上的刀具后，将 Z 轴移动到换刀位置；然后，用电磁阀上的手动控制杆使刀库前移，并到达前位。

（4）手动旋转 Z 轴滚珠丝杠，使主轴箱缓慢下移，直至刀库卡爪中心到主轴端面的距离和主轴端面至刀柄卡槽中心的距离相等。主轴箱下移时，需要密切注意，防止主轴箱和刀库罩壳的碰撞。

（5）用电磁阀上的手动控制杆使刀库后移至后位，取下刀库换刀位刀爪上的键槽定位块，并在主轴上安装刀具并夹紧。

（6）利用刀库前位调节螺钉，使刀库前位的定位位置适当后移；然后，用电磁阀上的手动控制杆使刀库前后移动，确认刀爪能够顺畅进出刀柄卡槽。

（7）用电磁阀上的手动控制杆使刀库前移到位；调节刀库前位螺钉，使刀爪上的刀具定位块和刀柄间的间隙为 0.1～0.3 mm；固定刀库前位挡块。

（8）用电磁阀上的手动控制杆使主轴上的刀具松开，手动旋转 Z 轴滚珠丝杠，使主轴箱缓慢上下移动，确认刀具能够顺畅进出主轴锥孔。

（9）重新安装刀库换刀位刀爪上的键槽定位块，待机床主轴、Z 轴工作正常后，调整主轴定向准停位置、Z 轴换刀点位置，进行自动换刀动作试验。

三、车床刀架故障维修案例

［例1］ 某国产普及型数控车床，换刀时出现电动刀架不能正常抬起与回转，经过一定时间后电动机保护断路器动作的故障。

故障分析：产生电动刀架不能正常抬起与回转的原因如表 6-3-1 所示。由于出现本故障时断路器动作，需要检查电动机的正转接触器的吸合、电动机缺相情况。检查表明：该机床故障时，电动机的控制全部正常，但电动机被堵转，故其原因应与机械传动部件有关。

拆下电动机风叶罩，手动旋转电动机的风叶，发现电动机轴无法正常转动。进一步拆下电动机检查，发现电动机本身无故障，但蜗杆不能正常转动。

故障处理：拆开刀架检查，确认本刀架蜗杆的轴承已损坏，更换轴承后故障排除。

［例2］ 某国产普及型数控车床，在执行换刀指令时发现刀架稍有抖动，但不能抬起和回转。

故障分析：由于本机床的刀架不能正常抬起，需要首先检查刀架电动机的控制线路。检查发现该机床执行换刀指令时，刀架电动机的正转接触器已经吸合、电动机无缺相，表明电气控制系统正常，但电动机被堵转。

刀架电动机堵转的原因除了上例的机械传动问题外，还有可能是电动机的转向不正确导致的，即在换刀时，电动机应正转但实际却成了反转，导致刀架进入反转锁紧状态，以至于刀架不能抬起。为此，通过手动按下电柜内的刀架反转接触器检查，发现刀架立即抬起、旋转，而按下正转接触器则刀架被锁紧，由此确认故障原因是刀架电动机的相序不正确。

故障处理：交换电动机相序后，刀架恢复正常。

［例3］ 某国产普及型数控车床，换刀时出现刀架能够正常抬起，但不能回转的故障。

故障分析：由于本机床的刀架能够正常抬起，表明电气控制系统、蜗轮－蜗杆传动机构的工作正常。根据电动刀架的结构原理可知，刀架转动的前提是球头定位销必须插入转位套的定位槽内，因此，出现本故障最大可能的原因是球头定位销卡死、弹簧生效或定位销断裂。

故障处理：拆开刀架检查，发现该刀架的球头定位销已经断裂，更换新的定位销后故障排除。

[**例4**]　某国产普及型数控车床，在正常使用时出现换刀时，出现刀架能够正常抬起、旋转，刀位后刀架持续反转但不能落下、夹紧的故障。

故障分析：根据电动刀架的结构原理可知，刀架从反转进入、落下、夹紧的前提是粗定位销必须能够正确插入定位盘的槽内，才能禁止刀架反转，使刀架落下夹紧。因此，出现本故障最大可能的原因是粗定位销卡死、弹簧失效或定位销断裂。

故障处理：拆开刀架检查，发现该刀架的粗定位销弹簧断裂，更换新的弹簧后故障排除。

[**例5**]　某全功能数控车床，换刀时出现液压刀架不能正常抬起与回转的故障。

故障分析：液压具有正常的压力、抬起电磁阀通电是液压刀架正常抬起的前提条件，当刀架不能正常抬起时，首先应做这两项基本检查。

在本机床上，经检查发现机床的液压系统压力正常，刀架抬起电磁阀已通电，但进一步检查电磁阀输出的松开油管，发现明显无压力，由此判定故障原因与电磁阀有关。

故障处理：拆开电磁阀，检查发现该电磁阀的阀芯已卡死，清洗后电磁阀恢复正常。为了防止类似故障的发生，本机床维修时重新更换了液压油，并对相关管路进行了必要的清洗等处理。

[**例6**]　某全功能数控车床，执行换刀指令时出现液压刀架能够抬起，但不能回转的故障。

故障分析：刀架抬起、齿牙盘脱开是刀架回转的基本条件，无论回转采用何种形式，液压刀架的回转必须在齿牙盘完全脱开、检测开关发信后才能回转。本机床刀架在抬起后，手动拨动刀架检查，发现刀架能够少量偏摆，表明其定位齿牙盘已完全脱开。

由于本机床刀架采用的是液压回转油缸，检查发现其回转油缸的电磁阀未通电，表明故障与电气控制有关。

故障处理：检查PMC梯形图，发现回转信号未正常输出，其原因是刀架的抬起到位信号没有输入。通过进一步检查确认，本刀架的故障原因是检测开关的位置调整不当，重新调整后刀架工作正常。

[**例7**]　某国产全功能数控车床，执行自动换刀指令时刀架的全部动作正常，但有时会出现刀具选择错误，导致加工时出现刀具碰撞的故障。

故障分析：由于机床的刀架能够正常完成全部动作，故障只是刀具选择错误，这一现象表明，刀位检测信号的不正确是导致本故障出现的原因。

故障处理：检查该刀架的刀位计数输入开关，发现其发信不可靠，刀架回转时有时出现无计数信号的现象。重新调整检测开关的安装位置后故障排除。

[**例8**]　某进口全功能数控车床，在执行换刀指令时出现刀架能够正常抬起、回转，但不能落下、夹紧的故障。

故障分析：由于本机床的刀架抬起、回转动作正常，当刀架不能落下、夹紧时，首先应检查电磁阀的控制信号。在本机床上，经检查发现夹紧电磁阀未通电，PMC无夹紧信号输出。进一步检查PMC程序，发现该刀架的回转到位检测信号未输入是导致夹紧信号不能正常输出的原因。

故障处理：检查回转到位检测开关，发现此开关已经损坏，重新更换后，机床恢复正常工作。

[例9] 某进口全功能数控车床，执行换刀指令时出现液压刀架能够正常抬起、回转，刀架也有落下、夹紧的动作，但不能完全落下的故障。

故障分析：由于本机床的刀架能够正常完成全部动作，故障只是刀架不能完全落下，此现象清晰表明，刀架定位不正确是导致本故障出现的原因。刀架的定位与刀架的回转驱动装置相关，在本机床上刀架采用的是伺服电动机驱动，故障发生时通过 CNC 诊断检查伺服驱动系统的位置跟随误差，发现此值在允差范围内。检查表明，该刀架伺服电动机的定位位置准确，故障应与其机械传动系统有关。

故障处理：检查回转的机械传动系统连接，发现本机床的伺服电动机和蜗杆的联轴器存在松动，重新固定后故障排除。

[例10] 某进口全功能数控车床，每次执行换刀指令，机床的换刀动作全部正常、刀位正确，但换刀后 CNC 不能继续执行程序中的其他指令。

故障分析：本机床的换刀动作全部正常、刀位正确，表明 CNC 的换刀指令已经被准确执行，而换刀后 CNC 不能继续执行其他指令的原因应是 CNC 没有接收到 PMC 的辅助指令执行完成信号 FIN，这一原因可直接通过 PMC 的动态梯形图显示进行检查。

四、加工中心换刀故障维修案例

[例1] 某采用刀库移动式换刀的立式加工中心，在调试时发现刀库回转的冲击较大，有时出现定位不准的现象。

故障分析：该加工中心采用的是斗笠刀库，由于刀库回转与定位采用的是间隙运动的槽轮机构，产生冲击的原因应与槽轮机构的配合精度、安装调整、刀具质量的分布、电动机转速等因素有关。在本机床上，经检查其机械部件加工精度、刀库的安装调整均符合要求，且在刀库未安装刀具时仍然存在冲击，因此，初步判定产生冲击的原因是驱动电动机的设计转速过高。

故障处理：通过降低转速试验，刀库冲击明显降低；为此，更换了电动机减速器，通过提高减速比，使刀库回转冲击现象得到明显的改善。

[例2] 某采用刀库移动式换刀的立式加工中心，在正常使用时发现刀库回转的冲击较大，并出现局部刀位定位不准的现象。

故障分析：产生刀库回转冲击的原因分析同上例。在本机床上，由于故障前机床正常，可以排除设计上的原因。此外，在取下刀库上的刀具后，回转基本无冲击，因此，初步判定产生冲击的原因来自刀具质量的分布不均匀。

采用刀库移动式换刀的加工中心由于不能预选刀具，为了缩短换刀时间。加工时，一般按照工艺要求，将刀具在刀库上依顺序布置，以缩短回转选刀时间，提高工效。但是，如果加工工艺制定不合理，将会导致质量较大的粗加工刀具集中于某一侧的现象，使刀库质量分布不均，引起回转冲击，因此，在制定加工工艺时不仅需要考虑换刀时间的缩短，而且还需要考虑刀具的分布问题。

故障处理：通过调整加工工序，改变刀具分布，刀库回转冲击现象得到明显的改善。

[例3] 某采用刀库移动式换刀的立式加工中心，在使用过程中发现回转定位不准，刀库前移时刀爪与主轴上的刀具存在干涉。

故障分析：刀库前移时刀爪与主轴上的刀具存在干涉的原因较多，Z 轴位置不正确、主轴定位位置不正确都可能导致干涉的出现。从刀库本身考虑，由刀库结构图可见，刀库的回转定位通过槽轮机构实现，其定位精度取决于定位盘的加工精度、槽轮机构的配合精度、安装座的加工精度、安装座与定位盘的机械连接等。在本机床上，由于故障前机床正常，可以基本排除部件加工、配合上的原因，而且发生故障时槽轮的定位块在定位盘上的位置正确，因此，初步判定故障来自安装座与定位盘的机械连接。

故障处理：在槽轮机构完成定位的情况下，手动回转刀库，发现刀库的间隙较大。进一步检查发现该机床的定位盘和安装座的连接螺钉松动，定位销已经脱出，重新连接后刀库恢复正常。

[例4] 某采用刀库移动式换刀的立式加工中心，在使用过程中发现刀库前移时刀爪与主轴上的刀具存在干涉。

故障分析：刀爪与主轴上的刀具产生干涉的原因分析同上例。在本例中，经过检查，排除了刀库本身回转定位不准的原因。因此，需要从主轴定位、Z 轴位置等方面进行检查寻找故障原因。

故障处理：经检查，发现该机床在换刀时的 Z 轴定位位置存在偏移，故障来自 Z 轴联轴器松动。重新固定联轴器、调整 Z 轴参考点和换刀位置后，换刀恢复正常。

[例5] 某采用凸轮机械手换刀的加工中心，在刀库旋转过程中出现刀库回转速度不均匀的故障，在某一刀位附近有较大的冲击。

故障分析：由凸轮机械手换刀装置的刀库回转机械结构原理图可见，刀库的回转通过回转凸轮拨动刀库上的滚轮实现，因此，出现局部位置冲击最大可能的原因是部分滚轮的间距不正确、滚轮尺寸不正确或破损。

故障处理：经检查，发现该机床的刀库上有一个滚轮基本脱落，重新安装后，冲击现象消除。

[例6] 某采用凸轮机械手换刀的加工中心，在换刀过程中，出现动作中断，CNC 发出机械手伸出故障报警。

故障分析：CNC 的报警表明，换刀故障的原因是机械手不能进行伸出动作。由于凸轮机械手换刀装置的每一步动作都需要检查上一步动作的完成信号，只有当刀库和主轴侧的刀具同时松开后，机械手才能进行伸出、拔刀动作。检查本机床的刀具松开信号，发现主轴侧的刀具松开信号未发信，因此故障属于机械手伸出条件未满足。由于本机床的刀具松开、夹紧采用的是液压控制，故障可能的原因如下。

①电气系统故障：刀具的松开需要电气控制，刀具松开电磁阀未通电、松刀检测开关的位置调整不正确、检测开关损坏等都是导致松刀动作不能正常完成的可能原因。

②液压系统故障：本机床的主轴松刀由电磁阀控制油缸完成，电磁阀故障、液压系统压力不足、油缸漏油等都是导致刀具不能正常松开的原因。

③机械部分故障：本机床的主轴松刀采用的是标准碟形弹簧刀具松夹机构，因此松开行程不足、刀具的拉钉尺寸不正确、顶杆弯曲或变形、碟形弹簧卡死都是导致刀具不能正常松开的原因。

经检查，可确认本机床的电气系统、液压系统的工作正常，故障应归于主轴松刀的机械部件上，而且松开行程不足是导致接近开关不能发信的最大可能原因。

故障处理：拆下松刀液压油缸，检查松刀机械部件发现机床的松刀行程调整不正确，使刀具未能够从主轴锥孔中压出，重新调整主轴松刀行程，保证刀柄在主轴锥孔中的压出量在 0.4 ~ 0.5 mm，故障排除。

思考问题

1. 刀架常见故障点有哪些？
2. 加工中心斗笠式刀库和盘式刀库有哪些区别？

项目七　机床辅助系统故障维修

任务一　液压系统故障维修

1. 熟悉数控机床液压系统的组成与特点。
2. 熟悉数控车床典型液压系统原理。
3. 熟悉加工中心典型液压系统原理。
4. 掌握液压系统常见故障诊断及维修方法。

1. 能识读液压系统图，会使用基本液压元件。
2. 能进行液压系统的安装、调整和日常维护。
3. 能进行液压系统的故障诊断与维修。

一、液压系统组成与特点

1. 系统组成

液压系统用于数控机床辅助部件的运动控制。数控机床通过 CNC 对坐标轴的运动控制，实现了对刀具运动轨迹（轮廓）的控制；通过对主轴的控制，满足切削速度控制的要求；而自动换刀、主轴辅助变速、工件与刀具的松夹、工作台交换等辅助运动则需要由液压或气动系统控制。

液压系统是通过矿物油传递运动和动力、控制机械部件运动的控制系统。液压传动系统的基本组成如图 7 - 1 - 1 所示，其各部分的作用如下。

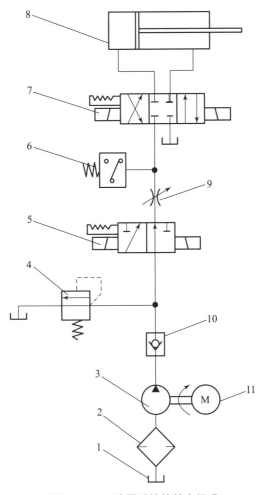

图 7 – 1 – 1　液压系统的基本组成

1—油箱；2—过滤器；3—液压阀；4—溢流阀；5，7—换向阀；6—压力继电器；
8—油缸；9—节流阀；10—单向阀；11—电动机

（1）电动机和液压泵：电动机和液压泵是将电能转换为液压能的装置，其作用是向液压系统提供压力油。电动机将电能转换为机械能，液压泵将机械能转换为液压能，液压泵有齿轮泵、叶片泵和柱塞泵等。

（2）液压缸和液压马达：液压缸和液压马达是将液压能转换为机械能，驱动机械部件（负载）作直线或回转运动的装置。

（3）液压阀：液压阀是对系统压力、流量或方向进行调节、控制，改变运动部件速度、位置和方向的装置，其种类繁多。常用的压力控制阀有溢流阀、减压阀、顺序阀、压力继电器等；流量控制阀有节流阀、调速阀等；方向控制阀有单向阀、换向阀等；每类阀还可以根据其结构和控制形式分为多种。

（4）辅助装置：辅助装置是保证液压系统正常工作的其他装置，如油箱、过滤器、蓄能器、压力表、油管、油位油温检测装置等。

2. 基本特点

与机械、电气和气动系统比较，液压系统的输出力大、运动平稳、惯性小、调速方便，可以满足重载、高速的运动控制要求。液压泵的结构简单、体积小，在同等功率下其质量只有电动机的10%~20%。液压系统控制简单、使用方便，它可以通过PLC、继电器等简单的开关量控制装置实现较为复杂的各种机械动作，且系统的调速方便，调速范围也较大。液压元件的生产、制造、采购方便，产品生产厂家众多、规格齐全，产品标准化、系列化、通用化程度高，由于液压油可以起到自润滑的作用，其元器件的使用寿命也较长。

但是，由于液压油具有可压缩性且容易泄漏，因此，不能保证系统具有严格传动比关系，对元器件的制造精度要求高，并容易产生环境污染。此外，由于液压系统需要经过从电能到机械能、从机械能到液压能、从液压能到机械能的多次能量转换，而且在节流调节时的压力、流量损失较大，故系统的效率较低。

二、数控车床液压系统

全功能数控车床一般需要配套液压系统。数控车床的液压系统一般用于刀架、卡盘的夹紧与松开，尾架的顶尖伸出与退回等部分的控制。

图7-1-2所示为一种典型的数控车床液压系统原理，它包括卡盘松夹、刀架的松夹和回转、尾架顶尖的伸缩4部分，原理说明如下。

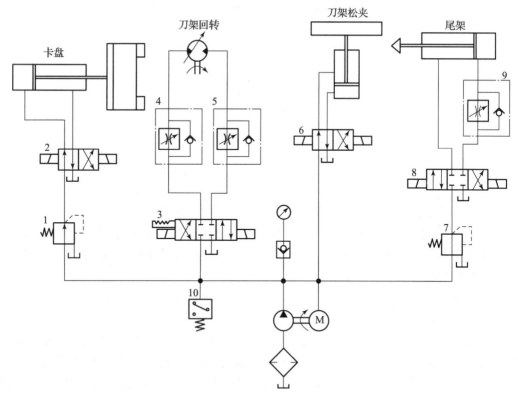

图7-1-2　数控车床液压系统原理

1—减压阀；2—二位四通换向阀；3—三位四通换向阀；4，5—单向减速阀；6—二位四通换向阀；

7—减压阀；8—三位四通换向阀；9—单向减速阀；10—压力继电器

（1）卡盘：卡盘液压系统由减压阀1、二位四通换向阀2组成。减压阀1用来调整夹紧压力；二位四通换向阀2用来控制夹紧与松开动作，通过电气控制系统对换向阀2的控制，可以改变卡盘油缸的进油、出油腔，使卡盘夹紧和松开工件。

（2）刀架回转：刀架回转系统由三位四通换向阀 3、单向减速阀 4 和 5 组成，回转必须在刀架松开后才能进行，其动作互锁由电气控制系统实现。三位四通换向阀 3 用来改变刀架的转向，实现捷径换刀动作。刀架回转通过变量液压马达实现，单向减速阀 4 和 5 分别用来调节正反转的速度。

（3）刀架松夹：刀架的夹紧、松开液压系统由二位四通换向阀 6 控制，通过换向阀的切换可以控制刀架的抬起（松开）和落下（夹紧）动作。

（4）尾架控制：尾架液压系统由减压阀 7、三位四通换向阀 8、单向减速阀 9 组成，减压阀 7 用来调整尾架夹紧（顶尖伸出）压力；三位四通换向阀 8 用来控制顶尖伸出（夹紧）与顶尖退回（松开）动作，通过电气控制系统对换向阀 8 的控制，可改变尾架油缸的进油、出油腔，控制顶尖伸出和退回。

液压系统还安装有压力表、压力继电器等检测元件。

三、加工中心液压系统

卧式加工中心一般需要配套液压系统，立式加工中心则可采用液压系统也可以采用气动系统。加工中心的液压系统一般用于自动换刀、刀具夹紧与松开、主轴机械变速的传动级交换、数控转台夹紧松开、垂直轴平衡等部分的控制。

图 7-1-3 所示为一种典型的卧式加工中心液压系统原理图，它包括垂直轴平衡、机械手的伸缩和回转、主轴上刀具的松夹 4 部分，原理说明如下。

（1）垂直轴平衡：卧式加工中心的主轴箱安装在 Y 轴上，由于其自重较大，一般需要用液压油缸或平衡块进行重力平衡，以平衡 Y 轴上下转矩和防止伺服电动机断电时的下落。本机床的 Y 轴的平衡油缸压力直接由液压系统提供，储能器 12 和单向阀 13 可使平衡油缸在液压系统关闭时仍具有平衡压力。

（2）机械手伸缩：机械手伸缩系统由减压阀 1、二位四通换向阀 2、单向减速阀 3 组成。减压阀 1 用来调整压力；二位四通换向阀 2 用来控制机械手的伸缩；两只单向减速阀 3 可以分别用来调节机械手的伸缩速度。

（3）机械手回转：机械手回转系统由减压阀 4、二位四通换向阀 2、单向减速阀 6 组成。减压阀 4 用来调整压力；二位四通换向阀 5 用来控制机械手的回转方向；两只单向减速阀 6 可以分别用来调节机械手的正反转速度。

（4）刀具松夹：主轴上的刀具松夹系统由减压阀 7、二位四通换向阀 8、单向减速阀 9、压力继电器 10 和 11 组成。减压阀 7 用来调整刀具松夹压力；二位四通换向阀 8 用来控制刀具的松开和夹紧；两只单向减速阀 9 可以分别用来调节刀具松夹的速度；压力继电器 10 和 11 用来检测刀具的夹紧、松开压力，输出夹紧、松开信号。

液压系统还安装有压力表、压力继电器、过滤器等检测元件，其出口过滤器 14 还带有堵塞报警指示灯。

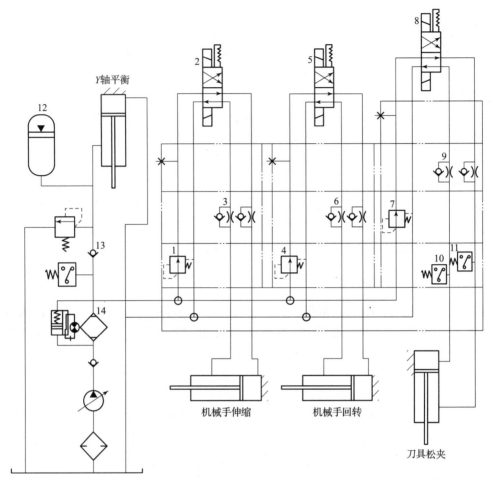

图 7 - 1 - 3　典型的卧式加工中心液压系统原理图

1—减压阀；2—二位四通换向阀；3—单向减速阀；4 减压阀、5—二位四通换向阀；

6—单向减速阀；7—减压阀；8—二位四通换向阀，9—单向减速阀；

10、11—压力继电器；12—储能器；13—单向阀；14—出口过滤器

实践指导 >>>

液压系统常见故障及处理

液压系统是由机械、液压、电气及仪表等组成的整体，分析液压系统故障前需要熟悉液压系统的原理和结构特点，然后根据故障现象进行分析、判断，确定故障区域和元件。

一般而言，造成液压系统故障的主要原因包括设计不完善或不合理，安装调整不当或使用、维护、保养不当等，对于使用中的机床，以后者的情况居多。造成液压系统故障的主要原因有以下几种。

（1）安装调整不良：如接头连接处泄漏、阀类元件的弹簧或密封件安装调整不良、管道连接或布置不当等。

（2）维护保养不当：如由于压力油污染引起的阀芯卡死或运动不灵活，阻尼孔堵塞造成的系统压力不稳定或压力下降，长期使用引起的密封件老化及易损元件磨损造成的系统泄

漏量增加和效率下降等。

（3）设计制造质量问题：如器件选择不当引起的系统发热或动作不可靠，液压件加工质量差造成的动作不灵活、控制精度达不到要求等。

使用时间过长、维护保养不当和本身质量问题导致的液压器件不良是液压系统故障的常见原因，不同器件的常见故障与分析、处理方法如下。

1. 液压泵故障

液压泵有齿轮泵、叶片泵和柱塞泵等，其中齿轮泵最为常用。泵体与齿轮的磨损、泵体的裂纹和机械损伤是齿轮泵常见的故障，这些故障必须通过大修或更换零件解决。在液压系统运行时，齿轮泵常见的故障有噪声过大、压力波动、输油量不足、油泵工作不正常或卡死等，故障分析及处理方法如表7-1-1所示。

表7-1-1　液压泵常见故障及处理方法

故障现象	故障原因	处理方法
噪声大	滤油器堵塞	清洗滤油器，去除污物
	油不足、吸油管吸入空气	加油或降低吸油位置
	泵体密封不良	检查泵体与泵盖的密封垫、油封，消除泄漏
	泵与电动机轴不同心或连接不良	调整泵或电动机安装
	齿轮啮合精度不足	对齿轮进行研磨，提高啮合精度
压力或流量不足	电动机转向不正确	检查电气线路
	油液黏度过高或油温过高	选用合适的油，降低油温
	滤油器堵塞	清洗滤油器，去除污物
	泵磨损，轴向或径向间隙过大	更换零件
	泵体密封不良	检查泵体与泵盖的密封垫、油封，消除泄漏
	溢流阀状态不良	检查或调整溢流阀
运转不正常或卡死	泵内有杂质	清除杂质，检查过滤器
	轴承损坏	检查、更换轴承
	泵轴与电动机轴不同心	调整泵或电动机安装使轴同心
	泵的轴向或径向间隙过小	更换零件、调整轴向或径向间隙
发热	油液黏度过高或过低	选用合适的油
	油箱容积过小	扩大油箱更换为大油箱，增加散热面积
	油液使用时间过长或变质	更换油液
	泵内零件配合过紧或轴承损坏	检查、更换泵和轴承

2. 液压阀和管路故障

液压阀的种类繁多，液压管路分布于机床各部位且可能存在运动，它们是液压系统的故障多发部位。液压阀故障将导致系统压力、流量不足，机械动作不正常等，其常见故障及分析处理方法如表 7-1-2 所示。

表 7-1-2　液压阀常见故障及分析处理方法

故障现象	故障原因	处理方法
压力或流量不足	溢流阀调整不当	检查和调整溢流阀
	溢流阀卡死	检查、清洗或更换溢流阀
	溢流阀调压弹簧不良	检查、更换调压弹簧
	阀安装不良	检查阀安装、检查阀结合面密封，重新安装
	阀存在泄漏	检查、更换阀密封件或阀
	管路泄漏或压力损失大	检查、重新安装管路
	油液黏度过高、过低或油温过高	选用合适的油，降低油温
动作不正常	换向阀卡死	检查、清洗或更换换向阀
	阀安装不良导致变形	检查安装
	阀复位弹簧不良	检查、更换弹簧
	回油压力过高	检查回油管路
	电磁铁动作不良	检查电气控制系统

3. 液压缸和马达故障

液压缸和液压马达是直接驱动负载运动的部件，容易产生变形、磨损和干涉等故障，其常见故障和分析及处理方法如表 7-1-3 所示。

表 7-1-3　液压缸和马达常见故障分析及处理方法

故障现象	故障原因	处理方法
油缸爬行	缸内有空气或油中有气泡	松开接头，排出含空气的油液
	油缸泄漏	检查、更换密封件或油缸
	安装不良	保证油缸轴线与负载运动方向平行
	活塞杆弯曲或拉毛	检查、调整或更换活塞杆
	缸内锈蚀或拉伤	去除锈蚀和毛刺，更换油缸

续表

故障现象	故障原因	处理方法
油缸漏油	活塞杆拉毛	检查或更换活塞杆
	密封件磨损	检查、更换活塞和活塞杆上的密封件
	油缸泄漏	检查、更换油缸
液压马达转速过低或输出转矩不足	供油不足	滤油器堵塞、油黏度过大或管路泄漏
	油液污染	清洗马达,更换油液
	管径过小或管路堵塞	检查管路连接,更换油管
	压力或流量不足	检查液压泵、液压阀
	液压马达密封不良或损坏	检查密封或更换马达
液压马达噪声过大	滤油器堵塞	清洗滤油器,去除污物
	油内含有空气	加油或降低吸油位置
	马达密封不良	检查马达的密封垫、油封,消除泄漏
	马达轴安装或连接不良	调整马达或负载安装

液压系统故障维修案例

[例1]　某数控车床在开机后发现液压站发出异常噪声,液压卡盘、刀架、尾架等均无法正常工作。

故障分析:现场检查发现,该机床只要启动液压泵即产生异响,而液压系统的压力为零,初步判定故障原因在液压泵上。

根据表7-1-1检查,发现油箱内油位正常、液压油和滤油器较清洁,液压电动机正常。拆下液压泵检查,发现液压泵为叶片泵,泵的转动灵活、配合间隙正常、密封良好,因此,故障原因可能与电动机和泵的连接有关。

进一步检查该液压站的电动机与泵连接,发现该泵的联轴器为尼龙齿式联轴器,由于机床使用时间较长,液压系统的工作压力较高,负载较重,联轴器的啮合齿已经损坏而不能传递扭矩,并产生异响。

故障处理:直接更换联轴器后液压系统恢复正常。

[例2]　某数控机床在大修后重新开机时发现液压泵有很大噪声。

故障分析:据使用者反映,机床大修前液压泵的噪声较小,但在维修后液压泵的噪声已经明显变大。为此,按照表7-1-1对系统进行了相关检查,并且排除了过滤器堵塞、油位低、液压泵损坏等原因。但是,在检查时发现该液压站的油液黏度特别高,核对机床使用说明书,发现液压油牌号不正确。由于故障正值冬天,导致液压泵噪声变大。

故障处理:直接更换液压油,机床故障排除。

[例3]　某数控车床在正常工作时出现卡盘无法松开的故障。

故障分析：该机床液压系统的原理如图 7-1-2 所示，检查发现故障时其他部分工作正常，因此，故障原因应在卡盘系统上。检查后发现减压阀的输出压力正确，但换向阀在松开时出口油管无压力，分析故障原因应在换向阀上。检查电气控制回路，发现换向阀的 DC 24 V 电磁线圈两端电压为 22 V，属于正常值，且手动操作液压阀、卡盘可以正常工作，因此可以排除管路原因。

故障处理：拆开换向阀检查，发现阀芯上的固定螺钉松脱，导致电磁阀在通电后阀芯不能准确到位，使压力油不能输出，拧紧固定螺钉后，故障排除。

[例4]　某数控机床在工作时发生液压系统不能正常工作的故障。

故障分析：通过分析该机床的液压系统原理图，发现机床采用的液压泵为限压式变量叶片泵，启动液压电动机后，调节溢流阀，其压力表指示无压力，表明故障原因在液压泵上。

根据表 7-1-1 检查，发现油箱内油位正常，液压油和滤油器较清洁，油液的黏度和温度合适，泵运转时无异常噪声，泵的安装也符合要求，因此可以基本排除外部原因。拆下液压泵进一步检查发现，该泵的叶片滑动灵活，但内部可移动的定子环已经卡死，使定子相对转子的偏心距为零，工作腔的容积不能变化，导致泵不能完成吸油、压油过程，其输出流量为零。

故障处理：清洗叶片泵并进行正确的安装，重新调整泵的支承盖螺钉，使定子、转子和泵体的水平中心线重合，定子在泵体内调整灵活且基本无窜动，重新启动后故障排除。

[例5]　某卧式加工中心在调整工作压力时出现当压力较低时系统正常，但一旦调整到高于 10 MPa 时，系统会发出像吹笛一样的尖叫声，系统压力表指示剧烈振动的故障。

故障分析：根据故障原因，鉴于系统在工作压力较低时工作全部正常，因此，可以基本排除箱内油位、液压油和滤油器、油液黏度和温度等方面的外部原因，故障应与泵和溢流阀有关。进一步检查发现，系统的高压尖叫声来自溢流阀。

分析该机床的液压系统原理图，发现该机床所采用的是三位四通带 Y 型中位机能的换向阀，当运动停止时，液压泵输出的压力油全部需要通过溢流阀流回油箱。溢流阀采用的是调压溢流性能较好、高压大流量系统常用的先导式溢流阀。

先导式溢流阀的内部采用了三级同心式结构，其主阀芯与阀体、阀盖为滑动配合，如阀体和阀盖装配时的内孔同轴度超出规定要求，主阀芯就不能灵活动作，当压力调整到一定值时就可能激起主阀芯的高频振动，引起调压弹簧的强烈振动并出现共振噪声。此外，由于高压油不通过正常的溢流口溢流，它将通过被卡住的溢流口和内泄油道溢回油箱，这样的高压油流也将发出高频流体噪声，以上就是该机床在高压时产生尖叫的原因。

[例6]　某卧式加工中心在工作时出现机械手运动速度不稳定、存在爬行的故障。

故障分析：故障时根据表 7-1-3 检查液压系统，排除了空气、油缸泄漏、安装不良等方面的外部原因，初步判定故障原因在液压系统上。

分析该机床的液压系统原理图，如图 7-1-4 所示发现该机械手运动采用的是的带 Y 型中位机能的三位四通换向阀控制，液压泵为定量泵，属于进口节流调速系统，如果节流阀的前后压差过小，将导致运动速度的不稳定。

进一步检查发现，故障时溢流阀的调节压力只比液压缸工作压力高 0.3 MPa，其压力差值明显偏小，再加上回路中油液通过换向阀的压力损失，造成了节流阀前后压差值低于规定值，致使节流阀的流量达不到设计要求，导致液压缸的运动不稳定和爬行。

故障处理：提高溢流阀的调节压力，使节流阀的前后压差达到规定值后，机械手运动速度恢复平稳、正常。

[例7]　某卧式加工中心在调试时发现，其机械手在执行退回动作时，首先出现前冲，然后再进行快退动作，造成了对主轴的冲击。

故障分析：由于故障是在机床调试时发生的，可以基本排除器件损坏的原因，检查液压件的安装和管路全部良好，初步判定故障原因在液压系统的设计上。

由该机床原设计的液压系统原理图7-1-5（a）可知，该机械手运动通过带Y型中位机能的三位四通换向阀控制运动方向，而液压缸快退时需要接通二位二通阀。这样，当执行机械手快退动作时，三位四通电动机换向阀和二位二通换向阀必须同时换向，如果三位四通换向阀的换向时间滞后于二位二通换向阀，在二位二通换向阀接通的瞬间，将有部分压力油直接进入液压缸前腔，而产生前冲。

故障处理：改进液压系统设计如图7-1-5（b）所示，在二位二通换向阀和节流阀上并联一个单向阀，使二位二通阀未接通时向前腔的油液经单向阀直接流回油箱，避免了液压缸前冲的故障。

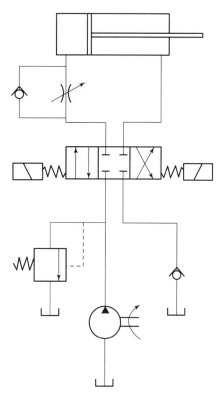

图7-1-4　[例6] 液压原理图

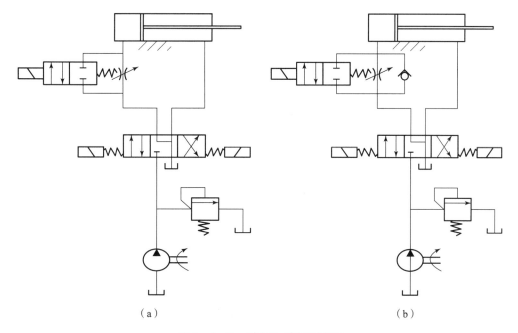

（a）　　　　　　　　　　　　　　　（b）

图7-1-5　[例7] 液压原理图

[例8] 某卧式加工中心在换刀时出现机械手不能动作的故障。

故障分析：故障时检查液压系统压力正常，手动控制换向阀、机械手的工作全部正常，因此判定机械手故障与换向阀的公共控制有关，其中电磁阀电气控制系统故障是造成全部阀不能工作的最大可能原因。

故障处理：检查电磁阀供电电压，发现 DC 24 V 的输入只有 DC 15 V，进一步检查电磁阀电源整流桥，发现有一只二极管已经损坏，更换后机床恢复正常。

 思考问题

1. 简述机床液压系统的组成。
2. 简述机床液压系统的维修过程。

任务二　气动系统故障维修

 知识目标

1. 熟悉数控机床气动系统的组成与特点。
2. 熟悉加工中心典型气动系统。
3. 掌握气动系统的日常维护与故障诊断、维修方法。

 能力目标

1. 能识读气动系统图，会使用基本气动元件。
2. 能进行气动系统的安装调整和日常维护。
3. 能进行气动系统的故障诊断与维修。

 相关知识

一、气动系统组成与特点

1. 系统组成

气动系统是通过压缩空气传递运动和动力、控制机械部件运动的控制系统，其作用和原理与液压系统相似，它同样用于数控机床自动换刀、主轴辅助变速、工件与刀具的松夹等辅助运动控制。气动系统的工作压力较低、执行元件输出力较小，故多用于小型立式加工中心、钻削中心，较少用于数控车床和大型加工中心的刀架、转台、交换工作台控制。

气动系统的基本组成如图 7-2-1 所示，各部分的作用如下。

（1）气源：将电能或其他能量转换为空气压力能的装置，其作用是产生并向系统提供压缩空气，空气压缩机是常用的气源。

（2）气缸和气动马达：将空气压力能转换为机械能，驱动机械部件（负载）作直线或回转运动的装置。

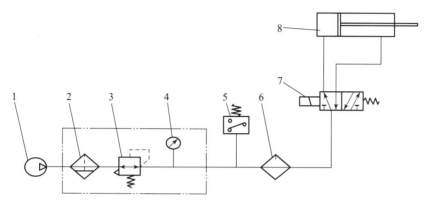

图 7 - 2 - 1　气动系统的基本组成

1—气源；2—过滤器；3—调压阀；4—压力表；5—压力继电器；6—油雾器；7—气动阀；8—气缸

（3）气动阀：对系统压力、流量或方向进行调节、控制，改变运动部件速度、位置和方向的装置。气动阀种类繁多，常用的有压力阀、流量阀、方向阀、逻辑阀等，每类阀还可根据其结构和控制形式分为多种。

（4）辅助装置：保证气压系统正常工作的其他装置，如干燥器、过滤器、消声器、压力表、油雾器等。

2. 基本特点

气动系统的结构简单、安装容易、维护方便。与液压系统比较，气动系统具有气源容易获得、工作介质不污染环境的突出优点；其反应快、动作迅速；管路不容易堵塞、也无须补充介质，使用维护简单、运行成本低。气动系统的压缩空气流动损失小，可远距离输送，集中供气方便。此外，气动系统的工作压力低，且能用于易燃、易爆的场合，其环境适应性和安全性好，故在中小型数控机床上得到了广泛应用。

但是，由于空气比油液更容易压缩和泄漏，故负载变化对工作速度及系统工作时的噪声影响均较大。由于气压系统的工作压力一般在 0.4～0.8 MPa，该值远低于液压系统可达到的工作压力（20 MPa 以上），故不能用于输出力大的控制场合。此外，由于压缩空气本身不具润滑性，故需要另加油雾器进行润滑。

二、加工中心换刀气动系统

小型加工中心的斗笠刀库动作简单、负载轻，故多采用气动系统控制。实现刀库移动式换刀的气动系统如图 7 - 2 - 2 所示，该系统可通过表 7 - 2 - 1 所示的电磁元件（气动阀）动作控制，实现图 7 - 2 - 3 所示的换刀动作。对于项目六任务三所示的主轴箱（Z 轴）移动换刀，只需要取消刀库上下运动的气动回路。

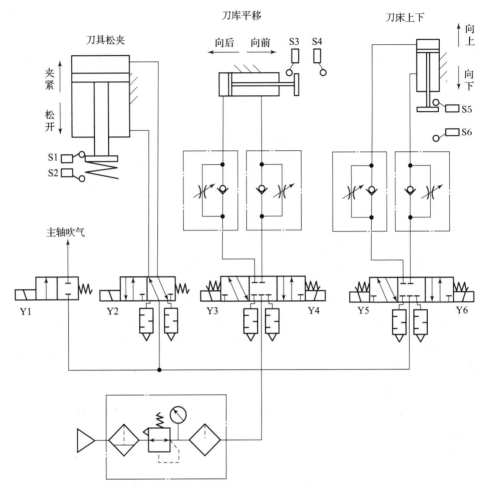

图 7 – 2 – 2　刀库移动式换刀的气动系统原理

表 7 – 2 – 1　刀库移动式换刀电磁元件动作

序号	换刀动作	电磁阀动作						检测开关动作					
		Y1	Y2	Y3	Y4	Y5	Y6	S1	S2	S3	S4	S5	S6
1	初始位置	—	—	—	+	—	+	+	—	+	—	+	—
2	刀库前移	—	—	+	—	—	+	+	—	—	+	+	—
3	刀具松开、吹气	+	+	+	—	—	—	—	+	—	+	+	—
4	刀库下移	+	+	—	+	—	+	—	+	—	+	—	+
5	回转选刀	+	—	+	—	+	—	–	+	—	+	–	+
6	刀库上移	+	+	+	–	—	+	—	+	—	—	+	—
7	刀具夹紧	—	—	+	—	—	+	+	—	—	+	+	—
8	刀库后移	—	—	+	+	—	+	+	—	+	–	+	—

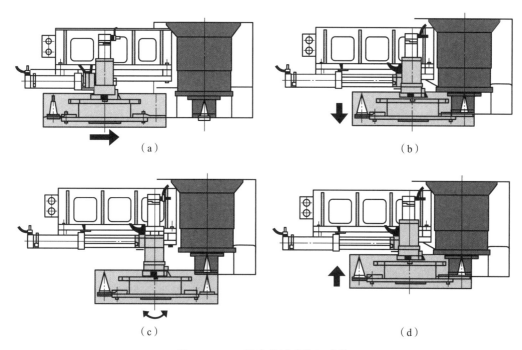

图 7 - 2 - 3　刀库移动式换刀动作

刀库移动换刀的动作过程如下：

（1）换刀准备：机床正常加工时，刀库应处于后、上的初始位置，检测开关 S3、S5 发信；刀库后移电磁阀 Y4 和上移电磁阀 Y6 保持接通。执行自动换刀指令前，首先通过主轴的定向准停功能，使主轴上的刀具键槽方向和刀库刀爪上的定位键一致；同时，主轴箱（Z 轴）快速运动到图 7 - 2 - 3（a）所示的换刀位置，使主轴和刀库上的刀具处于水平等高位置，为刀库前移做好准备。

（2）刀库前移抓刀：换刀开始后，刀库前移电磁阀 Y3 接通，刀库向右移动到图 7 - 2 - 3（b）所示的主轴下方，使刀库上的刀爪插到主轴刀具的 V 形槽中，完成抓刀动作。前移到位后，检测开关 S4 发信。

（3）刀具松开、吹气：刀库完成抓刀后，用于刀柄清洁的主轴吹气电磁阀 Y1 和主轴上刀具松开的电磁阀 Y2 同时接通，主轴上的刀具被松开。松开到位后，检测开关 S2 发信。

（4）刀库下移卸刀。主轴上的刀具松开后，刀库下移电磁阀 Y5 接通，刀库下移到图 7 - 2 - 3（c）所示的位置，将主轴上的刀具从主轴锥孔中取出，完成卸刀动作。下移到位后，检测开关 S6 发信。

（5）回转选刀。刀库下移到位后，驱动刀库回转的电动机启动，并通过槽轮分度机构驱动刀库回转分度，将需要更换的新刀具回转到主轴下方的换刀位上。通过控制驱动电动机的正反转，刀库可实现双向回转、捷径选刀，电动机停止后，刀库能利用机械槽轮机构，自动实现定位。

（6）刀库上移装刀。选刀完成后，刀库上移电磁阀 Y6 接通，刀库重新上升到图 7 - 2 - 3（d）所示的上位，将新刀具装入主轴的锥孔内，完成装刀动作。上移到位、装刀完成后，检测开关 S5 发信。

（7）刀具夹紧。刀库装刀完成后，主轴吹气电磁阀 Y1 和松刀电磁阀 Y2 同时断开，主轴上的刀具将通过碟形弹簧进行自动夹紧，夹紧到位后，检测开关 S1 发信。

（8）刀库后移。刀具夹紧后，刀库后移电磁阀 Y4 接通，刀库后移到图 7 - 2 - 3（a）所示的初始位置。后移到位后，检测开关 S3 发信，换刀结束；主轴箱（Z 轴）可向下运动，进行下一工序的加工。

 实践指导

一、气动系统的使用和维护

1. 气动系统的日常维护

气动系统的日常维护要点如下：

（1）保证压缩空气洁净。压缩空气中可能含有水分、油分和粉尘等杂质，水分会使管路、阀和气缸腐蚀；油分会使橡胶、塑料和密封材料变质；粉尘会造成阀体动作失灵。系统选用合适的过滤器可清除压缩空气中的杂质，过滤器上积存的液体要及时排除，否则，当积存液体过多时，气流仍可能将积存物带入系统。

（2）保证空气中含有适量的润滑油。大多数气动执行和控制元件都要求适度的润滑。如果润滑不良将会由于摩擦阻力增大而造成气缸推力不足，阀芯动作失灵；或造成密封材料的磨损而泄漏；或由于元件生锈造成损伤与动作失灵。

气动系统的润滑一般采用油雾器喷雾润滑，油雾器通常安装在过滤器和减压阀之后。油雾器的供油量一般不宜过多，通常情况是每 10 L 的自由空气的含油量以 1 mL（即 40～50 滴油）为宜。

（3）保持系统的密封性。漏气不仅增加了能量的消耗，也会导致供气压力的下降，严重的泄漏可能造成气动系统运行的停止或气动元件工作的异常。气动系统的明显泄漏会有较大的声音，故较容易发现；对于轻微的漏气，则需要利用仪表或肥皂水进行检查。

（4）保证气动元件运动零件的灵敏性。从空气压缩机排出的压缩空气，包含粒度为 0.01～0.08 μm 的压缩机油微粒，在排气温度为 120～220 ℃ 的高温下，这些油粒会迅速氧化使油粒颜色变深，黏性增大，并逐步固化成油泥。这种微粒一般无法通过过滤器滤除，它们可能附着在换向阀的阀芯上，降低阀的灵敏度，甚至出现动作失灵。为了清除油泥，一般可在过滤器后装油雾分离器，分离油泥。此外，定期清洗阀也是保证阀灵敏度的常用方法。

（5）保证系统具有合适的工作压力和运动速度。应调节系统工作压力在规定的范围内，压力表应当工作可靠、读数准确。减压阀与节流阀调节完成后，必须紧固调压阀盖或锁紧螺母，防止松动。

2. 气动系统的日常检查

1）管路系统检查

管路系统检查重点是冷凝水和润滑油。冷凝水的排放一般应在气动装置运行之前进行；但是当夜间温度低于 0 ℃时，为防止冷凝水冻结，应在气动装置运行结束后开启放水阀门排放冷凝水。润滑油需要及时补充，补偿时要检查油雾器中油的质量和滴油量是否符合要求。

此外，管路检查还应包括气压、泄漏等。

2）元件的定期检查

元件的定期检查包括更换密封元件、处理管接头或连接螺钉松动等，以保证系统长期稳定运行。气动元件定期检查的内容如表 7 – 2 – 2 所示。

表 7 – 2 – 2　气动元件定期检查的内容

元件名称	检查内容
活塞杆	活塞杆与端面之间是否漏气；活塞杆是否划伤、变形；管接头、配管是否划伤、损坏；气缸动作时有无异常声音；缓冲效果是否合乎要求
电磁阀	电磁阀外壳温度是否过高；电磁阀动作时，阀芯工作是否正常；气缸行程到末端时，通过检查阀的排气口是否有漏气来确诊电磁阀是否漏气；紧固螺栓及管接头是否松动；电压是否正常，电线是否有损伤
油雾器	油杯内油量是否足够，润滑油是否变色、浑浊，油杯底部是否沉积有灰尘和水；滴油量是否合适
调压阀	压力表读数是否在规定范围内；调压阀盖或锁紧螺母是否锁紧；有无漏气
过滤器	储水杯中是否积存冷凝水；滤芯是否应该清洗或更换；冷凝水排放阀动作是否可靠
压力继电器	在调定压力下动作是否可靠；校验合格后，是否有铅封或锁紧；电线是否有损伤，绝缘是否可靠

二、气动系统常见故障及处理

气动系统的故障分析、处理方法与液压系统基本相同，两者的区别仅仅是元器件和介质的不同，气动系统主要元件的常见故障与处理方法如下。

1）减压阀常见故障与处理

减压阀的常见故障与处理方法如表 7 – 2 – 3 所示。

表 7 – 2 – 3　减压阀的常见故障与处理方法

故障现象	故障原因	处理方法
二次侧压力升高	弹簧损坏	检查、更换弹簧
	阀体、阀导向部分有异物	检查、清洗阀
	密封不良	检查、更换密封圈
流量不足	阀口径过小	更换减压阀
	阀内有异物或冷却水	检查、清洗阀

故障现象	故障原因	处理方法
漏气	膜片损坏	检查、更换膜片
	密封损坏	检查、更换密封圈
	弹簧松弛	检查、调整弹簧
异常振动	弹簧松弛或错位	检查、调整弹簧
	阀杆错位	检查、调整阀杆
	机械共振	调整负载工作频率或和生产厂家联系

2）换向阀常见故障与处理

换向阀的常见故障与处理方法如表7－2－4所示。

表7－2－4　换向阀的常见故障与处理方法

故障现象	故障原因	处理方法
不能换向	润滑不良	检查、清洗阀
	阀内有异物	检查、更换密封圈
振动	弹簧状况不良	检查、更换弹簧
	气压过低（先导型）	提高操作压力或更换直动式
电磁铁有异常声	电压过低（电磁阀）	检查电气控制系统
	铁芯密封不良或固定不良	检查、更换铁芯
	铁芯内有异物	检查清理铁芯
	电压过低	检查电气控制系统
动作不良或电磁铁经常损坏	阀卡死	检查、更换阀
	电压过低	检查电气控制系统
	电磁铁卡死	检查、更换电磁铁

3）气缸常见故障与处理

气缸的常见故障与处理方法如表7－2－5所示。

表7－2－5　气缸的常见故障与处理方法

故障现象	故障原因	处理方法
泄漏	密封圈磨损或变形	检查更换密封圈
	活塞杆偏心	检查气缸安装
	活塞杆有伤痕	更换活塞杆
	润滑不良	检查润滑

续表

故障现象	故障原因	处理方法
输出力不足、爬行	润滑不良	检查润滑
	缸内有冷凝水或异物	检查清理气缸
	活塞杆偏心、弯曲或划伤	检查气缸安装、更换活塞杆
	缸体锈蚀或制造缺陷	检查、维修或更换气缸
缓冲不良	润滑不良	检查润滑
	缓冲部分密封磨损或变形	检查、更换密封圈
	速度调节不合理	检查、维修或更换气缸
动作不良或电磁铁经常损坏	润滑不良	检查润滑
	缓冲部分密封磨损或变形	检查、更换密封圈
	速度调节不合理	调整速度

4）过滤器常见故障与处理

过滤器的常见故障与处理方法如表7-2-6所示。

表7-2-6　过滤器的常见故障与处理方法

故障现象	故障原因	处理方法
输出端有冷凝水	过滤器内积存的冷凝水过多	排空冷凝水
	排水器状况不良	修理或更换排水器
	超过过滤器的流量范围	更换大流量过滤器
输出端有杂质	滤芯损坏	更换滤芯
	滤芯密封不良	检查、更换滤芯密封
	滤芯过粗	更换滤芯
泄漏	密封不良	检查、更换密封
	泄水阀、排水器状况不良	修理或更换泄水阀、排水器

5）油雾器常见故障与处理。油雾器的常见故障与处理方法如表7-2-7所示。

表7-2-7　油雾器的常见故障与处理方法

故障现象	故障原因	处理方法
输出无油雾	油雾器装反	改变安装方向
	油道堵塞	清理油道
	油杯未加压	通向油杯的气道堵塞，拆下修理

故障现象	故障原因	处理方法
油量不能调整	油滴调整螺钉状况不良	检查油量调整螺钉
泄漏	密封不良	检查、更换密封
	油杯破损	更换油杯

 思考问题

机床换刀时气动系统是如何工作的？

任务三　润滑系统故障维修

 知识目标

1. 熟悉数控机床润滑系统的基本组成。
2. 了解数控机床润滑系统的类型与特点。
3. 掌握润滑系统故障诊断与维修方法。

 能力目标

1. 能识读润滑系统图，会使用基本润滑元件。
2. 能进行润滑系统的故障诊断与维修。

 相关知识

一、润滑系统的基本组成

润滑可以起到降低摩擦阻力、减少磨损、降温冷却、防锈、减振的作用，机床润滑系统对提高机床加工精度、延长机床使用寿命等都起着十分重要的作用。

1. 系统组成

润滑系统的组成如图 7 – 3 – 1 所示，系统一般由润滑泵（供油装置）、过滤装置、油量分配装置、控制装置、管道与附件等部件组成。

（1）润滑泵（供油装置）：供油装置可为润滑系统提供一定流量和压力的润滑油，它可以是手动润滑泵、电动机润滑泵、气动润滑泵、液动润滑泵等。

（2）过滤装置：用于油或油脂的过滤，分为滤油器、滤脂器等。

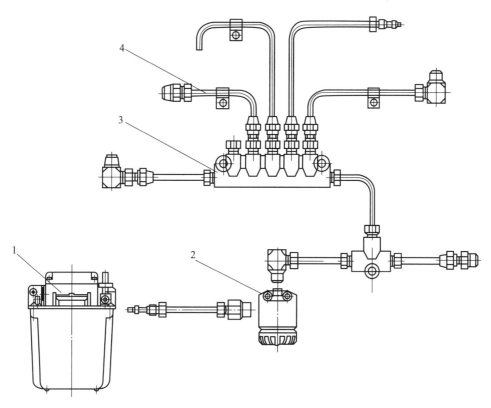

图 7 – 3 – 1　润滑系统的组成

1—润滑泵与控制装置；2—过滤装置；3—油量分配装置；4—管道与附件

（3）油量分配装置：可以将润滑油按所需油量分配到各润滑点，包括计量件、控制件等。

（4）控制装置：具有润滑时间、周期、压力的自动控制和故障报警等功能，包括润滑周期与润滑时间控制器、液位开关、压力开关等。

（5）附件：各种接头、软管、硬管、管夹、压力表、空气滤清器等。

2. 集中润滑装置

数控机床需要润滑的部分有导轨、丝杠、齿轮箱、轴承等，为了便于使用与维修，通常采用集中润滑装置进行润滑。集中润滑系统具有定时、定量、准确、高效和使用方便、工作可靠、维护容易等特点，它对提高机床使用寿命、保障机床性能有着重要的作用，是所有数控机床必须配备的辅助控制装置。

根据润滑系统要求和类型的不同，常用的集中润滑装置有图 7 – 3 – 2 所示的 3 种。

（1）柱塞泵润滑站：柱塞泵润滑站由微型电动机驱动的弹簧柱塞泵供油，适用于后述的单线阻尼系统，其油箱容量一般为 1 ~ 5 L，油压一般为 0.30 ~ 0.45 MPa，润滑管路的距离一般在 10 m 以下，最大高度为 5 m 左右。润滑站配套的控制器可设定和选择注油周期，每行程的注油量可调，并有低液位报警等功能。

（2）齿轮泵润滑站：由电动机驱动的齿轮泵供油，适用于后述的容积式润滑系统，其油箱容量为 2 ~ 20 L，油压一般为 0.8 ~ 2.5 MPa。润滑站通常配有液位开关、程控器，可对

（a）

（b）

（c）

图7-3-2　常用的集中润滑装置

（a）柱塞泵润滑站；（b）齿轮泵润滑站；（c）大型润滑站

油箱油液的液位、输油系统的压力进行监控和进行润滑周期的设置，它是数控机床常用的集中润滑装置。

（3）大型润滑站：大型润滑站用于机床、注塑机等大型机械设备的高压、大流量润滑，可用于后述的单线阻尼系统、递进式润滑系统、容积式润滑系统，其油箱容量可达200 L以上，油压可达40 MPa以上。润滑站可配置压力报警、液位报警装置。用于容积式润滑系统时，还可以通过压力开关控制工作时间。如果配套磁性过滤器，还可用于循环润滑系统，为其提供可靠的润滑保证。

二、润滑系统的类型

润滑系统按照工作介质可分为油润滑和油脂润滑两类，按油量分配装置的形式则可分为单线阻尼式、递进式和容积式3类。数控机床以油润滑的容积式润滑系统最为常用。

1. 单线阻尼式润滑系统

单线阻尼式润滑系统（简称SLR系统）可把油泵所提供的润滑油按一定的比例分配到各润滑点，系统以图7-3-3（a）所示的阻尼式计量控制器件作为油量分配装置，润滑点的供油量由计量控制件控制、按比例供油，其控制比可达1：128。

单线阻尼式润滑系统一般用于低压润滑，油润滑的工作压力通常为0.17～2.50 MPa，油黏度的为20～750 mm²/s；油压一般在4 MPa以下；可设润滑点通常为1～50个。

单线阻尼式润滑系统的结构紧凑、操作维护方便，其润滑点数量可根据机床的实际需要增减，使用较灵活，而且有一点发生阻塞，也不会影响其他润滑点的使用。单线阻尼式润滑系统适合于机床润滑油量相对较少，并需要周期性润滑的场合。

2. 递进式润滑系统

递进式润滑系统（简称PRG系统）以图7-3-3（b）所示的递进式分配器作为油量分配装置，分配器由一块底板、一块端板及3块以上的中间板组成，一组阀最多可配8块中间板，可润滑18个点。系统供油时，分配器中的活塞按一定的顺序做差动往复运动，各出油点按一定顺序依次出油，润滑点的出油量主要取决于递进式分配器中活塞行程与截面积，若某一点产生堵塞，则下一个出油口就不会动作。

（a）　　　　　　　　　　　　　（b）

图 7 - 3 - 3　阻尼式和递进式油量分配装置

（a）阻尼式计量控制器件；（b）递进式分配器

递进式润滑系统可用于高压润滑系统，其工作压力通常为 1~40 MPa，润滑油黏度为 20~1 600 mm²/s，排量为 0.05~20 mL/次，可设润滑点 1~200 个。系统多用于矿山机械、钢铁、冶金机械、港口机械等设备的润滑。

递进式润滑系统的定量准确、压力高，系统可配备给油指示杆和堵塞报警器，对各注油点供油状况进行监控，一旦系统堵塞或某点不出油，指示杆便停止运动，报警装置立即发出报警信号；指示杆还可通过控制器实现计时或计数，实现周期或近似连续润滑。

3. 容积式润滑系统

容积式润滑系统（简称 PDI 系统）是一种周期、自动集中润滑系统，以图 7 - 3 - 4 所示的定量分配器作为油量分配装置，润滑点供油量由定量分配器控制，一般为每次 0.016~0.4 mL，系统工作压力可达 25 MPa 左右。

图 7 - 3 - 4　容积式定量分配器

容积式润滑系统可按需要对各润滑点精确地定量供油，其误差为 5% 左右，可设润滑点 1~200 个。该系统被广泛用于机床、轻工机械、纺织机械、包装印刷机械等设备，是数控机床最为常用的润滑形式。

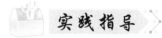

润滑系统故障维修

图 7 - 3 - 5 所示为典型的立式加工中心润滑系统原理，该润滑系统采用的是大型润滑站供油的容积式润滑系统。

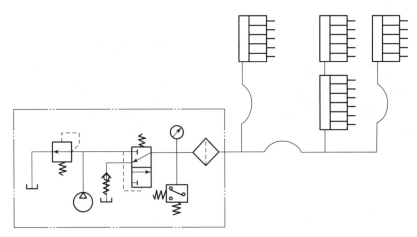

图 7 - 3 - 5　立式加工中心润滑系统原理

　　该润滑站所提供的最大润滑压力为 1.6 MPa，系统的供油量为 0.1 L/min，润滑泵在 PMC 的控制下每隔一定时间接通。当泵工作时，出口压力升高，二位三通阀自动打开，泵向润滑系统供油。当润滑压力到达最大压力 1.6 MPa 时，压力继电器动作，泵自动关闭，系统通过单向阀自动保压。

　　润滑站还安装有油液的液位检测开关、压力表和溢流阀，系统压力可以通过调节溢流阀和压力继电器进行调节。润滑系统连接有 X、Y、Z 三路工作台的定量分配器，定量分配器的安装如图 7 - 3 - 6 所示，同时向丝杠和导轨供油。

图 7 - 3 - 6　定量分配器的安装
1—床身；2—导轨润滑；3—丝杠润滑；4—定量分配器

　　当系统输出压力油时，各定量分配器的油腔同时开始进油，一旦油腔注满油后，系统压力升高，系统中压力开关吸合，润滑泵停止。同时，定量分配器开始向各润滑点注油，完成一次工作。

 润滑系统故障维修案例

　　[例1]　某数控龙门铣床，用垂直刀架铣削某产品的机架平面时，发现工件表面的粗糙度达不到预定的要求。

　　故障分析：工件表面的粗糙度达不到预定要求的故障通常与主轴精度有关，为此，维修时首先检查了垂直刀架的主轴箱内的各部滚动轴承,特别是主轴的前后轴承的精度和安装。该机床经过检查确认其主轴的精度符合要求,因此,需要检查其进给传动部分。经过细致的检查发现,该机床的工作台蜗杆及固定在工作台下部的螺母条传动副的润滑管无油,导致进给系统的运动不稳定。

故障处理:调节床身上控制螺母条传动副的润滑出油量的 4 个针形节流阀,使润滑油流量正常,工件的表面粗糙度符合规定要求。

[例 2] 某立式加工中心在使用时,发现其集中润滑站的润滑油损耗特别大,隔 1 天就要向润滑站重新加油,机床冷却液中明显有大量的润滑油。

故障分析:该机床常用的是容积式润滑系统。根据故障现象分析,最可能的原因是润滑管路泄漏或润滑周期太短,导致润滑过于频繁而产生润滑油损耗。为此,首先检查了润滑管路,并确认其无泄漏;然后,通过 CNC 参数将润滑间隔延长到 2 倍以上进行试验,检查发现,此时的油耗虽有所改善,但效果不明显。进一步检查发现,机床润滑油的最大消耗来自 Y 轴丝杠螺母,因此,判定故障应在 Y 轴丝杠螺母润滑上。

故障处理:打开 Y 轴丝杠螺母润滑分配器检查,发现该管路计量件上的 Y 形密封圈已经破损,更换新的润滑计量件后故障排除。

[例 3] 某卧式加工中心采用的是容积式润滑系统,在机床调试时,发现其润滑系统压力始终不能建立。

故障分析:检查该机床的润滑系统,发现电动机已经旋转,转向正确;润滑泵工作正常,润滑站出油口有压力油;润滑管路完好无泄漏。以上都表明润滑系统的工作正常。进一步检查各润滑点,发现 X 轴的滚珠丝杠轴承润滑点有大量的润滑油从轴承中漏出,证明故障部位在该润滑点的定量分配器上。

故障处理:拆下该点的定量分配器的计量件,发现其型号应为单线阻尼式润滑系统的计量件,而该机床采用的是容积式润滑系统,属于分配器装配错误,更换容积式润滑系统计量件后故障排除。

思考问题

机床润滑系统的作用是什么?如何保养?

参 考 文 献

［1］ FANUC 0iF 功能连接说明书 B－64603CM－1/01 ［Z］. 北京：北京 FANUC 有限公司，2017.

［2］ FANUC 0iF PLUS 维修说明书 B－64695CM/01 ［Z］. 北京：北京 FANUC 有限公司，2019.

［3］ FANUC 0iF 连接说明书 B－64310CM01 ［Z］. 北京：北京 FANUC 有限公司，2009.

［4］ 周兰. FANUC 0i－D/0i Mate－D 数控系统连接调试与 PMC 编程 ［M］. 北京：机械工业出版社，2012.

［5］ 刘永久. 数控机床故障诊断与维保技术 ［M］. 北京：机械工业出版社，2006.

［6］ 徐衡. 数控铣床故障诊断与维护 ［M］. 北京：化学工业出版社，2005.

［7］ 刘江. 数控机床故障诊断与维修 ［M］. 北京：高等教育出版社，2007.

［8］ 叶晖. 图解 NC 数控系统——FANUC－0i 系统维修技巧 ［M］. 北京：机械工业出版社，2007.

［9］ 龚仲华. FANUC－0iC 数控系统完全应用手册 ［M］. 北京：人民邮电出版社，2009.

［10］ 邓三鹏. 数控机床故障诊断与维修 ［M］. 北京：国防工业出版社，2011.